ullstein

Das Buch

Vögel faszinieren uns auf vielfältige Weise. Und sie sind uns ans Herz gewachsen. Doch Vögel sind auch unsere wichtigsten Bioindikatoren. Ihr zunehmendes Verschwinden zeigt uns, dass es um ihren und unseren Lebensraum in diesem Land (und weltweit) nicht gut bestellt ist. Denn das Artensterben hat inzwischen alle Gruppen von Tieren und Pflanzen erfasst und macht auch vor dem Menschen nicht halt. Es wird höchste Zeit, daran etwas zu ändern. Peter Berthold, Deutschlands renommiertester Ornithologe, schlägt Alarm: Er zeigt uns, wie gefährdet die faszinierende Vielfalt unserer Vogelwelt ist und was wir alle konkret dafür tun können, um sie zu erhalten.

Der Autor

Peter Berthold, geboren 1939, ist Ornithologe und Verhaltensforscher. Von 1981 bis 2005 war er Professor für Biologie an der Universität Konstanz, ab 1998 bis zu seiner Emeritierung Direktor des Max-Planck-Instituts für Ornithologie. Er hat das ornithologische Standardwerk *Vogelzug* verfasst sowie den Bestseller *Vögel füttern, aber richtig*. 2001 war er Berater für den legendären Kinofilm *Nomaden der Lüfte*. Berthold erhielt viele Auszeichnungen und beschäftigt sich unter anderem mit den Folgen des Klimawandels.

Peter Berthold

UNSERE VÖGEL

Warum wir sie brauchen und
wie wir sie schützen können

Ullstein

Besuchen Sie uns im Internet:
www.ullstein-taschenbuch.de

Abbildungen im Innenteil:
birdimagency: Seite 10, 31, 45, 53, 73, 76, 103, 113, 117,
153, 159, 183, 227, 254, 285, 287, 291, 295
Der Falke: Seite 59
Dieter Gutmann, Hamburg: Seite 188
dpa: Seite 131
Gabriele Stiftung: Seite 184
Heinz Sielmann Stiftung: Seite 170, 179, 211, 218
Peter Berthold: Seite 41, 167, 238, 246f., 263, 303
Internationaal Institut vor sociale geschiedenis: Seite 158
ullstein bild: Seite 25, 42, 64, 71, 80, 100, 105, 122, 242, 261

Ungekürzte Ausgabe im Ullstein Taschenbuch
1. Auflage Juni 2018
© Ullstein Buchverlage GmbH, Berlin 2017 / Ullstein Verlag
Lektorat: Carla Swiderski
Umschlaggestaltung: zero-media.net, München,
nach einer Vorlage von Rothfos & Gabler, Hamburg
Titelabbildung: © xpixel/shutterstock
Satz: Pinkuin Satz und Datentechnik, Berlin
Gesetzt aus der ITC Legacy
Druck und Bindearbeiten: CPI books GmbH, Leck
ISBN 978-3-548-37769-8

*Dieses Buch ist all denjenigen gewidmet,
die sich nicht entmutigen lassen, von unserer
wunderbaren Natur so viel wie möglich in die Zeit nach
Homo horribilis hinüberzuretten.*

INHALT

Vorwort: Vögel – unsere Lieblinge
und Spiegel unserer Umwelt   9

1. Vogelschwund und Artensterben   17
Vogelschwund: dokumentiert seit 1849   19
Wie zählt man Vögel?   30
80 Prozent weniger Vögel seit 1800   37
Die einzelnen Arten: überwiegend Verlierer   47
Deutschlands Vögel: von den Alpen bis zur Küste . .   61
... und vom platten Land bis in die Großstadt   68
Heute: Unsere gesamte Flora und Fauna
ist heruntergewirtschaftet   79
Artenschwund: Drama in Deutschland und
in aller Welt   88
Hauptursachen des Artensterbens   94
Katzen 129
Gegenmaßnahmen: halbherzig und bislang erfolglos 136
Brauchen wir überhaupt Artenvielfalt? 146
Können wir Artenvielfalt erhalten? 155

2. Jeder Gemeinde ihr Biotop – eine Chance für die
Zukunft 161
Ein neues Naturschutzkonzept 163

Biotopverbund Bodensee – ein Erfolgsmodell 169
Ein weiterer Mutmacher: Land des Friedens 181
»Jeder Gemeinde ihr Biotop« –
eine Kampagne für ganz Deutschland 186
Wie erschafft man ein neues Biotop? –
Das »Rezept« 189
Mittelbeschaffung 204
Ideale Biotopgestaltung 209
Optimale Biotoperhaltung 219

3. Was jeder sofort tun kann 229
Naturschutzgesinnung statt Umweltbewusstsein . . . 231
Gartengestaltung: so naturnah wie möglich 237
Vögel füttern – rund ums Jahr 250
Nisthilfen 260
Abwehr von Katzen 264
Zusammenarbeit mit bestehenden
Naturschutzeinrichtungen 270
Immer wieder eine gute Tat für die Natur 274

4. Das Leben der Vögel und die Schönheit der Natur . . 281
Ein Jahr und ein Tag am Heinz-Sielmann-Weiher . . . 283
Der Braune Storchschnabel: lebenslange
Freundschaft mit einer Pflanze 297
Ausblick 304

Danksagung 307
Anmerkungen 310
Literatur 317
Register 324

VORWORT

Vögel –
unsere Lieblinge und
Spiegel unserer Umwelt

Vögel! Sie sind nicht einfach irgendwelche Mitlebewesen von uns, vielmehr sind sie uns ganz besonders ans Herz gewachsen. Sie sind uns auf allen Kontinenten die liebsten freilebenden Geschöpfe, mit denen wir die Lebensräume auf unserem Planeten teilen.

Der Beweis dafür ist leicht zu erbringen: Keine andere Gruppe von Lebewesen – weder Orchideen noch Zierfische, Schmetterlinge oder sonst wer – zieht so viele Liebhaber in ihren Bann wie die Vögel. Die Zahl der Vogelfreunde – Ornithologen, Ornithomanen, bisweilen auch Ornithopathen – geht allein in Europa und in den USA in die Millionen. Es gibt weitaus mehr vogelkundliche Vereine als Verbände, die auf andere Gruppen von Tieren oder Pflanzen ausgerichtet sind, und mit den weltweit über 1000 ornithologischen Zeit-

Eisvogel

schriften, die von ihnen herausgegeben werden, liegen sie in der gesamten organismischen Biologie einsam an der Spitze.

Was macht Vögel so überaus attraktiv für uns Menschen? Es sind vor allem fünf Eigenschaften, die ihre Spitzenstellung bewirken. Da ist zunächst ihre oft unglaubliche Farbenpracht und Gefiederzeichnung – etwa das aufblitzende Blau eines Eisvogels (nicht von ungefähr »fliegender Edelstein« genannt) oder das Karminrot eines Gimpels (besonders leuchtend vor einer verschneiten Winterlandschaft), das bestechende Gelb eines Pirols im Blätterdach eines Auwaldes oder das sprichwörtliche Weiß eines Schwans vor dunklem Schilf –, von tropischen Farbpaletten etwa von Papageien und Kolibris ganz zu schweigen. Aber auch das an Baumrinde erinnernde, bis ins Feinste in Grau- und Brauntönen abgestufte Gefieder etwa eines Rebhuhns, eines Wendehalses oder eines Ziegenmelkers macht uns einfach nur staunen.

Und selbst ohne sie zu sehen, können uns Vögel regelrecht verzücken – im Gegensatz etwa zu Orchideen oder Korallenfischen: durch die einzigartige Vielfalt ihrer Stimmen. Der Morgenchorus in unseren Wäldern im Frühjahr, das lärmende Spektakel in einem tropischen Regenwald, das melancholische Abendlied einer Amsel über den Dächern einer Stadt oder ein Sumpfrohrsänger an einem Riedgraben, der weit über 100 verschiedene, im afrikanischen Winterquartier von exotischen Arten erlernte Strophen zu singen vermag – viele Menschen sind davon einfach hingerissen!

Selbst für Farbenblinde und Taubstumme bleibt genug zu bewundern: die Anmut unglaublich vieler faszinierender Bewegungen von Vögeln, vor allem im Flug – eine Traumvorstellung von uns Erdgeborenen. Wie eindrucksvoll wirken etwa federleicht schwebende Möwen im Sturm hinter einem Schiff, im Aufwind sich hochschraubende Geier oder pfeilschnell jagende Falken. Geradezu ehrfürchtig machen uns Wanderbewegungen von Vögeln, die gegenwärtig die Forschung im Verbund mit moderner Technik ermittelt: Seeschwalben, die jährlich zwischen Brutgebiet und Winterquartier 80 000 Kilometer zurücklegen und Lebenswanderstrecken von einigen Millionen Kilometern erreichen, ebenso wie Albatrosse, die es auf Tagesstrecken von etwa 1000 Kilometer bringen, und das im dynamischen Segelflug fast ohne Flügelschlag. Und nahezu unvorstellbar sind für uns Nonstop-Flugleistungen etwa von Pfuhlschnepfen, die in gut acht Tagen fast 12 000 Kilometer weit von Alaska bis Neuseeland fliegen, oder auch von winzigen Kolibris, die immerhin rund 1000 Kilometer nonstop über den Golf von Mexiko schaffen. Auch die dabei erbrachten Orientierungsleistungen, die oft kontinentweit punktgenau sind – wie zum Beispiel bei Schwalben, die von einem Nest im Kuhstall irgendwo in Europa bis zu einem bestimmten Schlafplatz im Winterquartier im südlichen Afrika finden –, übersteigen unser Vorstellungsvermögen.

Aber auch die Körpersprache der Vögel im täglichen Leben begeistert, besonders bei der Jagd und der Balz. Stoßtauchende Pelikane oder Tölpel, im Formationstanz balzende Flamingoscharen, Tanzsprünge vollführende Kranichschwärme, liebestoll kämpfende Auer- und Birkhähne – all diese Ausdrucksbewegungen locken Heerscharen von Vogelfreunden an.

Von herausragender Bedeutung ist jedoch vor allem die Allgegenwart von Vögeln. Sie teilen als meist tagaktive Kumpane tagtäglich den Lebensraum mit uns, und das überall – in den üppigen Tropen und in Halbwüsten und Wüsten ebenso wie in polaren Eisfeldern, höchsten Bergregionen und selbst im Inneren unserer Steinhaufen, den Großstädten. So treffen Forscher wie Abenteurer selbst in den unwirtlichsten Regionen der Sahara im Schatten von Felsen oder Autowracks regelmäßig rastende Zugvögel, etwa den Fitis, die Turteltaube oder den Purpurreiher, Kletterer am Mount Everest beobachten umherstreifende Geier ebenso wie vorbeiziehende Kraniche und Streifengänse, und in der Arktis tummeln sich unter anderen Alke, Watvögel und Polarmöwen, wohingegen sich in der Antarktis vor allem Pinguine wohl fühlen. Der Artenreichtum in unseren Großstädten ist in aller Regel verblüffend hoch. In Berlin beispielsweise kann man im Laufe von ein paar Jahren an die 300 Vogelarten beobachten und tatsächlich auch sehen und hören, während selbst den meisten Naturfreunden die dort vorkommenden 50 Säugetier- und 25 Fischarten großenteils verborgen bleiben, sei es, weil sie nachtaktiv sind, sei es, weil sie recht versteckt und still leben.

Die für uns Menschen wichtigste Eigenschaft ist Vögeln erst in der Mitte des letzten Jahrhunderts zuteilgeworden: Sie wurden unsere wichtigsten Bioindikatoren, also Anzeiger für die Qualität der Lebensräume der Erde in Bezug auf unser Wohlergehen. Der Grund dafür: Vögel teilen nicht nur überall auf der Erde den Lebensraum mit uns, sondern stellen auch ganz ähnliche Ansprüche wie wir an Boden, Wasser, Luft, Vegetation sowie pflanzliche und tierische Nahrung. Treten in den genannten Bereichen von uns ausgebrachte Umweltgifte auf, dann zeigt das besonders bei spezialisierten Vogelarten Wirkung. Auf diese Weise können sie uns frühzeitig Gefahren anzeigen.

In einer ganzen Reihe von Fällen hat uns das sehr geholfen. Als die Quecksilberbelastung durch Industrieabfälle und Fungizidanwendung in der Forst- und Landwirtschaft kritische Werte erreicht hatte und in Japan daraufhin ab Mitte der 1950er Jahre die Minamata-Krankheit ausbrach, haben uns Vögel durch Bestandsrückgänge auf die drohenden Gefahren aufmerksam gemacht. In Skandinavien lenkten vor allem Feldvögel wie Goldammer und Turmfalke die Aufmerksamkeit auf die verseuchten Süßwasserseen. Chlorierte Kohlenwasserstoffe, allen voran das Dichlordiphenyltrichlorethan (DDT), einst hochgelobt und gar mit einem Nobelpreis gewürdigt, wurden zumindest aus der nördlichen Hemisphäre weitgehend verbannt, nachdem durch viele Vogelarten klargeworden war, wie negativ diese Kohlenwasserstoffe auf Wirbeltiere einwirken. (Bei Vögeln führten die Schädigungen von Eiern und Jungvögeln ebenso wie die vermehrte Unfruchtbarkeit fast zum Aussterben einer Reihe von Greifvogelarten, darunter dem Weißkopfseeadler, der als Wappenvogel der USA bekannt ist.) Das führte 1972 bei uns zum DDT-Verbot und hat damit sicher vielen

Millionen Menschen das Leben gerettet. Ähnlich erging es anderen Bioziden wie etwa dem Dieldrin, nachdem unter anderem damit verseuchte Singdrosseln während ihres Morgenliedes tot vom Baum vor die Füße andächtig lauschender Vogelfreunde gefallen waren. Jüngste Beispiele sind etwa das Massensterben von Präriebussarden durch Biozide in Argentinien oder von Geiern durch Diclofenac vor allem in Asien und Afrika, aber inzwischen auch in Europa.

Die jahrhundertelange Beschäftigung von sehr vielen Menschen mit Vögeln hat seit den Pionierarbeiten von Aristoteles im Laufe der Zeit dazu geführt, dass die Gefiederten weltweit so gut untersucht worden sind wie sonst keine andere Gruppe von Tieren und Pflanzen. Aufgrund der Publikationsfreudigkeit vieler Ornithologen ist dabei mit den erwähnten gut 1000 Zeitschriften und Tausenden von Vogelbüchern eine einzigartige Datenbank entstanden. Sie lässt uns heute durch Vergleiche selbst geringfügige Veränderungen in der Vogelwelt und damit auch von Umweltfaktoren erkennen – weit mehr als bei anderen Tieren und Pflanzen. So nimmt es nicht wunder, dass uns Ornithologen schon vor Jahrzehnten vor allem früher aus dem Winterquartier heimkehrende oder gar nicht mehr wegziehende und dann auch früher brütende Zugvögel auf eine sich anbahnende Klimaerwärmung aufmerksam machten, so dass wir sie bereits 1992, noch bevor sich die Meteorologen so recht zu ihr bekennen wollten, in einer ersten Übersichtsarbeit behandeln konnten.

Also können wir uns freuen, dass uns Vögel nicht nur mit ihrer Farbenpracht, ihrem Gesang und ihrem Verhalten begeistern, sondern nun auch noch Gradmesser unserer Umweltqualität geworden sind. Aber leider ist diese Freude nur kurz ungetrübt geblieben. Denn kaum, dass dieses neuartige

»Messgerät« in Gang gekommen ist, wird es auch schon defekt. Seit langem schleichend und seit gut 50 Jahren deutlich und zunehmend, haben nämlich Bestandsrückgänge bei Vögeln in aller Welt und ganz besonders auch bei uns dermaßen um sich gegriffen, dass sie mittlerweile alarmierend sind und nichts Gutes für die nähere Zukunft der Vogelwelt verheißen. Mehr noch: Das Artensterben hat inzwischen alle Gruppen von Tieren und Pflanzen unserer Erde erfasst, also die gesamte Biosphäre – einschließlich des Menschen. Viele von uns leben dabei noch fern jeglicher Realität, als seien sie auf einer paradiesischen Urlaubsinsel – mit dunkler Sonnenbrille, so dass sie nicht erkennen können, wie auch ihre Umwelt langsam zerbröselt.

Es ist also höchste Zeit für Abhilfe. Die soll in diesem Buch behandelt werden. Hier werde ich zeigen: 1) wie groß inzwischen die Bedrohung für die Vogelwelt und für die gesamte lebende Umwelt geworden ist, 2) welche Ursachen dafür verantwortlich sind und was zur Rettung unserer Mitlebewesen bisher versäumt wurde, 3) ob wir für unser Überleben eine reichhaltige Artenvielfalt überhaupt brauchen und 4) ob sich eine solche bei den heute die Erde bevölkernden Menschenmassen überhaupt stabilisieren ließe.

Dies alles wird ohne Jammern und Wehklagen, aber durchaus kritisch in Bezug auf Verursacher und Hauptschuldige geschehen, um dann zu dem wichtigsten Teil unseres Buches zu führen: 5) bereits erprobte Wege aufzuzeigen, wie wir auch inzwischen stark angeschlagene Naturbereiche erhalten und sogar wieder aufbessern können, und zwar praktisch überall, sei es als Einzelkämpfer – von der Wohnung, dem Hausgarten über den Stadtpark –, sei es als Volksbewegung im ganzen Land.

Ganz kurz noch einige wenige Definitionen für das Verständnis des Buches. Artenvielfalt und Biodiversität werden hier synonym gebraucht, auch wenn streng genommen zur Biodiversität häufig über die bloßen Arten hinaus auch Lebensräume, Ökosysteme und lebenswichtige Umweltfaktoren mit einbezogen werden. Ebenso werden Artenrückgang, Artensterben und Bestandsabnahme synonym verwendet, unabhängig davon, wie weit der Verlust an Individuen bei einer Art oder Population bereits fortgeschritten ist. Und: Das Buch ist in erster Linie für Praktiker gedacht; für Macher, die gewillt sind, hinauszugehen in die von uns gebeutelte Natur und böse Wunden, die wir ihr zugefügt haben, wieder zu heilen, so gut es geht. Deshalb wird auf eine Überfrachtung mit Quellenangaben und Zitaten verzichtet. Gewichtige Fakten werden ausreichend belegt, Details sind danach leicht zu recherchieren. Im Übrigen ist in den letzten Jahrzehnten leider viel zu viel über das, was man »sollte« und »müsste« geschrieben und geschwafelt worden – leider auch von mir. Jetzt gilt es vor allem, anzupacken. Möge diese Anleitung dabei hilfreich sein.

TEIL 1

Vogelschwund und Artensterben

Vogelschwund: dokumentiert seit 1849

Wenn mancher Politiker heute behauptet, auf die inzwischen gravierenden Bestandsrückgänge unserer Vogelwelt (und von Lebewesen allgemein) sei von Seiten der Wissenschaftler zu spät aufmerksam gemacht worden, um entsprechend Abhilfe schaffen zu können, so ist das sträfliche Lüge, Ignoranz oder Irreführung. In keinem Land der Erde ist so frühzeitig und so andauernd deutlich auf Artenrückgänge hingewiesen worden wie in Deutschland. Bereits 1849 hat der damalige Altmeister der Vogelkunde, Professor Johann Friedrich Naumann, Verfasser einer zwölfbändigen Monographie über *Die Naturgeschichte der Vögel Deutschlands*, über Rückgänge der Vogelwelt in unserem Land zusammenfassend berichtet. In *Rhea. Zeitschrift für die gesammte Ornithologie* schreibt er unter dem Titel »Beleuchtung der Klage: Über Verminderung der Vögel in der Mitte von Deutschland« Folgendes:

In der Mitte unseres Vaterlandes hat sich dem langjährigen Beobachter, dem Veteran der Wissenschaft, leider längst die Bemerkung aufgedrungen, seit einem halben Jahrhundert eine auffallende Abnahme der Zahl fast aller

Vögel eintreten zu sehen, die besonders bei Strich- und
Zugvögeln am auffallendsten wurde (...). Folgende Facta
beruhen (...) auf eigenen Erfahrungen, die von meiner
Kindheit anfangen und, da ich jetzt bereits das 66. Jahr zu-
rückgelegt, mehr noch als 50 Jahre umfassen, eingedenk,
daß ich meinen Vater, selbst schon als ich kaum das zehnte Jahr erreicht hatte, bei Jagd und Vogelfang zu begleiten
pflegte. Sie gewähren sogar einen Rückblick auf einen
noch größeren Zeitraum, weil sie auch das umfassen, was
er mir (...) mittheilte, nämlich was er selbst erlebt, zum
Theil auch von Vorgängern erfahren; denn wir stammen
aus einer Familie, deren Urväter schon den Vogelfang lieb-
ten und ihn leidenschaftlich betrieben, sodaß (...) in dem
zu meinem Landgut gehörigen kleinen Wäldchen (...) drei
Vogelherde regelmäßig in Betrieb waren, in den nächsten
Umgebungen (...) noch vier dergleichen (...) und (...) bei
mehreren Dörfern noch ebenso viele (...). Sämtliche Vogelherde (...) meines (...) Wohnorts (...) trugen in jener Zeit
so viel ein, daß die Besitzer für Auslagen und Zeitaufwand
sich völlig entschädigt halten durften (...). Unsere Vogel-
steller fingen (...) gute Lockvögel (...), verkauften sie (...)
oft zu hohen Preisen, sowie sie die anderen in Mengen
auf den Herden gefangenen Vögel getödtet, von Federn
entblößt und an Spießen gereiht, zum Verspeisen auf
die Märkte der Städte trugen und willige Käufer dazu
fanden (...). Allein schon vor 50 Jahren war die Klage
über Abnahme der Vögel unter diesen Leuten allgemein,
und (...) fingen sie doch lange nicht mehr so viele Vögel,
als ihre Vorfahren (...). Mit den Besitzern starb daher
ein Vogelherd nach dem anderen ab (...). So blieb denn
(etwa zur Zeit des Wechsels unseres und des vorigen Jahrhunderts) der Vogelherd meines Vaters der einzige (...) in

meilenweitem Umkreise. (...) Auch der Fang in Dohnen (Dohnensteg, Schneuß [Fang mit Schlingen, P. B.]) (...) gab nicht mehr die Hälfte als vor 50 Jahren (...). Ich für meinen Theil setzte ihn zwar noch fort (...), doch nur bis etwa zum Jahre 1833, wo ich ihn ebenfalls aufgeben mußte, weil er die Mühe durchaus nicht mehr lohnen wollte (...). Mit Wehmut erinnere ich mich (...), wo manchmal nach einer stillen Octobernacht oft alle Hecken, worin Beeren wuchsen, vom Geflatter und den Locktönen der angekommenen Drosseln und Rotkehlchen belebt waren und sich Hunderte davon in den Dohnen fingen (...) kaum, daß man jetzt noch Dutzende bemerkt, wo sich sonst Hunderte zeigten (...). Ebenso sind (...) Hänflinge (...), Grünlinge so selten geworden, daß in meinem Garten kaum noch ein brütendes Paar vorkommt, während wir ehedem diese Vögel zum Verspeisen alljährlich in vielen Dutzenden fingen (...) jetzt (...) fehlen z. B. meinem Wäldchen seit Jahren mindestens zwei Drittel der Nachtigallen von sonst; dagegen lassen Mönch- und Gartengrasmücken, auch Pirole (...) sich jetzt kaum weniger häufig hier hören. (...) auch unser Raubvögelfang wurde von Jahr zu Jahr ärmlicher und nahm endlich so ab, daß er (...) ganz hat aufgegeben werden müssen (...). Bei keiner unserer Vogelgattungen wird die Abnahme (...) augenfälliger als bei den Meisen. Vor noch nicht 50 Jahren (...) verließ (...) mancher sachverständige Fänger (...) gegen Mittag seine Hütte nicht ohne vollgepfropfte Taschen, und noch vier bis fünf Schock Meisen an Einem Vormittage war noch keineswegs ein unerhört reicher Fang. September und October waren die Monate, in welchen, auf einem nicht gar großen Umkreise, jährlich Tausende dieser nützlichen Vögel gefangen und verspeist wurden. Allein ihre Menge war sichtlich schon im Abnehmen, als vor circa 20 Jahren ein landesherrlicher Befehl jedes methodische Fangen der Meisen strenge untersagte (...) trotz dem Aufhören aller großartigen Nachstellungen von Seiten der Menschen, die Zahl der Meisen (...) auffallend vermindert hat (...) und wie ich vernommen, werden auch im Rudolstädtischen (...) dieselben Klagen laut (...). Auf die nämliche Weise klagen auch (...) die Vogelfänger des Harzes und Thüringerwaldes über allgemeine Abnahme der Vögel, namentlich auch die Haloren [Salzsieder zu Halle an der Saale] (...) Blos der Lerchenfang macht (...) noch eine Ausnahme (...), unter dem Nachtnetze (...) klagen aber fortwährend über Abnahme an Zahl. (...) dennoch gehört die Feldlerche immer noch zu den häufigsten Vögeln (...). Rebhühner (...) wird auch diese Vogelart schwerlich wieder so häufig bei uns werden können, als sie es vor 70–80 Jahren gewesen. Damit jedoch der damalige Fang nicht zu einem wahren Vertilgungskriege wurde, war allgemein üblich oder zum Gesetz geworden (...), nur die Jungen zu behalten. (...) Vor noch nicht 50 Jahren [suchte man] die Eier der (...) zu vielen Hunderten beisammen nistenden Lachmöwen, weil man diese Vögel für Fischräuber hielt, körbeweise ab, um die Schweine damit zu füttern. (...) Solche Erfahrungen (...) müssen uns endlich auch auf (...) Ursachen leiten, welche am mehrsten die Abnahme der Vögelzahl bewirkt (...). Nur zu gewiß ist sie, als Folge der Vermehrung der Menschen und ihrer Bedürfnisse, in der gesteigerten Industrie und einer einträglichen Benutzung des Bodens zu suchen. Den Ackerbau zu fördern und seine Erzeugnisse zu vermehren, suchte man allerlei Mittel und Wege hervor (...), nicht selten mit Vernachlässigung aller Sorge für die Existenz kommender Geschlechter, sowie zum Schaden

der Vögel durchgeführt (...). Striche, unterbrochen durch
Wäldchen und Gebüsche, mancherlei Art, die sonst unseren Fluren die lieblichste Abwechslung gewährten, sind
in jüngster Zeit in eintönige Ackerflächen umgewandelt
(...). Besonders haben unsere kleinen Singvögel durch
rastloses, fast zur Mode gewordenes Ausroden wilder
Gehölze, Feldhecken und abgesonderter Waldtheile, um
für den Ackerbau Land zu gewinnen (...), Aufenthalts-
orte verloren. Nicht besser geht es unseren Sumpf- und
Wasservögeln, durch Ablassen und Trockenlegen der Seen,
Teiche und Sümpfe, um diese als Ackerland, Wiesen oder
zur Torfgräberei zu benutzen, und es ist dieses wie jenes
so allgemein, daß es in hiesigen Landen keine Gegend
mehr gibt, in welcher nicht seit einem Vierteljahrhundert
dergleichen geschehen wäre oder noch geschieht (...). Der
großartigste, vom Geflügel belebteste dieser Teiche wurde
zuerst zu Gunsten einer nahen, höchst ergiebig gewordenen Braunkohlengrube abgezapft; die anderen folgten
ihm theilweise nach, und wo man vor 50 Jahren jene von
zahlreichem Geflügel belebten großen Wasserbecken bewundern mußte, haben jetzt furchtbare Äcker und Wiesen
Platz genommen (...). Gewiß gibt es in Deutschland noch
viele solcher Striche, auf welchen sich die Vögelzahl im
Abnehmen befindet, doch noch gewisser keinen, von dem
man behaupten könnte, sie hätten in neuerer Zeit zugenommen.[1]

So weit Zitate aus der für uns höchst interessanten und
aufschlussreichen Arbeit von Naumann über den Zustand
unserer Vogelwelt in der ersten Hälfte des 19. Jahrhunderts.
Für viele sicher neu und auch sehr irritierend: Deutschland
war seinerzeit ein »Vogelfresserland«, wie es viele nur etwa

von Italien, Malta oder Zypern kennen. Für Kenner älterer vogelkundlicher Literatur ist das nichts Neues. Viele Bücher, wie das von Johann Conrad Aitinger 1653 verfasste Werk *Vom Vogelstellen* oder das von Ferdinand Johann Adam von Pernau 1702 publizierte Buch *Unterricht, was mit dem lieblichen Geschöpff, denen Vögeln, auch ausser den Fang, nur durch die Ergründung deren Eigenschafften und Zahmmachung, oder anderer Abrichtung man sich vor Lust und Zeit-Vertreib machen könne,* beschreiben Fangmethoden der verschiedensten Art. Ein »ordentliches« Vogelbuch behandelte früher selbstverständlich Fang und Zubereitung der meisten Groß- wie Kleinvögel. Darunter fielen auch Nachtigallen, Rotkehlchen und andere unserer heutigen Lieblinge. Es gab einige wenige Tabu-Arten wie den Weißstorch als Kinderbringer oder den Höckerschwan, der zum Besitz der Adelshäuser gehörte. (Die Redewendung »Da brat' mir einer einen Storch« weist noch heute auf das Unding hin, einen Storch zu verzehren.) Ansonsten wurde nahezu nichts verschont. Waldarbeiter zum Beispiel fingen während ihrer Holzhauerei mit »Kloben« (Fußklemmfallen) nebenher Kreuzschnäbel, die sie zu Mittag wie »Grillwürstchen« über dem Lagerfeuer brieten. Und der von uns heute als Vogelschutzgerät hochgeschätzte Nistkasten kam bereits vor Jahrhunderten zunächst zur Nahrungsbeschaffung in Betrieb: als Starenmäste (von »mästen« = fett machen) in Schlesien oder in Nachahmung der in Holland schon um 1500 üblichen Starentöpfe.[2] Man hing Nistkästen für Stare im Hausbereich auf, um die Vögel zum Brüten dorthin zu locken, und verengte später bisweilen sogar die Einfluglöcher in der Hoffnung, dass die Jungen, die durchs Flugloch über die normale Nestlingszeit hinaus gefüttert wurden, bis zum Verspeisen ordentlich zulegen würden. Für den Vogelschutz wurden Nistkästen erst ab den 1820er Jahren eingesetzt.

Gut in Erinnerung geblieben ist auch die einst ausgepräg-
te »Lerchenfresserei« im Raum Leipzig. Nachdem dort 1873
die Lerchenjagd aus Bestandsschutzgründen verboten werden musste, kreierten findige Bäcker »Leipziger Lerchen«

Johann Friedrich Naumann

in Form von Mürbeteiggebäck. Sie sind bis heute eine Delikatesse. Das letzte Gericht, das in Deutschland legal aus Kleinvögeln zubereitet werden durfte, war die Helgoländer Vogelsuppe. Den Insulanern, früher bei rauer See oft längere Zeit von der Versorgung vom Festland und vom Fischfang abgeschnitten, war sie eine willkommene Frischfleischquelle, für die unter anderem kleine Singvögel ebenso wie Drosseln, Watvögel oder auch Sperber verwendet wurden. Erst 1967 bereitete ein schleswig-holsteinischer Erlass dem ein Ende.

Die Ausführungen Naumanns über die »Ausräumung« der Landschaft im Zuge der Intensivierung der Landwirtschaft klingen so, als seien sie erst kürzlich geschrieben worden. Könnten wir heute die seinerzeit von Naumann beklagte »bereinigte« Landschaft sehen, würden wir sicher sagen: wie ursprünglich, paradiesisch! Das zeigt, wie relativ unsere Landschaftsbeurteilung ist und wie sehr zur objektiven Einschätzung ihrer Qualität die darin festgestellte Vogeldichte taugt.

Erstaunlich ist, dass Naumann bei der Aufzählung der Ursachen des von ihm geschilderten allgemeinen Rückgangs von Vogelbeständen die Ausräumung der Landschaft, das Trockenlegen von Feuchtgebieten, die Intensivierung der Landwirtschaft und die um sich greifende Industrialisierung (Braunkohlegruben, Torfabbau) benennt, nicht aber den zum Teil sehr intensiv betriebenen Vogelfang. Da die Naumanns keine maßlosen Jäger waren, denen man Vertuschungsabsichten unterstellen könnte, andererseits aber hervorragende Kenner der Gesamtsituation der Vogelwelt, scheidet aus, dass sie Zusammenhänge zwischen Vogelfang und Bestandsabnahme einfach übersehen haben könnten. So bleibt nur der Schluss: Dem Fang, also dem Jagddruck, war offenbar keine überragende Bedeutung zuzumessen.

Die durch ihn bedingten Verluste wären bei intakt gebliebenen Lebensräumen sicher wieder ausgeglichen worden, wie in weiter zurückliegenden Zeiten, als Rückgänge trotz Fang und Jagd wohl nicht zu beklagen waren.

Interessant ist, dass sich von Pernau entsprechend dazu äußert. In Bezug auf ein Fangverbot für Nachtigallen schreibt er: »Wer um eine Stadt die Nachtigallen vermehrt sehen will, hat nicht nöthig (...), den Nachtigall-Fang zu verbieten, sondern nur zu gebieten, daß man die Hecken groß und dick werden lasse.«[3] Erst über hundert Jahre später wurde klar, dass bei intakten Lebensräumen auch beträchtlicher Jagddruck auf Vögel durch verstärkte (kompensatorische) Reproduktion ausgeglichen werden kann.[4] Festzuhalten ist auch, dass Naumann in Verbindung mit dem Fang von Meisen und Rebhühnern bereits auf erste Schutzmaßnahmen für Vögel hinweist, die von der Obrigkeit erlassen wurden.

Recht genau 150 Jahre später, nachdem Naumann hauptsächlich über die Vogelwelt im Bereich seines Landgutes Ziebigk bei Köthen in Sachsen-Anhalt berichtet hatte, erschien von mir eine ganz entsprechende »Beleuchtung einer Klage« mit der Überschrift »Die Veränderung der Brutvogelfauna in zwei süddeutschen Dorfgemeindebereichen in den letzten fünf bzw. drei Jahrzehnten oder: verlorene Paradiese?«[5]. Sie fasst zusammen, was Mitarbeiter der Vogelwarte Radolfzell seit 1946, dem Neuanfang der ehemaligen Vogelwarte Rossitten, vor allem im Bereich von Schloss und Dorf Möggingen in Süddeutschland am Bodensee zusammengetragen haben (das damit zu der in Deutschland zumindest in jüngerer Zeit ornithologisch am besten untersuchten Gemeinde wurde). Die Ergebnisse lauten zusammengefasst für Möggingen im Zeitraum von 1947 bis 2002: Von ehemals 110 Brutvogelarten sind 35 Prozent ganz verschwunden oder nisten nur noch sporadisch in dieser Gegend, 20 Prozent schrumpfen im Bestand, 10 Prozent nehmen zu oder sind neu hinzugekommen, 35 Prozent sind mehr oder weniger stabil. Damit ging auch die Anzahl der Individuen stark zurück: von ursprünglich rund 3300 auf 2100; ebenso nahm die Vogel-Biomasse ab, von anfänglich ca. 240 auf 150 Kilogramm. Inzwischen verschwinden weitere Arten als Brutvögel aus dem Gebiet wie die Rauchschwalbe, der Gartenrotschwanz und der Grauschnäpper; bei anderen nehmen die Bestände weiter ab.

Der Vergleich Ziebigk–Möggingen zeigt: Obwohl 150 Jahre zwischen beiden Berichten liegen, sind sie in einem Punkt fast identisch, nämlich in der Feststellung starker Bestandsrückgänge. Deutlich wird zugleich ein gravierender Unterschied: Während die Angaben Naumanns noch recht pauschal waren, wurde für Möggingen detailliert quantitativ formuliert, und in der Originalarbeit erfährt man sogar die (recht genauen) Anzahlen von Brutpaaren der einzelnen Arten.

Nach dem Vergleich der einstigen und jetzigen Vogelwelt Mittel- und Süddeutschlands drängen sich vor allem fünf Fragen auf:

1) Wie stark haben die Vögel in Deutschland seit Naumanns Bericht, also seit etwa 1800, bis heute insgesamt abgenommen?

2) Wird sich der Rückgang, wie aus der Studie in Möggingen zu schließen, weiter fortsetzen?

3) Welche Arten sind davon besonders oder überhaupt betroffen und welche weniger oder auch gar nicht?

4) Kennt man inzwischen die genauen Ursachen für die Rückgänge? Wenn ja, was wurde unternommen, um die Abnahmen zu stoppen?

5) Werden unsere Vögel schlimmstenfalls weitgehend aus-

sterben? Droht also doch noch ein »Stummer Frühling«, wie von Rachel Carson 1962 als Zukunftsvision dargestellt?[6] Oder können wir wenigstens die heute noch existierende Rest-Vogelwelt retten, wenn wir entsprechende Anstrengungen unternehmen?

Genau diese Fragen werde ich im Folgenden der Reihe nach behandeln und beantworten.

Wie zählt man Vögel?

Bevor wir uns den Bestandsveränderungen in unserer Vogelwelt zuwenden, kurz zu den zumindest für Amateur-Orni-
thologen und Laien, für Naturfreunde ebenso wie Skeptiker
spannenden Fragen: Wie zählt man überhaupt Vögel? Und
wie kann man gar Bestände einzelner Arten so genau ermitteln, dass sich daraus lang- oder selbst kurzfristige Veränderungen sicher erkennen lassen? Sogar bei uns Menschen, die
wir als Bürger normalerweise unseren Wohnort bei den Ein-
wohnermeldeämtern registriert haben, birgt die Fortschrei-
bung der Bevölkerungsentwicklung gewisse Unsicherheiten.
Wie mag es da erst bei den völlig »vogelfrei« lebenden Vögeln
aussehen?

In der Tat, Erhebungen zur Verbreitung von Vögeln und
erst recht zur Siedlungsdichte und zu Trends der Bestandsentwicklung sind im wahrsten Sinne des Wortes eine Wissenschaft für sich. Über die Eignung verschiedenster Erfas-
sungsmetholden sind Hunderte von Arbeiten geschrieben
worden.[7] Uns braucht, wie wir sehen werden, für das vorliegende Buch zum Glück nur wenig von der komplizierten
und zum Teil recht umstrittenen Methodik zu interessieren.

Zunächst ein paar Beispiele. Es mag jedermann ein-
leuchten, dass es relativ einfach ist, die Anzahl brütender

Die Anzahl brütender Weißstorchpaare wird alle zehn Jahre fast vollständig ermittelt.

Weißstorchpaare zu erfassen, da Weißstörche fast ausschließlich in auffallend großen Nestern im Bereich menschlicher Siedlungen nisten. Sie werden daher seit 1934 beim »Internationalen Weißstorchzensus«, der alle zehn Jahre durchgeführt wird, von Storchenobleuten fast vollständig ermittelt. Beim 6. Zensus 2013/2014, der fast überall im Verbreitungsgebiet der Art in Europa, Asien und Nordafrika durchgeführt wurde, ergab die Zählung insgesamt rund 230 000 Paare. Ähnlich genau lassen sich die Bestände anderer Großvogelarten erfassen, auch wenn sie recht verborgen in Wäldern nisten, solange ihre Anzahl gut überschaubar ist, wie zum Beispiel beim Schwarzstorch und beim Seeadler.

Von diesen ornithologischen Highlights sind Liebhabern und Vogelschützern nahezu alle besetzten Horste bekannt, sie können für Bestandsübersichten durch zuständige Organisationen abgefragt werden. Das gilt auch für kleinere Arten, sofern sie in geringer Dichte vorkommen und auffällig oder attraktiv sind, wie bei uns etwa Bienenfresser, Wiedehopf oder Raubwürger. Auch von diesen Arten ist bei Liebhabern und Spezialisten praktisch jedes Brutpaar im Land bekannt.

Richtig schwierig wird es mit der Bestandserfassung beim großen Rest. Das gilt für sehr seltene und noch dazu recht versteckt lebende, zudem nicht leicht zu erkennende Arten wie zum Beispiel Dreizehenspecht, Orpheusspötter oder Schlagschwirl, die in der Regel nur von erfahrenen Feldornithologen erkannt und sonst leicht übersehen werden. Es gilt aber auch für die meisten häufigen Arten. Leicht war es (selbst als sie bei uns noch in Massen vorkamen), Schwalben zu erfassen, da sich alle drei häufigen Arten auf arttypische, leicht einsehbare Brutplätze konzentrieren: Brütende Uferschwalben findet man in Kies- und Sandgruben sowie an Flussufersteilwänden, Rauchschwalben fast ausschließlich in Viehställen und Mehlschwalben (auch: Hausschwalben) unter Dachvorsprüngen an Außenwänden von Gebäuden. Diese spezifische Nistplatzwahl erlaubte es früher, Schwalbenzählungen selbst in größeren Ortschaften verlässlich von Schulklassen durchführen zu lassen. Aber wie zählt man die – zumindest einstmals – überall vorkommenden Arten wie Amseln, Meisen, Sperlinge, Finken, Grasmücken, Laubsänger, Rohrsänger und viele andere, die man in ihren verschiedensten Lebensräumen wie Wäldern, Gebüsch, Röhricht oft gar nicht oder kaum zu Gesicht bekommt, sondern vielfach nur singen oder rufen hört?

Genau in Letzterem liegt der Schlüssel zum Erfolg: im Gesang. Bei vielen »schwierigen«, versteckt lebenden Arten versucht man, über die Kartierung singender Männchen, also ihre Eintragung in topographische Karten, Reviere zu ermitteln, die dann bei Erfüllung bestimmter Voraussetzungen

als Brutreviere gewertet werden können. Wird das sehr sorg-
fältig gemacht – am besten durch Nachweis von Nestern mit
Eiern oder Jungvögeln –, dann sind die Ergebnisse bei vielen
Arten zufriedenstellend und aussagekräftig. Das gilt beispielsweise für die im letzten Abschnitt behandelte Studie in
Möggingen, bei der die Beobachter der Vogelwarte nahezu
täglich im Untersuchungsgebiet unterwegs waren und viele
Brutpaare persönlich kannten (durch Fang und Beringung).
So wurde bei der 1950 festgestellten maximalen Anzahl von
62 Brutpaaren des Neuntöters für jedes Paar ein Brutnach-
weis durch Nestfund erbracht.

Leider sieht die Praxis häufig ganz anders aus: Oft wird
nur wenige Male oder nur über kurze Zeit beobachtet oder
lediglich der Gesang registriert, so dass auch von durchziehenden, umherstreifenden oder unverpaart gebliebenen
Männchen irrtümlich auf Brutpaare geschlossen wird. Bei
manchen stark abnehmenden Arten, bei denen die Männchen oftmals keine Partnerin mehr finden, kann das enorme
Auswirkungen haben. So können etwa auf Partnersuche singende Grauspechte, Wiedehopfe oder Klappergrasmücken
Strecken von mindestens 10 Kilometern und Flächen von
30 Quadratkilometern befliegen und damit gleich mehrere
Brutpaare vortäuschen, wenn man nicht sorgfältig Brut-
nachweise erbringt.

Solchen Irrtümern sitzen durchaus auch erfahrene Be-
rufsornithologen auf. Als in den Jahresberichten über das
Naturschutzgebiet Mindelsee vom BUND bis über das Jahr
2000 hinaus mehrere Brutpaare vom Grauspecht aufgeführt
wurden, habe ich für die Mitarbeiter der Vogelwarte eine
Prämie von 500 Euro pro Brutnachweis ausgesetzt. Obwohl
sich seinerzeit mindestens drei erfahrene Ornithologen ans
Werk machten, musste ich das Geld nie auszahlen. Es wur-

den nur umherstreifende rufende Grauspecht-Männchen gesichtet.[8] Aus diesen und anderen Feststellungen lässt sich schließen, dass man bei Bestandserhebungen mittels Kartierung singender Männchen Brutbestände häufig überschätzt.

Es gibt jedoch auch das Gegenteil: Bei manchen Arten lassen sich bei Erfassung mit Hilfe des Gesangs auch bei aller Sorgfalt längst nicht alle Brutpaare ermitteln, weil die Männchen (zum Beispiel, weil sie in großer Dichte leben) individuell beim besten Willen nicht zu unterscheiden sind. Zum Teil liegt es auch daran, dass sie nur sehr kurze Zeit oder unauffällig singen und daher leicht überhört werden (wie etwa bei Grasmücken, Rohrsängern oder beim Grauschnäpper). Bei diesen besonders schwierigen Arten bringen Stichproben, Hochrechnungen sowie Zeitreihenvergleiche gute Ergebnisse, und bei ihnen spielt vor allem der Fang von Vögeln eine wichtige Rolle. Dafür werden gebietsweise große Reusen aufgestellt, die ganze Waldteile oder Gebüsche einbeziehen können, wie auf Helgoland oder auf der Kurischen Nehrung, und in die vor allem Zugvögel während der Rast hineinwandern. Die meisten Fänge für Zählungen werden jedoch mit Netzen durchgeführt. Zumeist sind es feinmaschige Fabrikate aus dünnen Nylonfäden, die als Netzwände aufgestellt werden und in die die Vögel hineinfliegen, weil sie sie kaum wahrnehmen.

Mit solchen Netzen haben wir von der Vogelwarte Radolfzell aus in Deutschland und Österreich seit 1968 mehr als 20 Jahre die bisher größte »Volkszählung« an Kleinvögeln durchgeführt (siehe nächster Abschnitt). In einem anderen Programm, dem »Integrierten Monitoring von Singvogelpopulationen« (IMS), ermitteln ehrenamtliche Mitarbeiter (»Beringer«) der drei deutschen Vogelwarten (Radolfzell, Wilhelmshaven-»Helgoland« und Hiddensee) die Anzahl

von Brutvögeln durch Fang an festgelegten Plätzen in bestimmten Bruthabitaten sowie auch den jährlichen Bruterfolg. Letzterer ergibt sich durch den Vergleich des Anteils
gefangener Jungvögel in Relation zu den Altvögeln.

Es wird also klar: Vor allem die Verhör- und Kartierungs-
methoden, die die entscheidende Rolle bei der Erstellung von
Verbreitungsatlanten spielen (wie etwa beim 2014 erschiene-
nen *Atlas Deutscher Brutvogelarten*) wie auch bei Zeitreihen für
die Ermittlung von Trends der Bestandsentwicklung (vor
allem für die »Roten Listen«), bringen erhebliche Ungenauigkeiten mit sich. Diese können in vielen Fällen hohe Pro-
zentwerte ausmachen.[9] Deshalb sind »genaue« Anzahlen mit
großer Vorsicht zu betrachten, und vielfach werden in Übersichten stattdessen vorsichtshalber Häufigkeitsbereiche
angegeben, in denen sich Bestände einzelner Arten derzeit
bei uns bewegen. Ein Beispiel: Für die Amsel geben Hans-
Günther Bauer und ich in dem Buch über die *Brutvögel Mitteleuropas* 31 bis 70 Millionen Brutpaare für Europa an,[10] davon
14 bis 20 Millionen für Mitteleuropa; die Zusammenstellung
Birds in the European Union (2004) von BirdLife International,
einem Zusammenschluss von über 100 weltweiten Natur-
schutzorganisationen, führt 31 bis 62 Millionen Brutpaare
an, und die *Rote Liste der Brutvögel Deutschlands* (2002) 8 bis
16 Millionen Paare.[11]

Aus den bisherigen Ausführungen geht natürlich auch
klar hervor, dass Vogelerfassungen, wie sie seit einiger Zeit
etwa unter dem Motto »Stunde der Gartenvögel« vom Naturschutzbund (NABU) durchgeführt werden, mehr Spiele-
rei als Wissenschaft darstellen. Bei derartigen Erhebungen
kommen viele Unsicherheiten ins Spiel, etwa Fehlbestim-
mungen durch Verwechslung von Arten, Erfassungsfehler,
wechselnde Einflüsse verschiedenster lokaler Faktoren usw.,

so dass sie nur ganz grobe Hinweise darauf geben können, in welchen Größenordnungen Vögel an gewählten Beobachtungsplätzen zugegen waren.[12]

Auch wenn diese kurze Übersicht über die Erfassung von Vögeln zeigt, dass Zählungen vielfach eher Bestandsschätzungen als exakte Bestandszahlen ergeben, braucht uns das für die kommenden Seiten nicht Bange machen. Wie wir sehen werden, sind die Rückgänge in unserer Vogelwelt inzwischen so gravierend, dass gewisse Ungenauigkeiten in der Bezifferung grundsätzlich belanglos sind. Weiterhin sind viele Arten so selten geworden, dass man die geringe Anzahl verbliebener Individuen heutzutage relativ leicht genau erfassen kann. Und für die allermeisten Arten liegen uns Datenreihen vor, die mit ganz verschiedenen Methoden parallel und unabhängig voneinander ermittelt werden, nämlich einerseits vor allem durch die Kartierung singender Männchen, andererseits etwa per Fang, Beringung, Ermittlung erfolgreicher Bruten und aus Jagdstrecken. Diese multiple Erfassung sowie der Vergleich der unterschiedlich erzielten Ergebnisse gibt uns ausreichend Sicherheit für das, was wir im Folgenden feststellen werden.

80 Prozent weniger Vögel
seit 1800

2014 veröffentlichten Richard Inger und andere Biologen in *Ecology Letters*, einer Fachzeitschrift für Ökologie, eine »schockierende« Mitteilung:[13] 2009 gab es in Europa rund 421 Millionen Vögel weniger als 30 Jahre zuvor. Das bedeutet einen Rückgang von 20 Prozent in drei Jahrzehnten oder von 0,7 Prozent pro Jahr. Die Feststellung beruht auf einer sorgfältigen, umfassenden Studie, bei der Bestandsentwicklungsdaten von fast 150 typischen Arten aus 25 europäischen Ländern ausgewertet wurden. 1980 konnten in Europa noch über 2 Milliarden Individuen dieser Arten registriert werden, 2009 nur noch rund 1,6 Milliarden. 90 Prozent der Verluste betreffen die 36 (früher) häufigsten Vogelarten wie Kiebitz, Rebhuhn, Feldlerche, Star, Feldsperling und Haussperling (während etwa Kohl- und Blaumeise, Rotkehlchen, Amsel sowie Raben- und auch einige Greifvogelarten recht stabile Populationen aufweisen). Diese schockierende Mitteilung betrifft auch Deutschland, dessen Daten wesentlich zu der Übersicht beigetragen haben; das zeigt auch der erste umfassende »Artenschutz-Report«, den das Bundesamt für Naturschutz 2015 veröffentlicht hat.

Für die Zeit vor der von Inger und den anderen Autoren behandelten Periode geben uns vor allem Daten, die wir in der Vogelwarte Radolfzell ermittelt haben, Aufschluss über die Bestandsabnahmen unserer Vögel. Bei der im ersten Abschnitt erwähnten Studie über die Vogelwelt im Umfeld des Instituts ergab sich im Zeitraum von rund 50 Jahren, 1947 bis 2002, bei 110 Brutvogelarten ein durchschnittlicher Rückgang von fast 40 Prozent. Da die Abnahmen schon bald nach 1947 einsetzten,[14] lässt sich der Rückgang über das halbe Jahrhundert ermitteln: Er beträgt rund 0,8 Prozent pro Jahr.

Ein ähnlicher Wert ergibt sich aus einer anderen Studie der Vogelwarte. Alarmiert durch Bestandsabnahmen, hatten wir 1968 zunächst auf der Halbinsel Mettnau bei Radolfzell am Bodensee begonnen, in einer großen Fanganlage durchziehende Singvögel zu registrieren. 1974 wurde das Programm auf eine zweite Station im Naturschutzgebiet »Die Reit« bei Hamburg und eine dritte am Neusiedlersee bei Illmitz ausgeweitet. Das damit initiierte Mettnau-Reit-Illmitz-Programm (kurz MRI-Programm) wurde damals als größte »Volkszählung« an Singvögeln Mitteleuropas auf allen drei Stationen zehn Jahre lang bis 1983 durchgeführt (auf der Mettnau sogar insgesamt 32 Jahre lang von 1972 bis 2003). Im MRI-Programm ergab sich bei 37 untersuchten Kleinvogelarten mit fast 200 000 registrierten Individuen für 26 Arten (70 Prozent) ein negatives Bild der Bestandsentwicklung.

Für alle drei Stationen ergab sich über alle zehn Jahre ein durchschnittlicher Rückgang von 1,6 Prozent pro Jahr.[15] Die aus diesen Ergebnissen resultierende Presseinformation der Max-Planck-Gesellschaft vom 15. Januar 1987 war betitelt mit der Überschrift *Der stille Einzug des ›stummen Frühlings‹*; die wichtigsten Schlagsätze lauteten: »Auch viele Kleinvogel-Arten verschwinden langsam, aber stetig; alarmierende Bilanz eines zehnjährigen, europaweiten Forschungsprogramms; ökonomische Einfalt verdrängt ökologische Vielfalt.«[16] Dies wurde von praktisch allen Medien in Deutschland aufgegriffen und zeigt einmal mehr, wie frühzeitig auf den Vogelschwund in Deutschland aufmerksam gemacht wurde.[17] Aus der 32-jährigen Studie am Bodensee ergab sich für 33 untersuchte Arten an ebenfalls fast 200 000 registrierten Individuen eine durchschnittliche jährliche Abnahme von 0,7 Prozent pro Jahr[18]. Auch nach der Studie von Inger und seinen Mitstreitern, in der Vogelbestände bis 2009 berücksichtigt wurden, hat sich der Abwärtstrend unserer Vogelwelt in Deutschland bis ins Brutjahr 2016 ungebremst fortgesetzt, wie alle aktuellen Jahresberichte, ornithologischen Rundbriefe und weitere Mitteilungen zeigen.

Wenn wir die Ergebnisse der vier hier behandelten Studien im Verbund betrachten, ergibt sich für die Vögel Deutschlands von 1950 bis 2015 bei einem durchschnittlichen jährlichen Rückgang von etwa einem Prozent pro Jahr eine Gesamtabnahme von 65 Prozent – das sind etwa zwei Drittel! Zu einem ganz ähnlichen Ergebnis kommt Jochen Hölzinger[19] in einer Studie über den Alten Botanischen Garten in Tübingen: Der Rückgang der Brutvogelarten von 1949 bis 2008 beträgt dort 66 Prozent, jener der Brutpaare 52 Prozent.

Die davor liegende Zeit, also die rund 100 Jahre, die zwischen Naumanns erstem Bericht über erhebliche Bestandsabnahmen bei Vögeln in Deutschland 1849 und der Zeit nach dem Zweiten Weltkrieg liegen, an die die genannten ersten Studien der Vogelwarte Radolfzell anschließen, ist im Hinblick auf den exakten Rückgang von Vogelbeständen schwer zu beurteilen. Dass jedoch Bestandsabnahmen ständig aufgetreten sein müssen, zeigt die lange Kette angedachter Gegenmaßnahmen; dazu zählen beispielsweise das 1888 erlassene »Reichsgesetz zum Schutze von Vögeln«, die 1899 erfolgte Gründung eines speziellen Vogelschutzverbandes, »Deutscher Bund für Vogelschutz« (heute Naturschutzbund Deutschland, NABU), sowie im 20. Jahrhundert eine schier endlose Kette von Maßnahmen wie die Einrichtung von Natur- und Vogelschutzgebieten, von Vogelschutzwarten, von immer mehr Gesetzen, Verordnungen, Abkommen und Ähnlichem.[20] Auch lässt die Flut von Publikationen über Vogelbestandsabnahmen und Vorschlägen zu deren Eindämmung darauf schließen.[21]

Setzt man für den Zeitraum von 1950 zurück bis zu Naumanns Berichtsbeginn um 1800, also für eine Zeitspanne von 150 Jahren, einen Rückgang unserer Vogelwelt von insgesamt nur rund 15 Prozent an, dann addiert sich der Gesamtverlust an Vögeln in Deutschland von etwa 1800 bis heute auf sage und schreibe 80 Prozent! Das heißt: Wir haben inzwischen vier Fünftel unseres ehemaligen Vogelbestandes verloren! Auf einer beliebigen Fläche unserer heutigen (quasi ausgeräumten) Kulturlandschaft, in der wir gegenwärtig 20 Vögel registrieren, hätten früher also 100 gelebt; wo heute noch einer zwitschert, waren es früher fünf!

Viele werden sich fragen: Kann das denn stimmen? Ist so ein drastischer Rückgang überhaupt vorstellbar?

Zum Glück gibt es in unserer immer älter werdenden Gesellschaft heutzutage noch genügend inzwischen weißhaarige Ornithologen wie mich, die noch recht ursprüngliche, fast paradiesische Zustände unserer Landschaft mit Vogelwolken – also riesigen Vogelscharen – und einem für heutige Verhältnisse unvorstellbar reichhaltigem Vogelleben allüberall noch selbst erlebt haben. Ich habe darüber ausführlich in meinem Buch *Mein Leben für die Vögel und meine 60 Jahre*

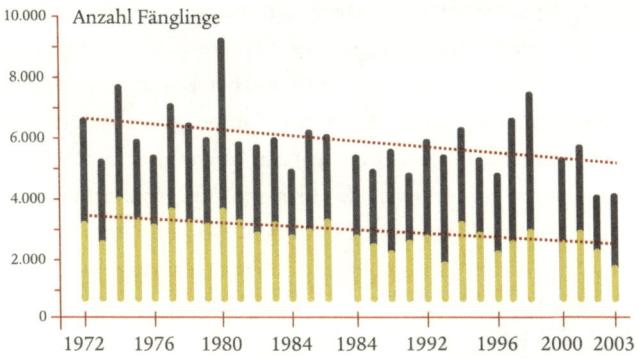

Jährliche Gesamtfangzahlen zwischen 1972 und 2003 (grau:
Mittel- und Kurzstreckenzieher; gelb: Langstreckenzieher).

mit der Vogelwarte Radolfzell berichtet und will hier nur einige
Beispiele anführen.[22]

Wenn man in den 1950er und 1960er Jahren im Sommer
zur Zeit der Getreidereife durch die Feldfluren ging, stoben
aus den Getreidefeldern in der Nähe der Bauerndörfer Hunderte von Haus- und Feldsperlingen, die sich vor allem an
den milchreifen Getreidekörnern gütlich taten. Heute sind
die Feldfluren im ganzen Land praktisch spatzenfrei und erinnern damit an das China der Mao-Zeit, als die Sperlinge
(und mit ihnen fast alle anderen Vögel) dort einer flächen-
deckenden Spatzenvernichtung zum Opfer fielen. Und über
allen Feldfluren unseres Landes hing seinerzeit der Himmel
buchstäblich voller singender Feldlerchen, oft zehn und
mehr über einem einzigen Hektar Land.

Am eindrucksvollsten waren jedoch die Massenvorkom-
men von Staren und Schwalben. Bis in die späten 1960er
Jahre legten Stare im Spätsommer und Herbst zum Beispiel

im Bodenseeraum regelmäßig den Verkehr lahm, obwohl damals noch eine ganz geringe Verkehrsdichte herrschte. Vornehmlich auf der Seeuferstraße bei Bodman und der Dammstraße zur Insel Reichenau fuhren gegen Abend zig Autos Stoßstange an Stoßstange nur noch im Schritttempo oder hielten gar an, weil die Insassen wie gebannt ein unübersehbares Schauspiel bestaunen wollten: das Heranschwärmen von Tausenden und Abertausenden von Staren aus dem Hinterland zu ihren Schlafplätzen im Schilf. Diese Wolken von Vögeln waren oft mehrere Hundert Meter lang und reduzierten den Lichteinfall merklich. Sie erinnerten an Schwärme von Wanderheuschrecken in Afrika und waren solch ein Spektakel, dass viele Autofahrer einfach anhalten mussten. Dabei faszinierte insbesondere, wie sich die Schwärme zeitweise verdichteten, dann wieder weiträumiger wurden und in rasanten Formationen beeindruckende Figu-

Das Heranschwärmen von Tausenden von Staren zu ihren Schlafplätzen bewirkt eine oft mehrere Hundert Meter lange Wolke.

ren in den Himmel zeichneten, als handele es sich um eine Choreographie von Luftakrobaten.

Bis in die 1960er Jahre fielen an den großen Massenschlafplätzen am Bodensee im Rheindelta, im Bereich der Insel Reichenau und im Gebiet der Aachmündung bei Bodman vor dem Wegzug allabendlich 500 000 und mehr Stare ein.[23] Inzwischen sind die Bestände des Stars im gesamten europäischen Verbreitungsgebiet von Norditalien und Nordspanien bis ins nördliche Skandinavien und Russland seit den 1960er Jahren um 70 bis 80 Prozent zurückgegangen.[24] Damit sind auch die großen Schlafplätze am Bodensee, die bis in die 1990er Jahre noch an die 100 000 Vögel aufwiesen, auf kleine Ansammlungen weniger Tausend Vögel zusammengeschrumpft.

Darum hat sich heute das ehemalige Bild umgekehrt: Auf den Straßen wälzen sich nun Heerscharen von Autos, aber ihre Fahrer nehmen die kleinen Trüppchen von Staren, die vereinzelt ihren Schlafplätzen zustreben, gar nicht mehr wahr. Das Himmelsspektakel ist Vergangenheit. »Emptying the Skies«, wie ein neuer amerikanischer Dokumentarfilm von Douglas und Roger Kass über den Rückgang unserer Vogelwelt tituliert ist, hat den Zusammenbruch unserer Starenpopulationen eindrucksvoll demonstriert. Ein anderer Grund für den Rückgang der Stare: Sie waren früher vor allem in unseren Dörfern überall so häufig, dass es bis in die 1960er Jahre kaum ein Bauernhaus gab, an dem sie nicht unter Dachpfannen, in Nistkästen am Giebel oder auch unter Dachrinnen nisteten. Auch in den Höhlen von Alleebäumen, die seinerzeit nahezu alle Straßen säumten, sowie in Wäldern und Städten (soweit Nisthöhlen verfügbar waren) ließen sie sich nieder. Dabei waren diese »Allerweltsvögel« – im wahrsten Sinne des Wortes, da sie sich auch in den USA und anderen Ländern erfolgreich vermehrt haben – im Frühjahr sehr beliebt, und zwar als Vertilger von allerlei »Schädlingen« unserer Nutzpflanzen.

Da die Stare aber später im Jahr in Kirschbäumen und Weinbergen (bei uns) und in Olivenhainen (im südlichen Winterquartier) selbst zu »Schädlingen« wurden, drohte ihnen als »pest birds« die Vernichtung. Unglaublich, aber wahr: Noch während der Zeit meiner Doktorarbeit an Staren wurden in den 1960er Jahren Starenschlafplätze im Freiburger Raum von staatlichen Behörden des Landes Baden-Württemberg mit Dynamit in die Luft gesprengt – und alles, was sich sonst noch dort aufhielt wie Rallen, Rohrsänger, Schwalben, fiel als Kollateralschaden mit zum Opfer.

Ähnlich auffallend wie die Stare waren früher die heutzutage unvorstellbaren Massen von Schwalben. In den meisten Dörfern Süddeutschlands gab es in tieferen Lagen an sonnenexponierten Stellen Häuser, unter deren Dachvorsprung sich eine nahezu durchgehende Reihe von Mehlschwalbennestern befand. Oft waren es 50 und weit mehr, die zur Brutzeit auch fast alle besetzt waren. Allein die an einem einzigen solchen Haus brütenden und ausfliegenden Schwalben – insgesamt mehrere Hundert – schwirrten und jagten am Himmel wie ein Bienenschwarm. Als ich 1955 Beringungsmitarbeiter wurde, konnte ich 1958 an nur sieben solcher Häuser 409 nestjunge Mehlschwalben markieren.[25] An einem Haus waren es allein sogar über 100. Um diese Zahl zu erreichen, wäre ich heute wochenlang in vielen Dörfern unterwegs. Und wenn sich damals ab August die Schwalben für den beginnenden Wegzug auf Leitungsdrähten niederließen, hatte man oft Sorge, die Drähte könnten unter der Last der vielen Tausend Vögel reißen.

Während die Mehlschwalben in den Ortschaften massen-

Rauchschwalbennest

haft auftraten, konnte man in Schilfgebieten riesige Scharen von Rauchschwalben finden. Nachdem sie ihre Nester (die vor allem in den überall verfügbaren Kuhställen lagen) verlassen hatten, bezogen sie nämlich ähnlich wie die Stare Schlaf-plätze im Schilf, wo sie abends in Massen einfielen. Mit dem Bauernsterben und den damit immer weniger werdenden Viehställen sind auch die Rauchschwalben auf der Strecke geblieben. Ihr Bestand ist seit 1960 um mehr als 30 Prozent zurückgegangen, und die kleinen Trupps, die heute noch in Schlafplätze einfallen, werden fast nur noch von Ornitho-logen wahrgenommen. Mehlschwalben teilen ein ähnliches Schicksal, das vor allem durch den Mangel an Nistplätzen, an Baumaterial (Lehm und Dung) für ihre Nester sowie In-sekten zur Nahrung bedingt ist. Ihr Bestand ist in Deutsch-land seit 1960 ebenfalls um über 30 Prozent gesunken.

Etwa 80 Prozent Verlust von Vögeln in Deutschland in den letzten rund 200 Jahren – das ist eine gewaltige Menge! Da der Rückgang insgesamt weitergeht und die »Roten Listen« bedrohter Arten für Vögel noch jedes Jahr ein Stückchen länger werden, ist die Frage mehr als berechtigt: Ist angesichts dessen der bisher immer noch mehr als Schreckgespenst verstandene »Stumme Frühling« nicht unvermeidbar – und noch dazu bereits in naher Zukunft zu erwarten?

Zum Glück nehmen nicht alle Vogelarten bei uns ab, auch wenn die Gesamtbilanz negativ ist. Und neben Arten mit relativ stabilen Populationen (wie zum Beispiel die schon genannten Meisen) gibt es auch Arten, die zurzeit im Bestand zunehmen, und sogar solche, die sich bei uns neu ansiedeln. Sie mögen uns, wie wir später sehen werden, Anlass zu gewissen Hoffnungen geben.

Ein letztes Beispiel möchte ich noch nennen, das zeigt, dass Bestandsrückgänge im hohen Prozentbereich inzwischen Realität geworden sind. Michelle Paleczny und ihre Kollegen haben von den Seevogelkolonien in aller Welt die Brutvogelbestände von 1950 bis 2010 analysiert.[26] Dafür lagen ihnen für etwa ein Fünftel des globalen Bestandes ausreichend Daten vor. Das nahezu unglaubliche Ergebnis, das die hier für Deutschland vorgestellten Daten noch bei weitem übertrifft: Die Bestände nahmen in nur 60 Jahren rund 70 Prozent ab!

Die einzelnen Arten:
überwiegend Verlierer

Auf der Erde leben derzeit rund 10 000 Vogelarten. Etwa 500 davon brüten in Europa, wovon wiederum rund die Hälfte auch in Deutschland nistet. Nach der *Liste der Vögel Deutschlands* von Peter H. Barthel und Andreas J. Helbig haben seit 1800 genau 285 Vogelarten in unserem Land gebrütet.[27] Davon sind für unsere weitere Betrachtung jene 268 Vogelarten interessant, die dies regelmäßig tun. Von ihnen sind 11 Arten inzwischen in Deutschland ausgestorben: Steinhuhn, Schlangenadler, Zwergtrappe, Triel, Zwergschnepfe, Doppelschnepfe, Bruchwasserläufer, Papageitaucher, Blauracke, Schwarzstirnwürger und Steinsperling.

149 Arten brüten in geeigneten Lebensräumen in weiten Teilen Deutschlands, 71 nisten nur in bestimmten Regionen, zum Beispiel im Alpenraum oder an den Küsten, und 37 Arten brüten nur sehr lokal begrenzt, etwa in einzelnen Städten oder in wenigen Kolonien. Das heißt: Nur rund 150 Arten machen unsere »überall« vorkommenden Brutvögel aus.

Weiterhin kommen laut der Deutschlandliste die verschiedenen Arten in sehr unterschiedlichen Häufigkeiten vor: 46 Arten mit 1 bis 100 Brutpaaren, 37 Arten mit 101 bis

1000 Paaren, 53 mit 1001 bis 10 000, 55 mit 10 001 bis 100 000, 43 Arten mit 100 001 bis 1 000 000 und 23 Arten mit mehr als einer Million Brutpaaren. Sucht man in der Kategorie der »überall« vorkommenden Brutvogelarten nach denjenigen, die zudem in der Gruppe mit den höchsten Brutpaar-An- zahlen (von mehr als einer Million) auftreten, kommt man zu den Arten, die praktisch jedermann jederzeit im ganzen Land beobachten kann (oder zumindest konnte ...). Die wichtigsten zehn dieser »gewöhnlichen« Arten, die früher jeder kannte und die heute noch viele von uns kennen, sind: Amsel (2005 schätzungsweise rund 10 Millionen Brutpaare), Buchfink (8 Millionen), Haussperling (5 Millionen), Kohl- meise (5 Millionen), Blaumeise (3 Millionen), Rotkehlchen (3 Millionen), Mönchsgrasmücke (3 Millionen), Zilpzalp (3 Millionen), Star (3 Millionen) und Grünling (2 Millionen).

Um einen Überblick zu erhalten, wie sich die Bestände der einzelnen Brutvogelarten in Deutschland entwickeln und welche Arten im Bestand abnehmen und nach Möglichkeit mit besonderen Schutzmaßnahmen bedacht werden sollten, haben führende Vogelkundler und Vogelschützer bereits 1971 die *Rote Liste der (gefährdeten) Brutvögel Deutschlands* er- stellt. Sie liegt inzwischen (seit 2007) in der vierten Fassung vor und seit 2015 auch in einer fünften.[28] Weiterhin gibt es seit 2007 jährlich einen Situationsbericht *Vögel in Deutschland*, der im Auftrag des Dachverbandes Deutscher Avifaunisten (DDA), des Bundesamtes für Naturschutz (BfN) und der Länderarbeitsgemeinschaft der Vogelschutzwarten erstellt wird.

Im Folgenden zeige ich kurz, wie sich die Bestände der 268 oben erwähnten Brutvogelarten in Deutschland entwickelt haben.[29] Von diesen sind zehn nach wie vor ausgestorben, eine (das Steinhuhn) ist in wenigen Paaren an der österreichischen Grenze wiederaufgetaucht. Von den 258 noch bei uns brütenden Arten haben seit ca. 1800 oder zumindest in den letzten Jahrzehnten 141 (55 Prozent) im Bestand abgenommen, 44 Arten (17 Prozent) sind in der Häufigkeit in etwa gleich geblieben, und 73 Arten (28 Prozent) weisen eine Bestandszunahme auf. Von den im Bestand zurückgehenden Arten verzeichnen nach den Ergebnissen der neuesten *Roten Liste* 20 Arten eine sehr starke Abnahme, nämlich von mehr als 50 Prozent in den 25 Jahren von 1985 bis 2009.[30] Darunter sind Rebhuhn (mehr als 90 Prozent zwischen 1950 und 1980), Auerhuhn, Goldregenpfeifer, Seeregenpfeifer, Kiebitz, Uferschnepfe, Bekassine, Kampfläufer, Alpenstrandläufer, Turteltaube, Wendehals, Rotkopfwürger, Haubenlerche, Waldlaubsänger, Seggenrohrsänger (95 Prozent zwischen 1950 und 1980), Steinschmätzer, Baumpieper, Wiesenpieper, Girlitz und Bluthänfling. Dazu kommen 36 weitere Arten, die in den genannten 25 Jahren um mehr als 20 Prozent abgenommen haben, darunter ehemalige »Allerweltsarten« wie Feldlerche, Mehl- und Rauchschwalbe, Star, Feld- und Haussperling sowie Bachstelze. Wie man also sieht, leiden Vögel aus allen systematischen Gruppen an Rückgängen, wobei Offenlandbewohner, Insektenfresser und Zugvögel am stärksten betroffen sind. Von ihnen stehen inzwischen 87 Prozent in der neuen *Roten Liste*.[31]

Die katastrophale Situation unserer Vogelwelt nach dieser Bilanz der neuen *Roten Liste* – die röteste, die wir je hatten – und der hier zusammengestellten Daten ist ohne Wenn und Aber eine Schande für unser Land – für eine Kulturnation, die einst den Naturschutz mit begründet hat! Die Situation ist inzwischen so hoffnungslos dramatisch, dass wohl für viele weitere Arten das Aussterben eingeläutet ist. Die Art und Weise, wie wir zum Beispiel sehenden Auges die ehemals Millionen von Rebhühnern sukzessive bis auf einige Zehntausend zerwirtschaftet haben, obwohl ihr Rückgang schon um 1800 klar zu erkennen war, verdient sicher die Bezeichnung »Völkermord an einer Vogelart«. Und das, obwohl uns Rebhühner immer lieb und teuer waren. Eigentlich unvorstellbar, aber leider Tatsache. Weitere Aussterbe-Kandidaten sind Auer- und Haselhuhn, Braunkehlchen und Seggenrohrsänger. Die neue *Rote Liste* kommentiert Thomas Krumenacker folgendermaßen: »Das Ausmaß des Verlustes von Artenvielfalt und purer Anzahl von Vögeln – flächendeckend und über die verschiedensten Lebensräume hinweg – illustriert auf erschreckende Weise, dass der Grad der Umweltzerstörung ein Ausmaß erreicht hat, welches das dauerhafte Überleben selbst häufiger Vogelarten schlicht nicht mehr ermöglicht. (...) Ohne gravierende Veränderungen vor allem in der Landwirtschaft werden einstige Allerweltsvögel hierzulande von der Bildfläche verschwinden. Eine Trendumkehr ist allerdings nicht in Sicht (...).«[32]

Bleibt als Nächstes zu fragen, wie es in unserer offensichtlich extrem vogelfeindlichen Umwelt immerhin 28 Prozent der Arten schaffen konnten, ihre Bestände nicht nur zu halten, sondern sogar zu erhöhen. Es handelt sich dabei vor allem um vier Gruppen von Arten: 1) einige Greifvögel wie zum Beispiel Seeadler, Wanderfalke und Uhu. Sie profitieren – wie auch der Kormoran – von einer nachlassenden Verfolgung, der Ausbürgerung gezüchteter Vögel, dem besonderen Schutz bis hin zur Horstbewachung, dem Verbot einiger Biozide und einem günstigen Nahrungsangebot (darunter Aas und verwilderte Haustauben); 2) Wasservögel wie Schwäne und eine Reihe von Gänsen und Enten. Sie sind besonders von der Eutrophierung, das heißt der Nährstoffanreicherung von Gewässern, und als Weidetiere von der zunehmenden pflanzlichen Biomasse im Zuge der intensiveren Landwirtschaft sowie von der Klimaerwärmung begünstigt; 3) »Allesfresser« wie die meisten Möwen und Rabenvögel, denen Abfallprodukte unserer Wohlstandsgesellschaft zugutekommen, oder etwa Kraniche oder Ringeltauben, die der intensive Mais- und Getreideanbau stützt, und 4) Neozoen und Zuwanderer, die absichtlich oder versehentlich eingebürgert wurden oder, bedingt durchs Klima und durch andere Faktoren, aus Nachbarpopulationen einwandern.

Viele dieser Arten profitieren somit von den durch Menschen verursachten Umweltveränderungen, da diese ihren Ansprüchen zufällig entgegenkommen. Bei den meisten aber, vor allem bei den im Bestand abnehmenden Arten, ist das Gegenteil der Fall, wie wir noch sehen werden.

Hier muss noch dringend auf einen Punkt hingewiesen werden. In vielen Übersichten, vor allem von Behörden, aber auch von Naturschutzverbänden und selbst in Roten Listen, wird nicht selten von »positiver Bestandsentwicklung« und »Bestandszunahme« oder Vergleichbarem geredet, und zwar bei Arten, die langfristig zum Teil dramatisch abgenommen haben. Dabei werden meist kurzfristig positive Trends überbewertet und langfristige Entwicklungen außer Acht gelassen. Das gilt etwa für den Weißstorch, den Wiedehopf oder einige Meisenarten.

Beim Weißstorch beispielsweise brüteten um 1935 an die 9000 Paare in Deutschland (auf der heutigen Landesfläche), bis 1988 war der Bestand dann bis auf knapp 3000 Brutpaare abgefallen. Heute hat er sich dank verschiedener Stützmaßnahmen wie vor allem der Ausbringung semidomestizierter, also halbwilder Vögel aus Zuchtprogrammen, wieder auf über 6000 Paare erholt. Ob der Weißstorch bei uns je wieder

seine Bestandshöhe der 1930er Jahre erreichen wird – für
die Zeit um 1800 ist sie sogar noch höher anzusetzen –, ist
höchst fraglich. Die derzeitige Population steht nämlich in
verschiedener Hinsicht auf tönernen Füßen. Was die Brutvögel anbelangt, erweist sich Mecklenburg-Vorpommern
derzeit als »Weißstorch-Katastrophenland«: Dort ist der
Brutbestand innerhalb von nur sechs Jahren von rund 1200
auf 800 Brutpaare, also um gut 30 Prozent abgefallen. Die
Ursache dafür ist die Intensivierung der Landwirtschaft, vor
allem der Anbau von Mais und Sonnenblumen, auf ehemaligen Storchenwiesen. Was Überwinterer betrifft, wird zwar
von Ornithologen seit längerem mit wenig Freude beobachtet, dass sich die inzwischen fast 40 000 in Spanien überwin-
ternden Störche zu einem Gutteil auf Müllkippen ernähren.
Aber das sichert immerhin vielen das Überleben und erspart
ihnen den gefährlichen Weiterzug nach Westafrika, wo
Störche häufig menschlicher Verfolgung zum Opfer fallen.
Sollten in nächster Zeit die Pläne der EU umgesetzt werden,
die offenen Müllkippen in Spanien zu schließen, ist völlig
ungewiss, wie viele der nach Westen ziehenden Störche dann
noch erfolgreich in Spanien überwintern können.

Der Wiedehopf, als zweites Beispiel, war früher in Europa
weit verbreitet. Vor allem im Süden, aber auch in nördlichen
Teilen sowie in Mitteleuropa, und damit auch in Deutschland, kam er als Brutvogel vor. Ab Ende der 50er Jahre jedoch
brach der Mitteleuropa-Bestand auf großer Fläche ein,[33] und
heute verteilen sich die verbliebenen rund 700 Brutpaare in
Deutschland fast ausschließlich auf zwei Verbreitungsinseln:
das Nordostdeutsche Tiefland und das Oberrheingebiet,
wie der *Atlas Deutscher Brutvogelarten* zeigt. In diesem findet
man neben der Verbreitungskarte auch ein Diagramm, das
von 1990 bis 2010 eine Bestandszunahme von über 50 Pro-

Der Wiedehopf war früher weit verbreitet.

zent anzeigt, während man im Text liest: »Die langfristige Bestandsentwicklung des Wiedehopfes in Deutschland ist rückläufig. Der kurzfristige Trend (1985–2009) hingegen ist positiv.« Und weiter: »Der Wiedehopf war in Deutschland noch Mitte des 19. bis Anfang des 20. Jahrhunderts gebietsweise ein verbreiteter, z.T. sogar häufiger Brutvogel.«[34] Genaueres wird dazu nicht mitgeteilt. Aber es lohnt sich, einmal nachzuforschen, wie häufig die Art denn früher bei uns gewesen ist.

Hans-Günther Bauer und ich[35] schätzen den Wiedehopf-Bestand für Mitteleuropa nach starkem Rückgang auf einen Rest von elf bis siebzehntausend Brutpaaren. Für Baden-Württemberg, wo ich die Verhältnisse besonders gut kenne, gibt Hölzinger für Mitte der 1950er Jahre noch etwa 200 Brutpaare an und schreibt:[36] »In den Jahren um 1800 war der Wiedehopf nach Landbeck [einem führenden Ornithologen im 19. Jahrhundert] ein sehr häufiger Brutvogel«, der dann nach Bestandsschwankungen bis Mitte der 1990er Jahre auf nur noch 20 Paare im Bestand geschrumpft sei. Die rund 200 Paare, die für die 1950er Jahre angegeben wurden, sind mit Sicherheit viel zu niedrig veranschlagt. Um diese Zeit waren nur wenige Ornithologen in Baden-Württemberg aktiv, darum wurde vieles überhaupt nicht registriert.

Wo Vogelkundler besonders rege waren, ergibt sich ein ganz anderes Bild: Allein am Bodensee haben im Großraum Radolfzell um 1950 noch etwa 25 Paare gebrütet, selbst im Stadtgebiet von Radolfzell wurden 1956 noch mindestens 12 rufende Männchen registriert.[37] 1960 begann ich an der Vogelwarte Radolfzell zu arbeiten. So fing ich an, Bauern in der Bodenseeregion und in vielen weiteren Gebieten Baden-Württembergs, die um 1900 geboren waren, nach Wiedehopfvorkommen zu befragen. Ich erfuhr, dass die meisten den schmucken Vogel sehr gut kannten. Sie konnten ihn eindeutig beschreiben, und viele wussten zudem zu berichten, dass er noch vor dem Zweiten Weltkrieg zur Brutzeit vor allem auf den sogenannten Krautländern der Gemeinden (speziellen Kohlanbaugebieten) regelmäßig zugegen und dort auch gern gesehen war. Sie hatten nämlich beobachtet, wie er mit seinem gebogenen Schnabel Maulwurfsgrillen (auch Erdkrebse genannt) aus ihren Erdgängen zog und so diese verhassten Kohl-»Schädlinge« vertilgte, die vielerorts für seinen Bruterfolg entscheidend waren.

Nach vielen solcher Berichte und nach Meinung des seinerzeit führenden Feldornithologen der Vogelwarte ab 1946, Hans Sonnabend, können wir davon ausgehen, dass bis in die 1950er Jahre weit mehr als die 200 von Hölzinger veranschlagten Paare in Baden-Württemberg gebrütet haben. Und für die Zeit um 1800 sind nach den oben zitierten Angaben von Landbeck wohl bis zu 1000 Paare für das Gebiet des heutigen Bundeslandes anzusetzen. Für ganz Deutschland würde das bedeuten, dass es seinerzeit etwa 10 000 Paare gegeben haben muss. In dieser Gesamtschau fällt damit der Wiedehopf sehr wahrscheinlich in die Gruppe der Arten mit etwa 90-prozentigem Rückgang. Der oben beschriebene aktuelle Bestandsanstieg in zwei Restpopulationen wirkt so gesehen wie das leichte Kopfanheben eines bereits am Boden liegenden Kämpfers.

Ein weiteres Problem stellen sehr häufige Arten wie etwa Kohl- und Blaumeise, Amsel, Buchfink und andere mehr dar. Die Populationen von Kohl- und Blaumeisen zum Beispiel werden in der oben genannten Literatur als stabil bezeichnet. Wir erinnern uns aber: »Bei keiner unserer Vogelgattungen wird die Abnahme (...) augenfälliger als bei den Meisen«, hatte Naumann 1849 beklagt.[38] Nun mögen Meisen nach Beendigung des massenhaften Fangens zum Verzehr und durch zunehmenden gesetzlichen Schutz ab der zweiten Hälfte des 19. Jahrhunderts wieder im Bestand zugenommen haben. Spätestens für die Zeit nach dem Zweiten Weltkrieg gilt jedoch mit Sicherheit das Gegenteil. Kohl- und Blaumeisen brüten nämlich mit Vorliebe in unseren Streuobstbeständen und nisteten früher zudem in den Alleebäumen, die bis in die 1950er Jahre praktisch alle Landstraßen säumten. Diese Lebensräume sind inzwischen in Deutschland zu rund 80 Prozent verlorengegangen – und damit auch für Meisen weggefallen.

Die dadurch heimatlos gewordenen Meisen konnten auch nicht einfach in Wälder ausweichen und dort sozusagen »enger zusammenrücken«, denn in unseren Forsten ist durch die ständige Abnahme alter, höhlenreicher Bäume und die zunehmende Entfernung von Totholz der Lebensraum für Meisen ebenfalls geschrumpft. Dazu kommt, dass das vorher bei Förstern von Amts wegen her weitverbreitete Aufhängen von Nistkästen für Meisen als »Nützlinge im Forst« längst der Vergangenheit angehört. Somit ist außer Zweifel, dass auch unsere (noch immer) häufigen Kohl- und Blaumeisen-Bestände nach dem Zweiten Weltkrieg beträchtlich abgenommen haben. Nur können wir leider nicht ausmachen, um wie viel Prozent. Für eine derartige Feststellung sind alle in Deutschland verfügbaren Datenreihen über Meisenbestände entweder zu grob, zu kleinräumig erfasst oder durch Besonderheiten verzerrt. Eindeutige Hinweise gibt es jedoch aus Großbritannien, wo Vogelbestände viel genauer erfasst werden als bei uns. Dort stellt man seit 1965 eine signifikante Abnahme des Fortpflanzungserfolges bei Kohlmeisen wie auch bei vielen anderen Arten fest.

Nach den bisherigen Ausführungen über Bestandsveränderungen interessieren natürlich folgende Fragen: Wie viele Vögel brüten derzeit in Deutschland denn insgesamt noch? Und wie viele waren es früher einmal, etwa um 1800? Schätzungen für den Gesamtbestand von Vögeln liegen in allen oben genannten Quellen vor oder lassen sich zumindest aus den Bestandsangaben für die einzelnen Arten ableiten. Wenn wir uns wegen der bereits beschriebenen Gefahr der zu hohen Einschätzung von Beständen an die unteren Werte der für die einzelnen Arten angegebenen Bereiche halten, dann addieren sich die Summen für die oben aufgeführten 257 Brutvogelarten nach der neuesten *Roten Liste* derzeit auf gut 60 Millionen Brutpaare oder auch 120 Millionen Individuen.[39] Das heißt, auf jeden Einwohner in Deutschland (rund 80 Millionen) kommen gegenwärtig ca. 1,5 Vögel, und auf jeden Quadratkilometer Fläche unseres Landes verteilen sich im Mittel um die 300 Vögel. Nach dem oben dargestellten Rückgang unserer Vogelwelt um 80 Prozent sind somit für die Zeit um 1800 rund 300 Millionen Brutpaare oder 600 Millionen Individuen zu veranschlagen.

Teilt man die gegenwärtig rund 120 Millionen Brutvögel durch die Anzahl der Arten, also durch 257, ergibt sich ein Durchschnittswert von rund 450 000 Individuen pro Art. Das entspricht für alle Individuen einer Vogelart in unserem Land gerade einmal der Einwohnerzahl einer größeren Stadt, sagen wir von Nürnberg. Und wenn man diese Durchschnittszahl aller Einwohner einer Vogelart in Deutschland zu den gesamten Menschen-Einwohnern in Beziehung setzt, kommen auf jeden unserer Mitbürger gerade einmal 0,005 Individuen. Umgekehrt aber heißt das, auf jeden Vogel einer solchen durchschnittlichen Vogelart entfallen rund 180 Einwohner. Das zeigt, wie gering die Siedlungsdichte vieler Vogelarten in unserem Lande ist und wie hoch damit auch ihr Risiko, durch uns be- oder gar verdrängt zu werden.

Abschließend muss ich unbedingt noch auf ein Biodiversitätsparadoxon aufmerksam machen, das immer wieder zu großer Verwirrung führt und nicht selten von Politikern missbraucht wird.[40] Auf der einen Seite stellen wir überall in Deutschland, von den Alpen bis zu den Küsten, einen enormen Rückgang vieler Vogelarten fest und konstatieren damit auf kleineren Flächen, beispielsweise der einer einzelnen Gemeinde, den vollständigen Verlust vieler Brutvogelarten. Auf der anderen Seite ist trotz dieses Vogelrückgangs die Liste der in Deutschland beobachteten Vogelarten ständig länger geworden und wird auch sicher künftig noch weiter wachsen. Wie passt das zusammen?

Ganz einfach: Auch wenn der Brutbestand einer Art bei uns bis auf wenige letzte Paare schrumpft (wie demnächst wohl beim Rebhuhn), wird die Art natürlich weiter in der Liste der Vögel Deutschlands geführt. Diese Liste achtet nicht darauf, dass die Art aus den Brutvogellisten fast aller Bundesländer bereits verschwunden ist. Und selbst bei in ganz Deutschland ausgestorbenen Arten muss man genau hinschauen, da sie meist als ehemalige Brutvögel weiterhin aufgeführt werden! Und dann gibt es auch noch echten Zuwachs auf der Landesvogelliste, der vorwiegend durch drei Dinge zustande kommt. Erstens gibt es immer wieder neu auftauchende Arten, die vor allem durch Stürme oder Abweichungen von Zugrouten etwa aus Nordamerika oder Asien zu uns verdriftet werden, dann als sogenannte Irrgäste auftauchen, meistens bei uns nicht brüten, aber dennoch in die Liste der in Deutschland registrierten Arten gelangen können. Durch die riesige Zahl von Feldornithologen werden diese Gäste heute viel leichter entdeckt, als das früher der Fall war. Zweitens kommt es, vor allem bedingt durch die anhaltende Klimaerwärmung, vermehrt zu Zuwanderung von Arten aus südlichen Bereichen wie dem Mittelmeerraum und Afrika. So gelangen beispielsweise Silber- und Seidenreiher sowie Felsenschwalbe zu uns.[41] Und drittens siedeln sich Neuzugänge, sogenannte Neozoen an, die aus Zoos oder privaten Haltungen geflohen sind oder aber aus verschiedenen Beweggründen gezielt freigelassen wurden. Auch durch solche Arten wie zum Beispiel Nandu, Schwarzschwan, Flamingo oder Sittich wird die deutsche Vogelartenliste ständig länger.

Da die Neuzugänge aber in der Regel nur geringe Individuenzahlen aufweisen, stellen sie zwar interessante und für viele Vogelfreunde auch sehr erfreuliche Farbtupfer in unserer Vogelwelt dar, können aber die massiven Bestandsverluste bei der Mehrzahl unserer Arten nicht im Geringsten ausgleichen. So bleibt das Paradoxon: Die Artenliste der in Deutschland nachgewiesenen Vögel wird ständig länger,

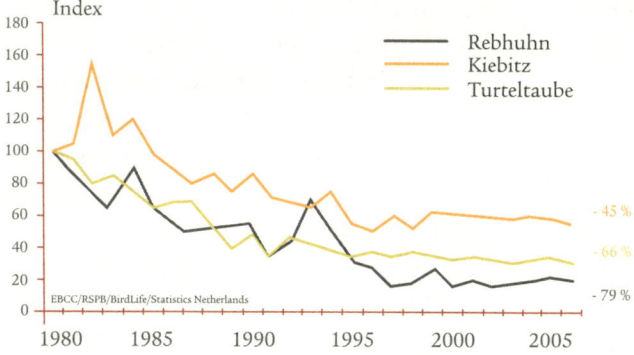

Sinkende Bestände von Rebhuhn, Kiebitz und Turteltaube in Europa zwischen 1980 und 2005.

aber die Vogelwelt unseres Landes schrumpft dennoch mehr und mehr zusammen. Einige sehen nur, dass es in Deutschland noch nie so viele Vogelarten gegeben hat wie heute. Stimmt! Aber seit dem Ende der letzten Eiszeit hat es auch noch nie so wenige Vögel gegeben wie heute. Und das macht den Wirkungsgrad unserer Vögel aus, wie wir noch sehen werden.

Hier noch eine kurze Randbemerkung zu den Neozoen und, wie es bei den Pflanzen heißt, Neophyten: Von vielen Puristen werden diese Neuzugänge als Verfälscher unserer Fauna und Flora oder zumindest als potentielle Konkurrenten einheimischer Arten in Bausch und Bogen abgelehnt, manchmal sogar heftig bekämpft; wenn es nach ihnen ginge, sollten sie am liebsten wieder vollständig eliminiert werden. Bei manchen Arten wie etwa der Krankheiten übertragenden Tigermücke oder der Atemnot verursachenden Ambrosia mag das verständlich sein, aber Arten wie die oben genannten Vögel bereichern geradezu unsere inzwischen verarmte Natur, andere sind sogar ausgesprochen nützlich. So ist die vielfach geschmähte Douglasie als trockenheitsresistenter Nadelbaum schon heute bei erst mäßiger Klimaerwärmung vielerorts ein willkommener Ersatz für die weit empfindlichere Fichte oder gar Tanne. Und das Drüsige Springkraut sowie die Goldrute sind oft nahezu die einzigen Pflanzen, die über weite Gebiete hinweg im Sommer mit ihren nektarreichen Blüten Bienen, Hummeln und vielen anderen Insekten angesichts fast blütenloser Wiesen das Überleben sichern. Deshalb wird es Zeit, dass wir nicht nur Flüchtlingen, sondern auch Neozoen und Neophyten gegenüber eine angemessene und teils sogar dankbare Willkommenskultur entwickeln, wie dies Pearce empfiehlt in seinem Werk *Die neuen Wilden. Wie es mit fremden Tieren und Pflanzen gelingt, die Natur zu retten.*[42] Das gilt insbesondere auch deshalb, weil sich in Deutschland die rund 20 Neubürger-Vogelarten (ohne den Jagdfasan) auf gerade einmal insgesamt rund 25 000 Individuen belaufen.

Deutschlands Vögel:
von den Alpen bis zur Küste

Das aufrüttelnde Ergebnis des letzten Abschnitts ist, dass die Mehrzahl unserer Vogelarten im Bestand abnimmt, nur relativ wenige Arten stabile Populationen aufweisen und nur Vertreter von Gruppen im Bestand zunehmen, die auf die eine oder andere Weise von für sie günstigen Rahmenbedingungen unserer Zivilisationswirtschaft profitieren. Der Vogelschwund grassiert, wie gezeigt, nicht nur quer durch alle systematischen Gruppen unserer gefiederten Freunde, sondern auch kreuz und quer durchs ganze Land. Die Hauptursachen für die Bestandsrückgänge sind, zusammengefasst, vor allem die Biotopverluste, die rapide Abnahme tierischer wie pflanzlicher Nahrung (Insekten und Kleinsämereien) sowie die zunehmende Verunruhigung der Lebensräume. Bedingt durch die Tatsache, dass all dies längst jedweden Landesteil erfasst hat, konnten sich für Vögel wie für andere freilebende Tiere und auch Pflanzen nirgendwo »Inseln der Glückseligen« erhalten.

Der Artenschwund zehrt an den Beständen landauf, landab, von den südlichen alpinen Bergregionen über die mittelländischen Gebirge und Tiefebenen bis in die nördlichen

Küstenbereiche. Längst sind einst menschenarme Bergregionen im Alpenraum mit einsamen Bergwäldern, Almen und
nahezu unberührten Dauerschneefeldern zu touristischen
Rummelplätzen pervertiert und leiden zudem unter den
Folgen intensivierter Bewirtschaftung sowie unter der zunehmenden Klimaerwärmung, ähnlich wie tiefer gelegene
Regionen. Damit verschwinden sie als eine sichere Heimat
für viele speziell angepasste montane Arten und Populationen.

Einer unserer profiliertesten Vogelkenner und Vogelschützer, Dr. Einhard Bezzel, der 33 Jahre lang Leiter der Vo-
gelschutzwarte Garmisch-Partenkirchen war, hat jüngst eine
alarmierende einschlägige Studie vorgelegt mit dem Titel *Bilanz. Vögel in einer Urlaubs- und Gesundheitsregion am Nordrand
der Alpen*.[43] Diese Bilanz bezüglich einer nach unseren Begriffen vermeintlich heilen Welt von Urlaubs- und Kurgebieten,
Freizeitparadiesen und blitzsauberen Bergregionen lautet
kurz gefasst: Im Gebiet von Garmisch-Partenkirchen haben
die Vogelindividuen seit 1980 insgesamt um gut 30 Prozent
abgenommen, bei einem Drittel der untersuchten Arten sogar um mehr als 50 Prozent.[44]

Von den vielen Details, die die umfangreiche Studie auf-
weist, hier ein paar weitere wichtige Beispiele: Am stärksten
verringert haben sich im Untersuchungszeitraum typische
Bewohner der Bergwiesen und der angrenzenden Bergwäl-
der wie Baum- und Wiesenpieper, Braunkehlchen, Klappergrasmücke und Bluthänfling, aber auch Flachlandarten wie
Feldlerche, Heckenbraunelle oder Wacholderdrossel. Zugenommen haben in der Region im behandelten Zeitraum
vor allem einige Standvögel und Kurzstreckenzieher wie Rabenkrähe, Elster und Ringeltaube, was aber aus den bereits
genannten Gründen insgesamt für Deutschland gilt.

Eines der wichtigsten Ergebnisse der Studie von Bezzel betrifft die Reproduktion: Die Anzahl erfolgreicher Bruten hat über den gesamten Zeitraum von 1980 bis 2009 kontinuierlich signifikant abgenommen, auch bei den als robust geltenden Arten wie Amsel und Kohlmeise. Das bedeutet, dass ein beträchtlicher Anteil des Vogelschwundes auf nachlassende Vermehrung zurückgeht. Dieses Phänomen wiederum beruht auf dem Mangel an Nestlingsnahrung wie Insekten und Feinsämereien, dem Einfluss von Starkregen und noch einigen weiteren Faktoren, die ich später ausführlicher beschreibe.

Auf die Verhältnisse in den Mittelgebirgen und Flachlandgebieten Deutschlands gehe ich hier nicht näher ein, denn das habe ich schon eingehend weiter vorne getan. Aber ich möchte noch einen abschließenden Blick auf neueste Berichte von unseren Küstenregionen werfen. In einem Sonderheft über *Küsten- und Wiesenvogelschutz in Mecklenburg-Vorpommern – aktuelle Entwicklungen und der Einfluss von Prädatoren* berichtet Dietrich Sellin in seinem Text »Der Niedergang des Brutbestandes der Limikolen im NSG Struck-Freesendorfer Wiesen« über Wat- und Wiesenvögel.[45] Besonders interessant ist hier, dass sich die historische Entwicklung des Gebietes, insbesondere seine immer intensiver gewordene Bewirtschaftung, bis ins 16. Jahrhundert zurückverfolgen lässt, wodurch sich die neuzeitlichen Veränderungen kontrastreich darstellen und in ihren Auswirkungen sehr gut bewerten lassen.

Seit 1970 wurden die Brutbestände der Watvögel des Gebietes systematisch erfasst. Insgesamt brüteten dort bis 2012 elf Arten mit minimal einem Brutpaar (Säbelschnäbler) und maximal 44 Paaren (Kiebitz). Von 1970 bis 2012 hat die Anzahl brütender Arten kontinuierlich signifikant abge-

Austernfischer

nommen. Bei folgenden acht Arten sind die Brutbestände vor 2012 sogar erloschen: Kampfläufer (1983), Großer Brachvogel (1984), Uferschnepfe (1999), Bekassine (2003), Alpenstrandläufer (2005), Sandregenpfeifer (2007), Austernfischer und Flussregenpfeifer (2010). Ähnlich verlief die Bestandsabnahme bei zwei untersuchten Singvogelarten: dem Braunkehlchen und der Feldlerche. Hiervon leben noch Restbestände, mit fallender Tendenz.

Die Ursachen für den Rückgang der Arten sind vielgestaltig und daher nicht leicht zu beheben. Sellin listet auf: eine intensivierte Bewirtschaftung, worunter die Umstellung auf die Mutterkuhhaltung, ein vorgezogener Weidebeginn sowie die Umtriebsweide fallen; ein stark gestiegenes und permanent hohes Vorkommen an Räubern, in der Biologie Prädatoren genannt, das durch die Tollwutimmunisierung des Fuchses, die Einwanderung des Marderhundes, die Zunahme von Silbermöwen sowie Nebelkrähen und Kolkraben bedingt ist (letztere beide treten vor allem durch die Winterweidehaltung von Rindern vermehrt auf); schließlich die zunehmende Landschaftszerstörung durch negative Veränderungen im Küstenbreich, Rindertrittschäden und den Mangel an Pflegemaßnahmen.

Diese typische, von verschiedenen Faktoren bedingte Gefährdungssituation unserer Vogelwelt werden wir später noch genauer kennenlernen. Sellins Fazit lautet: »Damit erfüllt das Naturschutzgebiet (gleichzeitig europäisches Vogelschutzgebiet) seinen Schutzzweck und sein Erhaltungsziel gemäß der Schutzgebietsverordnung vom 10.12.2008 (...) unter den derzeitigen Bedingungen leider nicht mehr.«[46]

Und das ist beileibe kein Einzelfall, sondern trifft für viele, genauer gesagt, sogar für die Mehrzahl unserer sogenannten Schutzgebiete zu, wie ich noch zeigen werde. Die Hauptursache dafür: Trotz Schutzstatus sind die meisten dieser Gebiete nach wie vor weit mehr land-, forst- und fischereiwirtschaftliche, touristische und sonstige Nutzgebiete als echte Schutzräume für wildlebende Tiere und Pflanzen. Daher können sie den Verfall der Artenvielfalt keinesfalls aufhalten, obwohl das eigentlich beabsichtigt war.

Dass mit dem Naturschutzgebiet Struck-Freesendorfer Wiesen nicht etwa ein besonders schlechtes Beispiel herausgepickt wurde, zeigen zwei weitere Zitate. Einen »dramatischen Rückgang vieler Vogelarten im Wattenmeer« der Nordsee beklagte jüngst der NABU,[47] und keinen Zweifel am regelrechten Niedergang der Artenvielfalt im gesamten deutschen Küstenbereich lässt ein Artikel im *Magazin der Deutschen Umwelthilfe* in der Rubrik »Meeresnaturschutz« unter dem Titel »Papiertiger an Nord- und Ostsee«.[48] Dort liest man:

Deutschland ist untätig beim Schutz von Meeressäugetieren, Seevögeln, Sandbänken und Riffen in seinen Küstengewässern. Naturschutzverbände haben deshalb die Bundesregierung verklagt. Dass es so weit kommen muss, ist ein Armutszeugnis für die Naturschutzpolitik der Bundesregierung. Etwa 70 Prozent der deutschen Küstengewässer stehen zwar seit 2007 formal unter Schutz. Bis heute hat die Bundesregierung in den Natura-2000-Gebieten jedoch keinerlei Schutzmaßnahmen eingeführt. Wenn es darum geht, Arten, Lebensräume und Naturprozesse vor Beeinträchtigungen zu schützen, versagt Deutschland auf ganzer Linie, sagt Ulrich Stöcker, Leiter Naturschutz bei DUH. Die Bundesregierung muss die Fischerei mit Grundschlepp- und Stellnetzen in ausgewählten Natura-2000-Gebieten der deutschen Nord- und Ostsee unterbinden. Dies steht der Natur nach europäischem und nationalem Umweltrecht zu. Deshalb klagen wir gemeinsam mit sechs weiteren deutschen Umweltverbänden gegen die Bundesregierung. Schweinswal ade? In der zentralen Ostsee östlich der Halbinsel Darß leben höchstens noch 450 Schweinswale. Vor allem Stellnetze sind eine Todesgefahr für die Tiere. Aber auch um einst charakteristische Meeresvogelarten in der Ostsee wie Bergente, Eiderente und Eisente ist es schlecht bestellt. Seit 1995 sind ihre Bestände um über 60 Prozent zurückgegangen. Solche Zahlen dokumentieren, dass die deutschen Meere weit von einem ›guten Umweltzustand‹ entfernt sind. Diesen hat die EU definiert und verlangt in einer Richtlinie, dass er bis zum Jahr 2020 erreicht sein muss. Deutschland geht nur unzureichend gegen die intensive und zerstörerische Fischerei und den Rohstoffabbau vor. Der Unterwasserlärm und zu viele Schad- und Nährstoffe machen der deutschen Meereslandschaft ebenso zu schaffen. Nord- und Ostsee können nur aufatmen, wenn insbesondere die Stickstoffeinträge aus den Flüssen gemindert werden, fügt Stöcker hinzu.

Dem ist nichts hinzuzufügen. Es bleibt nur festzuhalten: Im heutigen Deutschland ist die Artenvielfalt allerorten, bis in die entlegensten Winkel, hochgradig und vielerorts vielleicht sogar schon irreversibel bedroht. Der nächste Abschnitt ebenso wie spätere Beispiele zeigen nicht nur interessante Perspektiven, sondern auch positive Ansätze für eine doch noch mögliche Rettung beträchtlicher Restbestände unserer Biodiversität auf.

... und vom platten Land
bis in die Großstadt

Schon vor mehr als zehn Jahren erschien in einer bekannten deutschen Illustrierten eine farbige Karikatur sinngemäß etwa folgenden Inhalts: Inmitten einer für unser Land typisch ausgeräumten Feldflur mit eintönigen Monokulturen steht ein Einfamilienhaus, umrahmt von einigen Bäumen und Büschen. Während ein Bewohner beklagt, dass in dieser Mini-Oase ja gar keine Vögel zu vernehmen seien, erklärt der andere, wenn man Vögel singen hören wolle, dann müsse man die Stadt aufsuchen.

Das ist schon lange kein Witz mehr. In vielen Gebieten Deutschlands mit intensivem Getreide-, Mais- oder Zuckerrübenanbau in riesigen Monokulturen bis an die Häuser der Dörfer heran geht auf dem platten (oder besser: platt gemachten) Land die Artenvielfalt derart gegen null, dass die meisten benachbarten Ortschaften und vor allem Großstädte im Vergleich dazu einen deutlich positiven Trend hin zu weit mehr Biodiversität aufweisen.[49]

Früher, noch bis in die 1960er Jahre, war es umgekehrt. Auf dem Land blühte, sang, summte, hüpfte, flog und flatterte das pralle artenreiche Tier- und Pflanzenleben. In vielen öden Betonburgen in den Ballungsräumen, wie etwa dem vor Industrie strotzenden Ruhrgebiet, hingegen sang kaum ein Vogel, und nur wenige, vom Industriemelanismus gezeichnete (d. h. rußgeschwärzte) Falter fanden nutzbare Wildpflanzen. Einfache Tests, für jedermann durchführbar, belegen rasch das heutige Gefälle – so etwa ein Vogelstimmenverhör vom Bett aus, wie ich es meistens vornehme, wenn ich auswärts übernachte. In kleinen Dörfern oder Weilern, zum Beispiel in Niederbayern, Hessen, Niedersachsen, Sachsen-Anhalt oder Mecklenburg-Vorpommern, die völlig von baum- und strauchlosen Monokulturen eingeschlossen sind und in denen kein Hahn mehr kräht, keine Kuh mehr muht und folglich auch keine Rauchschwalbe mehr brütet, kommt man morgens nach angestrengtem Lauschen vielleicht auf etwa fünf Vogelarten: den unsere Betonburgen besiedelnden Hausrotschwanz, die von einem Dachfirst aus singende Amsel, eine in der Nähe tschackernde Elster, in der Ferne krächzende Rabenkrähen und mit etwas Glück vielleicht aus einem Nachbargarten trillernde Grünfinken oder eine auf einem Hausdach jagende Bachstelze, die sich durch ihr »tissilib« verrät.

Weit besser sieht es selbst tief im Innern unserer Großstädte aus. Bei jüngsten Übernachtungen im Zentrum von Berlin (Nähe Potsdamer Platz), Hamburg (am alten Gaswerk), Köln (im Kunibertsviertel unweit vom Dom) oder Stuttgart (gegenüber vom Hauptbahnhof) konnte ich morgens bis zu jeweils rund 15 Arten singen oder rufen hören, also etwa die dreifache Artenzahl. Darunter waren neben den oben Genannten vor allem Kohlmeise, Haussperling, Rotkehlchen, Heckenbraunelle, Ringeltaube, Mauersegler und fallweise spezielle Arten wie Sturmmöwe, Teichhuhn oder Halsbandsittich.

Um bis zu 30 Vogelarten vom Bett aus hören zu können, muss man in noch »gesunden« Bauerndörfern übernachten, die ein reichhaltiges Biotopmosaik aufweisen, etwa Gehöfte mit Vieh und Geflügel, lebendige Bauerngärten, einen naturnahen Dorfbach und angrenzende Wäldchen – zum Beispiel im niedersächsischen Fuhrbach bei Duderstadt, nahe der Grenze zu Thüringen. Dort vernimmt man vom Bett aus auch Arten wie Mäusebussard und Turmfalke, Grün-, Bunt- und Schwarzspecht, Gebirgsstelze und Zaunkönig, Mönchs- und Gartengrasmücke, Sing- und Wacholderdrossel.

Nun zu mehr summarischen Angaben. In Deutschland ist Berlin mit fast der Hälfte des Stadtbereichs in Form von Grün- und Wasserflächen und über 400 000 Bäumen nicht nur eine der grünsten Städte Europas, sondern auch die vogelreichste Stadt im Land, gefolgt von Hamburg, München, Köln und Essen, der grünen Hauptstadt Europas. Im Großraum Berlin brüten knapp 150 Vogelarten, das sind fast zwei Drittel der in Deutschland insgesamt regelmäßig nistenden Arten. Beobachten kann man in unserer Hauptstadt innerhalb von ein paar Jahren sogar etwa doppelt so viele Arten. Derartig hohe Artenzahlen, bezogen auf die Fläche, trifft man bei uns im ländlichen Raum mit intensiver landwirtschaftlicher Nutzung normalerweise nirgendwo mehr an und ausnahmsweise nur noch dort, wo tiefgreifende Renaturierungsmaßnahmen stattgefunden haben.

Diesem neuzeitlichen Großstadtphänomen der relativ hohen Artenvielfalt im Vergleich zum »natürlicher« anmutenden Umland begegnet man inzwischen weltweit. Es bezieht sich neben Vögeln auch auf viele andere Tiergruppen wie Säugetiere, Amphibien, Insekten, aber auch auf Pflanzen, und kann bedeuten, dass der städtische Artenreichtum den des Umlandes um das Doppelte oder mehr übertrifft.[50] Da-

Berlin ist nicht nur eine der grünsten Städte Europas, sondern auch die vogelreichste Stadt im Land.

bei hängt der großstädtische Artenreichtum ganz stark vom Grünanteil der Städte und seiner Vernetzung mit benachbarten artenreichen Biotopen ab. So kann man beispielsweise in Moskau, dessen Außenbezirke teils in randlichen Taigabereichen liegen, selbst Braunbären und Wölfe manchmal bis fast vor der Haustür beobachten.

Mit ihrem Artenreichtum erreichen Großstädte wie Berlin inzwischen durchaus Größenordnungen an Biodiversität, wie sie für unsere besten Nationalparks charakteristisch sind wie etwa dem Auennationalpark Unteres Odertal. Aber

ein wesentlicher Unterschied besteht zwischen großstädti-
schem Artenreichtum und dem hervorragender Nationalparks und Naturschutzgebiete: In den Städten sind in der
Regel bis auf wenige Ausnahmen (z. B. Haussperlingspopu-
lationen in Zoos) die Abundanzen (Häufigkeiten einzelner
Arten pro Flächeneinheit, also die Siedlungsdichte) deutlich
geringer als in intakten natürlichen Biotopen. So können
etwa Mönchsgrasmücken in einem optimalen Auwald mit
mehr als zehn Paaren pro Hektar nisten, was in keinem noch
so einigermaßen verwilderten, naturnahen Stadtpark, Stadt-
friedhof oder dergleichen möglich ist. In Häuserschluchten
mit wenig Grün, eventuell nur auf Balkonen oder Dachgär-
ten leben Brutpaare von Mönchsgrasmücken, aber auch Rotkehlchen, Heckenbraunellen und andere Arten oft etliche
bis viele Hundert Meter voneinander entfernt.

Was macht Städte für Vogel- und andere Tierarten überhaupt attraktiv? Zumal es für viele von ihnen sicher nicht
einfach ist, sich mit ungewohnt großen Menschenmassen,
ständig brodelndem Verkehr, nahezu pausenlosem Lärm,
Dauerlicht und anderen Faktoren zu arrangieren?

Verantwortlich ist dafür eine ganze Reihe von guten
Gründen. Wenn auch oft recht verstreut und kleinräumig,
bieten Städte eben doch ein Mosaik vielfältiger Minihabita-
te an, wie beispielsweise Haus-, Dach- und Schrebergärten,
Parks und Friedhöfe, Grüngürtel mit Gewässern, Offenland
oder auch Schotterflächen an Bahnhöfen und Häfen, Rasen,
Mauern mit Löchern oder viele alte Bäume mit Höhlen. Dort
finden viele Arten ein reichhaltiges Nebeneinander von geeigneten Lebensräumen, also einen Strukturreichtum, der
in der ausgeräumten monotonen Kulturlandschaft weitgehend verlorengegangen ist. Ganz besonders zu nennen
sind in Städten während des größten Teils des Jahres blü-

Unter anderem Sperlinge profitieren in Städten von einer hohen Habitatvielfalt, einem wärmeren Mikroklima und einem günstigen Nahrungsangebot.

hende Pflanzen und fruchtende Sträucher, die Insekten und Vögeln heutzutage weit mehr Nahrung bieten als nahezu jede Feldflur (Stichwort: Imkerei in der Stadt – dazu kommen wir später).

Neben der Habitatvielfalt besitzen Städte ein wärmeres Mikroklima, das vor allem im Winterhalbjahr vielen Arten das Überleben erleichtert. Hinzu kommt für viele Arten ein relativ günstiges Nahrungsangebot, sei es in Form von Haushaltsmüll, Restaurantabfällen oder Essensresten an Bahnhaltestellen (dort vor allem eifrig genutzt von Sperlingen, Tauben, Krähen, aber auch Amseln und Rotkehlchen), sei es an extra eingerichteten Vogelfutterstellen in Gärten, Parks, auf Balkonen oder anderen Orten.

Während manche Arten von dem günstigen Nahrungsangebot in Städten durch höheren Bruterfolg profitieren wie zum Beispiel das zunehmend verstädternde Blässhuhn,[51] müssen sich andere, etwa Meisen, durch Mangel an Insekten für die Jungenaufzucht in Städten zum Teil auch mit deutlich geringerem Bruterfolg begnügen als in natürlichen Habitaten, und ihre Jungen sind weniger fit als auf dem Lande.[52]

Ein weiterer Vorteil sowohl für Vögel als auch für andere Arten kann die in Städten geringere Dichte von Fressfeinden wie zum Beispiel Greifvögeln sein, aber das trifft nur fallweise zu. Zum einen verstädtern längst nicht nur Singvogelarten wie Amseln, Rotkehlchen und viele andere, sondern seit längerem auch Prädatoren wie Turm- und Wanderfalke, Habicht oder Uhu und unter den Säugern Fuchs oder Waschbär, und zum anderen fallen in Städten relativ viele Bruten menschlichen Aktivitäten sowie Katzen zum Opfer.

Zwei besondere Herausforderungen für Vögel in der Großstadt stellen Lärm und Dauerlicht dar. Doch mit beidem arrangieren sich Vögel mit zunehmender Verstädterung recht erfolgreich. Dem Lärm begegnen viele Arten vor allem durch lauteren Gesang, höhere Tonlagen und verstärktem Singen in den Morgen- und Abendstunden wie auch nachts, wenn der Lärm am geringsten ist.[53] Das bedeutet für Stadtvögel natürlich oftmals einen höheren Energieaufwand und kann außerdem die Kommunikationsprobleme nur teilweise beheben.[54]

Bei den Vögeln unserer Breiten hat die Tageslichtdauer, also die Tageslänge, einen großen Einfluss auf den Ablauf jahresperiodischer Vorgänge wie Fortpflanzung, Mauser, Wanderungen und vieles mehr.[55] Das führt bei in Städten wohnenden Vögeln häufig dazu, dass sie nicht nur morgens früher und abends länger aktiv sind, sondern vielfach auch erheblich früher im Jahr brüten, was oft vorteilhaft ist, weil die Jungvögel so ausreichend Zeit haben, selbständig zu werden. Viele Vögel entziehen sich jedoch der städtischen »Lichtverschmutzung«, indem sie sich, ihrer inneren Uhr folgend, an abgedunkelte Schlafplätze zurückziehen.

Es gibt also einen großen Vogelreichtum in unseren Städten. Das war nicht von Anfang an typisch für unsere Ballungsräume, sondern hat sich erst im Laufe der Zeit entwickelt, und diese Entwicklung ist nach wie vor in vollem Gange. Die hinter Stadtmauern dichtgepackten Häuserhaufen entlang schmaler Gassen ohne Bäume und Sträucher, wie es für unsere mittelalterlichen Städte typisch war, haben seinerzeit sicher außer Mehlschwalben, Mauerseglern und wenigen anderen Arten kaum Vögel angelockt, zumal damals das Umland noch durchweg vogelgefällige Lebensräume bot. Außerdem wurden Vögel damals überall noch in großen Mengen verspeist, wenn man ihrer habhaft werden konnte, was gerade in Stadten zum Beispiel auch zur Ausrottung des in Süddeutschland heimischen Waldrapps geführt hat.

Städte wurden für Vögel attraktiver, als die Stadtmauern lückig, auch Außenbereiche bebaut und Grünzonen zu Teilen der Städte wurden. Eine der ersten Vogelarten, die erfolgreich den Weg der Verstädterung beschritt, ist die Amsel. Über sie schreibt beispielsweise Kundera: »Im Verlauf der letzten zweihundert Jahre verließ die Amsel den Wald und wurde zum Stadtvogel. Zunächst in Großbritannien, dort bereits Ende des 18. Jahrhunderts, wenige Jahrzehnte später bei und in Paris sowie im Ruhrgebiet. Das neunzehnte Jahrhundert dann sah die Amsel eine europäische Stadt nach der anderen erobern. In Wien und Prag nistet sie seit ca. 1900, weiter südöstlich – in Budapest, Belgrad, Istanbul – tut sie inzwischen desgleichen ...«[56]

Heute mögen viele kaum glauben, dass die Amsel bei

Eine der ersten Vogelarten, die erfolgreich den Weg der
Verstädterung beschritt, war die Amsel.

uns noch vor 200 Jahren ein recht seltener, scheuer Geselle
war, der ausschließlich im Wald wohnte, schon auf große
Distanz flüchtete und im Winter vollständig wegzog bis in
den Mittelmeerraum. Von diesen Waldamseln, die es auch
heute noch bei uns gibt, hat sich über viele Schritte der
Mikroevolution die genetisch deutlich abweichende Stadtamsel entwickelt. Sie verfügt über viele neue Merkmale wie
geringe Scheu und Fluchtdistanz, Überwinterung im Brutgebiet, Nistplatzwahl an allen möglichen künstlichen Plätzen (darunter beispielsweise Balkone, abgestellte Fahrzeuge,
Lagerhallen) sowie Nutzung vieler neuer Nahrungsangebote,
wie sie etwa Futterhäuser oder Abfälle auf Wochenmärkten
bieten. Mit zunehmender Klimaerwärmung dürfte die Amsel bei uns allmählich ein reiner Standvogel vor allem in
unseren Siedlungen werden.[57]
Während die Amsel und viele andere Arten wie Stockente,

Teichhuhn, Ringeltaube, Heckenbraunelle und Rotkehlchen in der Verstädterung weit fortgeschritten sind und längst in speziellen Büchern behandelt werden,[58] befinden sich andere, wie etwa der Eichelhäher, die Singdrossel oder die Haubenmeise, in dieser Hinsicht noch mehr in der Anlaufphase.[59] Und sicher werden weitere Arten folgen, zum Beispiel über spezielle Verhaltensänderungen oder indem sie besondere Ressourcen entdecken und nutzen. Nachdem Schwarzstörche, die bei uns extrem heimliche Waldbewohner sind, in Spanien an Felswänden brüten, die von Scharen von Touristen eingesehen werden können, und bei uns nun auch bereits einmal auf einem Gebäude genistet haben, ist durchaus denkbar, dass irgendwann auch der Schwarz- dem Weißstorch in unsere Siedlungen folgen wird.

Angenommen, der derzeit die Welt demontierende *Homo horribilis* und *Homo suicidalis* würde es doch noch schaffen, die Ressourcen der Erde nachhaltig zu nutzen, so dass ein mittelfristiges Anwachsen der Weltbevölkerung auf 10, gar 15 Milliarden Menschen Realität werden könnte, wäre folgendes Szenario denkbar: Ein dichtbesiedeltes Land wie Deutschland könnte sich dann durch das allmähliche Zusammenwachsen der städtischen Großräume von Hamburg bis München und von Berlin bis Frankfurt zu einer Art Riesengroßstadt mit urbanen Grünflächen entwickeln. Die Lebensmittelproduktion müsste dann in Retorten, durch »Urban Gardening und Farming« oder ähnliche Methoden erfolgen. Sicherlich ist das für viele ein Schreckgespenst. Aber nach dem hier Dargestellten könnten selbst in einer solchen »Mega-City Utopia« auch viele Vogelarten mit uns zusammenleben – umso mehr, je mehr wir uns gezielt um sie kümmern. Ein Beispiel von vielen aus jüngster Zeit sind die Gartenrotschwänze, die bei uns zwar zunehmend die

ihnen besonders zusagenden Streuobstbiotope auf dem
Lande verlieren, sich aber bei entsprechenden Vorgaben in
Ortschaften ansiedeln lassen.[60] Demnach lässt sich mit viel
ökologischem Einfühlungsvermögen der relativ hohe Artenreichtum unserer Städte sicher noch beträchtlich steigern.

Zum Schluss noch ein Ausblick unter dem Motto »Was
es nicht alles gibt«. Barbara Clucas hat mit einigen anderen
Biologen kürzlich versucht,[61] den wirtschaftlichen Wert der
Liebhaberei von Vögeln durch die Stadtbevölkerung abzuschätzen, also den Aufwand für vogelfreundliche Aktivitäten, etwa besondere Schutzmaßnahmen einschließlich des
Zufütterns von Vögeln, zu ermessen. Dabei ergab der Städte-
vergleich von Seattle (USA) und Berlin 120 bzw. 70 Millionen
US Dollar pro Jahr. Auch in unserer vogelreichsten Stadt
gibt es also noch viel zu tun, wenn wir Seattle im Hinblick
auf vogelfreundliches Wirken einholen oder gar übertreffen
wollen.

Heute:
Unsere gesamte Flora und Fauna
ist heruntergewirtschaftet

Wer in den letzten Jahrzehnten mit offenen Augen durch unsere Lande gegangen oder auch nur gefahren ist, dem ist nicht verborgen geblieben: Unsere Natur ist in wesentlichen Bereichen verarmt. Nicht nur unsere Vogelbestände sind stark zurückgegangen, auch Wildblumen wie etwa Klatschmohn, Kornblumen, Kornraden, Wilde Stiefmütterchen und viele andere Arten sind aus unseren Getreidefeldern fast vollständig verschwunden. Ebenso sind »Unkräuter« wie Beifuß, Melde oder Hohlzahn nicht mehr auf den Kartoffeläckern zu finden. Und die einstige Farbenfülle unserer Wiesen durch zig Blumen wie Margeriten, Glockenblumen, Storchschnäbeln, Bocksbart oder Nelken ist längst dem eintönigen Grün weniger Nutzgrasarten gewichen. Aus den Äckern wurden Wildblumen mit Herbiziden herausgespritzt, in den Wiesen machten ihnen bis zu fünfmalige Mahd im Jahr, ein anschließender »Schwedentrunk«, wie man die Jauchedüngung auch nennt, und Kunstdüngerzufuhr den Garaus.

Mit den Blütenpflanzen gingen auch die Schmetterlinge dahin, die früher überall über den Blütenmeeren gaukelten,

Nicht nur unsere Vogelbestände sind stark zurückgegangen, auch Wildblumen – wie etwa der Klatschmohn – sind aus unseren Getreidefeldern fast vollständig verschwunden.

ebenso die Heerscharen von Schwebfliegen, Käfern, Heuschrecken und vielen weiteren Insekten. Dass der Insektenreichtum bei uns im Vergleich zu früher enorm abgenommen hat, werden vor allem ältere Führerscheininhaber flugs bestätigen können. Wenn man in den 1950er, 1960er Jahren im Sommer bei uns mit dem Auto unterwegs war, dann war – vor allem nachts – eines genauso wichtig wie tanken: die Windschutzscheibe zu putzen. Oft war sie schon nach kurzer Fahrzeit so zugekleistert durch Unmengen aufgeprallter Insekten, dass an eine Weiterfahrt ohne vorheriges Reinigen gar nicht zu denken war. Heutzutage wird man in unseren Gefilden beim Fahren so gut wie gar nicht mehr durch aufprallende Insekten beeinträchtigt. Auch die ehemals regelmäßig Scheiben putzenden Tankwarte sind verschwunden.

Diesem Vergleich nach muss der Rückgang an Insekten bei uns enorm sein – was auch der Fall ist. War man in den 1950er, 1960er Jahren im Sommer irgendwo auf den Dörfern in einer Bauernküche zu Besuch, die bei kleineren Höfen nicht selten direkt über dem Kuhstall lag und zudem unweit vom Misthaufen, dann war der Raum oft schwarz von Fliegen. Die aufgehängten Fliegenfänger (spiralige Bänder mit Leimbeschichtung) konnten nur einen Bruchteil davon eliminieren. Heutzutage sind die meisten Bauernküchen, selbst wenn auf dem Hof noch Vieh gehalten wird, ganz oder weitgehend frei von Fliegen. Die gegenwärtigen Zusammenbrüche unserer Insektenwelt sind so gravierend und augenfällig, dass sie bereits die Überschriften für allgemeine Berichte prägen. So titulierte 2016 die schweizerische Naturschutzzeitschrift *Ornis* eine Darstellung über den Rückgang der Fluginsekten mit »Es summt nicht mehr«, und die *FAZ* überschrieb 2016 einen entsprechenden Artikel mit »Der Trend geht zur sauberen Frontscheibe«.

Nach dem Zweiten Weltkrieg hat nicht nur bei Vögeln, sondern in unserer gesamten Tier- und Pflanzenwelt ein derart dramatischer Bestandsrückgang eingesetzt, dass Anfang der 1970er Jahre auch in Deutschland begonnen wurde, nach dem Vorbild des *Red Data Book* der Internationalen oder Welt-Naturschutz-Union (IUCN) sogenannte »Rote Listen« zu erstellen. Sie sollten den landesweiten Status ausgestorbener, verschollener, im Fortbestand gefährdeter sowie (noch) nicht bedrohter Arten dokumentieren. Bereits 1977 war die Anzahl der Roten Listen notgedrungenerweise so angestiegen, dass ein erster Sammelband bundesdeutscher Listen erschien. 1997 hat Eckhard Jedicke dann ein gut 580 Seiten dickes Buch namens *Die Roten Listen. Gefährdete Pflanzen, Tiere, Pflanzengesellschaften und Biotoptypen in Bund*

und Ländern herausgegeben. Im Vorwort erfährt man: »Die Flut der mittlerweile veröffentlichten Roten Listen ist selbst innerhalb eines Bundeslandes vielfach kaum mehr zu überblicken.«[62] Zählt man die in der Übersicht aufgelisteten und ausgewerteten Listen zusammen, kommt man auf über 350!

Die Ausführungen im Abschnitt über das »Ausmaß der Gefährdung verschiedener Artengruppen« mutet wie ein Bericht aus einem Gruselkabinett an. Besonders hoch entpuppte sich der Anteil in ganz Deutschland gefährdeter Arten bei Armleuchteralgen (90 Prozent, Anmerkung: Anzeiger für hohe Wasserqualität), Reptilien (86 Prozent), Fischen (72 Prozent), Amphibien (67 Prozent), Bockkäfer (65 Prozent), Libellen, Bienen und Eintagsfliegen (jeweils 63 Prozent), Flechten (59 Prozent), Heuschrecken (58 Prozent) und Säugetieren sowie Köcherfliegen (57 Prozent). Seinerzeit bei 50 Prozent oder darunter lagen die Werte bei Schnecken und Muscheln (50 Prozent), Moosen (46 Prozent), Laufkäfern (44 Prozent), Wasser- und Schwimmkäfern (42 Prozent), Großschmetterlingen (39 Prozent), Wasserwanzen (36 Prozent), Spinnen (34 Prozent), Pilzen (32 Prozent) sowie Farn- und Blütenpflanzen (28 Prozent). Bleiben noch die Vögel, über die Jedicke bilanziert: »Exakt die Hälfte der regelmäßigen Brutvögel der Bundesrepublik sind in den Roten Listen (...) verzeichnet.« Das galt um 1995, also für die Zeit bis vor etwa 20 Jahren, und seither sind, wie oben dargestellt, die Vogelbestände in Deutschland um weitere rund 20 Prozent zurückgegangen. Für andere Gruppen gilt das teils weniger, teils aber auch mehr, insbesondere für Insekten.

Besonders aufschlussreich, um nicht zu sagen schockierend, sind die 2015 bekannt gewordenen Untersuchungsergebnisse des Entomologischen Vereins Krefeld in Nordrhein-Westfalen. Mitarbeiter des Vereins hatten zwischen

1989 und 2014 an rund 80 über das Bundesland verteilten Probestellen Fluginsekten mit Lebendfallen gefangen. Das Hauptergebnis war, dass in 25 Jahren die Biomasse der Millionen von untersuchten Fliegen, Faltern, Bienen, Wespen, Käfern, Heuschrecken, Zikaden und Wanzen um bis zu 80 Prozent abgenommen hat! Auf eine derartig dramatische Abnahme hatte besonders Josef H. Reichholf schon 2009 in seinem Buch über *Die Zukunft der Arten* aufmerksam gemacht.[63] Inzwischen sehen sie die führenden Entomologen für ganz Deutschland als zutreffend an. Damit haben Insekten mit ihrem Bestandseinbruch um bis zu 80 Prozent in 25 Jahren die Vögel mit ihrem 80-Prozent-Rückgang in 200 Jahren weit überholt.

Wie dramatisch sich inzwischen der Rückgang der gesamten Insekten- und Vogelwelt gestaltet, zeigen auch hier die Titel zweier Bücher an: das 2011 von Henk Tennekes beim BUND publizierte Werk *Das Ende der Artenvielfalt. Neuartige Pestizide töten Insekten und Vögel* und das 2014 von Mario Markus erschienene Buch *Unsere Welt ohne Insekten? Ein Teil der Natur verschwindet.* Und seit einigen Jahren belegen erste Publikationen in wissenschaftlichen Organen, was Vogelkundler schon seit langem vermuten: Für viele insektenfressende Vogelarten reichen die verfügbaren Insekten nicht mehr aus, um ihre Jungvögel damit erfolgreich aufziehen zu können. Entweder sind durchweg zu wenige Insekten verblieben, wie etwa anhand des dramatisch zurückgehenden Gartenrotschwanzes ersichtlich,[64] oder der jahreszeitliche Gipfel der Verfügbarkeit bestimmter Insekten verlagert sich, meist bedingt durch die Klimaerwärmung, weg von der Hauptbrutzeit bestimmter Arten wie etwa beim Trauerschnäpper oder bei Wasservögeln.[65]

Der eklatante Insektenschwund hat offenbar längst den

Fortpflanzungserfolg vieler Brutvögel dramatisch reduziert. Hermann Hötker zeigt für Wiesenvögel, dass deren Abnahme vor allem auf sinkendem Bruterfolg beruht,[66] und im *BTO Magazine for Ringers and Nest Recorders* LIFECYCLE wird berichtet, dass der Fortpflanzungserfolg bei 21 von 24 Singvogelarten von 1984 bis 2015 spürbar zurückgegangen ist.[67]

Besonders gravierend sind derzeit bei Insekten vor allem auch die Bestandseinbrüche – genauer gesagt: Bestandszusammenbrüche. Das gilt zum Beispiel für Bienen, und zwar sowohl für die von Imkern gehaltenen domestizierten Honigbienen als auch für die Wildbienen, von denen in Deutschland rund 600 Arten vorkommen. Schon geht das Schreckgespenst um, auch bei uns in Deutschland könnte durch das Bienensterben die Bestäubung von Nutzpflanzen wie Obstbäumen, Beerensträuchern oder Tomatenpflanzen so stark beeinträchtigt werden, dass vielleicht in Bälde Bestäubungen von Hand notwendig würden, wie es etwa bereits in kalifornischen Mandelanbaugebieten oder in chinesischen Nutzpflanzenkulturen verschiedener Art praktiziert wird. Da unsere heimische Bevölkerung heutzutage vielfach nicht einmal mehr in der Lage ist, die Ernte aus unseren Feldfluren und Obstplantagen ohne ausländische Erntehelfer einzubringen, wäre die erforderliche Bestäubung von Hand sicherlich entweder Utopie oder aber auf die Hilfe vieler weiterer ausländischer Helfer angewiesen und somit ein sündhaft teures Unterfangen. Ob es gelingen kann, in unserer derzeitigen Gesellschaft Bienen, Wildbienen und Heerscharen von weiteren für unsere Ansprüche nützlichen Insekten vor dem Aussterben zu retten, werden wir sehen, wenn wir uns später im Buch mit den Ursachen der Bestandsrückgänge unserer Tiere und Pflanzen beschäftigen.

Dass das Aussterben vieler Arten auch in Deutschland

nicht nur Zukunftsvision, sondern bereits deutliche Realität ist, haben wir schon bei einem Blick auf die Vögel erfahren. Jedicke hat in seinem Buch einen Überblick darüber geliefert, wie hoch die Aussterberaten bei Tieren und Pflanzen in Deutschland bereits in den 1990er Jahren insgesamt waren. Die Werte reichen von erfreulichen fast null Prozent bei Ameisen über 3 Prozent bei Amphibien, Spinnen und Großpilzen, 13 Prozent bei Armleuchteralgen bis zu 15 Prozent bei Moosen und Flechten. Bei den besonders gefährdeten Armleuchteralgen betrug die Aussterberate für einzelne Bundesländer über 30 Prozent. Das regionale Artensterben hatte also in den 1990er Jahren bereits dramatische Ausmaße erreicht.

Übersichten aus jüngerer Zeit zeigen, dass sich an dieser Situation seither nichts Nennenswertes gebessert, aber vieles erheblich verschlechtert hat. Das geht besonders aus dem höchst amtlichen *Artenschutz-Report 2015 – Tiere und Pflanzen in Deutschland* des BfN hervor. Dort steht zum Beispiel über die weitaus am besten untersuchten Vögel zu lesen: »Über die letzten 25 Jahre nahmen 27 % der Arten in ihrem Bestand mehr oder weniger stark ab. Betrachtet man nur die letzten zwölf Jahre, so liegt der Anteil der ›Verlierer‹ sogar bei 34 %. Die Bestände der häufigen Brutvogelarten (> 100 000 Paare) gingen in den letzten 25 Jahren bei nahezu jeder zweiten Art zurück.«[68]

Ganz ähnlich liegen die Verhältnisse bei allen anderen Gruppen von Tieren und Pflanzen. Keine der *Roten Listen* hat einen Stillstand erfahren oder ist gar kürzer geworden, alle haben sich verlängert. Deshalb kommentieren große Umweltverbände wie etwa die Deutsche Umwelthilfe unter der Rubrik »Naturschutz«: »Meilenweit vom Ziel entfernt: Das Artensterben schreitet voran. Das belegt der Naturschutz-

bericht der Bundesregierung.«[69] Und die Deutsche Bundesstiftung Umwelt berichtet: »Nach einer jüngst veröffentlichten Studie des BfN ist der Trend abnehmender Biodiversität
in Deutschland nach wie vor ungebrochen.«[70]

Was den aufmerksamen Lesern immer wieder auffallen
mag, sind gewisse Diskrepanzen in den Prozentsatzangaben
gefährdeter Arten. So steht im oben zitierten Artenschutz-
Report: »In den Roten Listen Deutschlands sind mehr als
32 000 heimische Tiere, Pflanzen und Pilze hinsichtlich ihrer Gefährdung untersucht (...), davon knapp 11 000 Taxa
(Arten und Unterarten). (...) Von diesen Taxa sind rund 30 %
bestandsgefährdet (Kategorie 1–3, G).«[71] Hingegen betragen
bei Jedicke die Prozentsätze für fast alle Gruppen von Lebewesen weit über 30. Die Ursache dafür liegt in der leidigen
Tatsache, dass die Kriterien und Gefährdungskategorien der
Roten Listen mehrfach abgeändert wurden, etwa im Hinblick auf »gefährdet« oder »bestandsgefährdet«. Dadurch
lassen sich aufeinanderfolgende Listen nicht nur schwerer
miteinander vergleichen, auch sehen neuere Listen teilweise
besser aus, obwohl ihr Inhalt schlechter geworden ist.

Wir kennen Entsprechendes aus anderen Statistiken. So
werden etwa bei der Erhebung der Arbeitslosen in Deutschland seit einiger Zeit Langzeitarbeitslose und solche, die gerade einen Fortbildungskurs absolvieren, nicht mitgezählt.
Ebenso werden bei den Erhebungen der Waldschäden die
bereits toten, herausgesägten Bäume nicht berücksichtigt.
Nach diesem Verfahren würde ein letzter übriggebliebener
gesunder Baum einen 100-prozentig gesunden Wald bedeuten. Lassen wir uns also nichts vormachen: Nahezu die gesamte Artenvielfalt in unserem Land ist derzeit in rapidem
Rückgang begriffen, auch wenn dem erfreulicherweise einige positive Entwicklungen entgegenstehen wie etwa bei

Biber, Luchs und Wolf oder bei Kranich, Schwarzstorch und Seeadler. Aber deren Bestandszuwächse machen nur einen Bruchteil der Verluste der vielen abnehmenden Arten aus. Außerdem sind sie teils nur mit enormem Aufwand zu sichern, wie zum Beispiel einer Horstbewachung bei Seeadlern und Wanderfalken, und es ist noch längst nicht sicher, ob sie sich fortsetzen werden wie etwa bei Luchs und Wolf.

Sicher ist hingegen: Wenn es uns nicht zügig gelingt, den Artenrückgang in Deutschland zu stoppen, werden wir uns bald nur noch mit einem Bodensatz an Biodiversität beschäftigen können. Inzwischen geht auch weltweit das Schreckgespenst um: Es könnte in Bälde mehr Menschen geben als Vögel.

Artenschwund:
Drama in Deutschland und
in aller Welt

Der Rückgang von Tieren und Pflanzen ist also inzwischen in Deutschland in allen systematischen Gruppen im Gange: von Kleintieren und winzigen Pflanzen wie Algen bis hin zu großen Blütenpflanzen und Wirbeltieren. Bei vielen Arten haben sich regelrechte Bestandseinbrüche vor allem in den letzten Jahrzehnten schlagartig bemerkbar gemacht, bei anderen Arten werden Rückgänge bereits seit 100 Jahren und mehr registriert. Natürlich interessiert dabei viele Bürgerinnen und Bürger in Deutschland, wie unsere gegenwärtige Biodiversitätskrise, also der fortlaufende Rückgang der Artenvielfalt, im Vergleich zur Situation in anderen Ländern und in aller Welt einzuordnen ist. Für dieses Interesse gibt es gute Gründe. Sind wir in Sachen Artenschwund in Deutschland besonders schlecht gestellt? Haben wir gravierende Fehler gemacht, wenn es darum ging, unsere Artenvielfalt zu erhalten? Oder ist die Situation anderswo eher noch dramatischer? Und was müssten wir tun, um weitere katastrophale Verschlimmerung bei uns möglicherweise noch zu verhindern?

Den besten weltweiten Überblick über die Situation der Tier- und Pflanzenbestände geben die schon erwähnten Roten Listen der Weltnaturschutz-Union (IUCN) mit Sitz in England, die seit den 1960er Jahren veröffentlicht werden. Die Daten dafür stammen von Scharen von Amateur-Feldbeobachtern sowie von annähernd 10 000 Experten, die in aller Welt fortlaufend Beobachtungen zusammentragen. Die Bewertung dieser Daten erfolgt seit 1994 nach einheitlichen Kriterien, die 2001 auf den neuesten Stand gebracht wurden. Die daraus international standardisierten Richtlinien umfassen derzeit neun Kategorien: von »nicht bewertet«, »Daten unzureichend« über »nicht gefährdet« bis zu »gefährdet«, »vom Aussterben bedroht«, »als freilebende Art ausgestorben« bis zu »vollständig ausgestorben«. Nach der allgemeinen Übersicht von Jean-Christophe Vié und anderen Autoren[72] fußen die Roten Listen der IUCN auf dem größten einschlägigen Datensatz, der weltweit erhoben wird. Er umfasste bis 2008 44 837 untersuchte Arten; inzwischen werden fast 80 000 Arten einbezogen, und bis 2020 sollen 160 000 Arten erfasst werden. Bei bisher rund 1,8 Millionen für unseren Planeten beschriebenen und bis zu 100 Millionen geschätzten derzeit lebenden Tier- und Pflanzenarten bedeuten die bisher erfassten Organismen zwar nur einen untersuchten Anteil von etwa vier Prozent der gesamten bekannten Biodiversität unserer Erde, sie ergeben aber dennoch einen guten repräsentativen Überblick über den Zustand unserer Biosphäre.

Die erfassten Daten werden von der IUCN seit 1966 in speziellen Bänden publiziert, zunächst über Säugetiere und Vögel, danach zum Beispiel über vom Aussterben bedrohte und gefährdete Primaten, Schmetterlinge, Bäume und anderes mehr, aber auch in Listen aller bedrohten Arten (soweit bekannt). Inzwischen ist die Datenfülle so angewachsen, dass die gesamte *IUCN Red List* nicht mehr in Buchform veröffentlicht werden kann. Sie ist jedoch für jedermann auf der Website des »IUCN Species Programme« frei zugänglich und wird dort jedes Jahr auf den neuesten Stand gebracht.

In der oben genannten Übersicht von 2008 erfahren wir, dass von den bis dorthin rund 45 000 untersuchten Arten 38 Prozent als »im Fortbestehen gefährdet« eingestuft wurden, 804 erwiesen sich als bereits ausgestorben. Für uns besonders aufschlussreich ist die Übersicht über die Vögel. Sie sind für uns ja gewissermaßen ein Gradmesser geworden. Die Aktualisierung der Vogeldaten wurde von der IUCN an den International Council for Bird Preservation (ICBP), jetzt BirdLife International, übertragen. Damit gelang es, alle rund 9990 derzeit auf der Erde vorkommenden Vogelarten zu erfassen und ihre Daten von 1988 bis 2008 fünfmal zu bewerten – was bisher bei keiner anderen Klasse von Organismen erreicht worden ist.

Anhand dieser Daten kann man sehen, dass sich während besagter 20 Jahre der Status für Vögel weltweit kontinuierlich verschlechtert hat und dass der Anteil der vom Aussterben bedrohten Arten im behandelten Zeitraum von 11,1 auf 12,2 Prozent angestiegen ist. Die neueste Erhebung von 2015 zeigt einen weiteren Anstieg auf nunmehr 13 Prozent an.

Die weltweit am besten untersuchten Vögel erlauben zudem eine recht genaue Analyse von Bestandsrückgängen in Bezug auf verschiedene Regionen unserer Erde. Die Vogelwelt der Paläarktis, zu der auch unsere Vögel in Deutschland gehören, liegt im unteren Mittelfeld, wenn man den Rückgang betrachtet. Damit geht es ihnen zwar deutlich besser als der Vogelwelt von Ozeanien und Australasien, aber schlechter als der nearktischen, afro- und neotropischen.

Die Studie lässt für die Vögel noch einen weiteren interessanten Vergleich zu: nämlich jenen, welche Organismen weltweit noch stärker bedroht sind als Vögel. Dazu zählen Säugetiere, Amphibien, riffbildende Korallen, Haie und Rochen, Süßwasser-Krebstiere, Palmfarne und Koniferen. Pflanzen sind insgesamt hochgradig gefährdet, vor allem, weil viele nur in eng begrenzten Gebieten vorkommen und sie sich nicht wie Tiere relativ weiträumig bewegen und dadurch Gefahren zumindest teilweise ausweichen können. Laut Stuart L. Pimm und Lucas N. Joppa[73] gehen Botaniker davon aus, dass derzeit rund 450 000 Pflanzenarten auf der Welt vorkommen, zwei Drittel davon in den Tropen. Und nicht weniger als ein Drittel all dieser Arten wird gegenwärtig als vom Aussterben bedroht eingestuft!

Nach den IUCN-Listen gelten zudem etwa 70 Prozent aller Pflanzen als gefährdet, und die Anzahl bedrohter Arten hat im neuen Jahrtausend um über 50 Prozent zugenommen. Biologen befürchten daher, dass bis etwa 2030 jede fünfte bekannte Art aussterben könnte, bis 2050 sogar jede dritte. Das bedeutet aktuell eine galoppierende Schwindsucht bei der Artenvielfalt. Sie zeigt sich auch darin, dass vor allem durch das Abholzen tropischer Regenwälder täglich rund 150 Tier- und Pflanzenarten für immer von unserem Planeten verschwinden, bevor Biologen sie überhaupt benennen können. Dabei darf man sich nicht durch neueste Mitteilungen verwirren lassen, die besagen, dass sich in manchen Gebieten unserer Erde bedingt durch Klimaerwärmung und Nährstoffeintrag über die Luft derzeit Vegetationszonen ausdehnen (z. B. in Zentralasien) oder verdichten (vor allem Wälder). Dabei nimmt zwar die Biomasse einzelner Arten zu, aber den Artenrückgang hält das nicht auf.

Wir sehen also: Der Artenrückgang in der Weltregion, zu der Deutschland gehört, ist überdurchschnittlich stark, wenn auch (noch) deutlich geringer als in der am stärksten betroffenen Region: Ozeanien.

Eine zweite Möglichkeit, sich neben den IUCN-Listen einen soliden Überblick über den weltweiten Artenrückgang zu verschaffen, bietet der *Living Planet Index* des World Wide Fund for Nature (WWF), der den Artenschwund seit 1998 dokumentiert. Er basierte 2008 auf der Untersuchung von 4000 Populationen 1500 erfasster Arten. Der Index zeigt an, dass die biologische Vielfalt unserer Erde von 1970 bis 2005 um 27 Prozent abgenommen hat, besonders stark im asiatisch-pazifischen Raum. Das Ergebnis entspricht also dem der IUCN.

Nach dieser Zusammenfassung verwundert es kaum noch, dass kürzlich in einer Vogelschutz-Rubrik zu lesen war: »Die Menschheit erlebt gegenwärtig einen regelrechten Tsunami des Aussterbens von Tierarten, der in seinem Ausmaß die vergangenen fünf großen Aussterbewellen in der Erdgeschichte in den Schatten stellen könnte.«[74] Das Zitat bezieht sich auf eine neueste Studie von Malcolm McCallum[75], der das Aussterben vor allem mit der großen Aussterbewelle am Ende der Kreidezeit vor etwa 65 Millionen Jahren vergleicht. Im Zuge dieser Welle sind auch die Dinosaurier – vermutlich durch einen Asteroideneinschlag – von der Erde verschwunden. Der Studie zufolge ist das Ausmaß des Aussterbens von Arten »förmlich explodiert«: »Wir rotten Tiere schneller aus, als es selbst der katastrophale Asteroideneinschlag zum Ende der Kreidezeit vermochte. Diese rasanten Verluste sind ohne Beispiel«[76] und haben uns das Prädikat »Der Affe mit dem Wahnsinnsgen« eingebrockt.[77] Damit sind diese neuesten Erkenntnisse geradezu »ein Schrei nach Fortschritten im Artenschutz«. Wir werden später sehen, ob noch Chancen bestehen, dass dieser Aufschrei nicht ungehört verhallt.

Nachdem wir erfahren haben, welchen Stellenwert der Artenrückgang in unserem Großraum, also der Paläarktis, im Vergleich zum Rest der Welt einnimmt, ist es natürlich noch interessant zu erfahren, wie die Situation in Deutschland im Vergleich zu anderen europäischen Ländern zu bewerten ist. Diese Frage ist leicht zu beantworten. Dabei hilft ein Vergleich der publizierten Roten Listen.

Schlechter als bei uns ist die Situation der Artenvielfalt in Luxemburg. Jochen Zenthöfer (2015) schreibt dazu in *regulus*: »Die ökologische Bilanz der Regierung von Jean-Claude Juncker ist katastrophal. Luxemburg schneidet nach 18 Jahren Juncker-Herrschaft in eigentlich allen Fragen der Nachhaltigkeit schlecht ab, und fast immer deutlich schlechter als die Nachbarländer. Dies zeigen objektive Statistiken von nationalen und europäischen Statistikämtern. Sie sind in dem Buch ›Zäit fir ee Bilan – Die erste Bilanz der Ära Juncker‹ zusammengefasst.«[78] Wie furchtbar es im Hinblick auf Vögel in Luxemburg aussieht, zeigt die neueste Rote Liste des Landes von 2014. Sie führt unter 13 bereits ausgestorbenen Brutvogelarten auch Bekassine, Wiedehopf, Blaukehlchen, Gelbspötter und Braunkehlchen auf. Das ist die Zukunftsvision auch für unser Land, wenn wir weitermachen wie bisher.

Auf das Schlusslicht Luxemburg folgen als Nächstes die dichtbesiedelten, landwirtschaftlich extrem intensiv genutzten und zudem hochindustrialisierten Länder Belgien, Deutschland und die Schweiz. In den übrigen Ländern ist die Situation mäßig bis (noch) deutlich besser, vor allem wegen einer höheren Anzahl verbliebener naturnaher Gebiete, zum Teil auch wegen relativ effizienterer Naturschutzmaßnahmen. In letzterer Hinsicht besteht bei uns großer Nachholbedarf.

Hauptursachen des Artensterbens

Wie gesagt, vollzieht sich vor unseren Augen das größte globale Artensterben seit Verschwinden der Dinosaurier. Aber während die Dinos Naturkatastrophen zum Opfer fielen, ist das heutige Artensterben hausgemacht: Es ist durch eine einzige, ungeheuer dominante Säugetierart bewirkt: den Menschen. Dabei ist nicht nur einfach die immer größer werdende Weltbevölkerung verantwortlich, die auf der Erde immer mehr freilebende Tiere und Pflanzen verdrängt, sondern auch und vor allem ein eklatantes Fehlverhalten, das inzwischen selbstmörderische Ausmaße angenommen hat.

Verfasser von Bestandsübersichten,[79] Roten Listen usw. haben für die meisten vom Rückgang betroffenen Tier- und Pflanzenarten zumindest die Hauptursachen ausgelotet, zusammengefasst und gewichtet. Jedicke hat in seinem Buch über die Roten Listen Deutschlands sieben Ursachenkomplexe benannt, die nach Auswertung aller Listen die Artengefährdung begründen:[80]

1. Völlige Biotopzerstörung
2. Verarmung an Strukturen und Habitatelementen
3. Nutzungsintensivierung ehemals extensiver vom Menschen genutzter Lebensräume
4. Nutzungsaufgabe von Extensivflächen

5. Zerschneidung und Verinselung von Biotopen und Populationen

6. Umweltchemische Belastungen, vor allem Eutrophierung (Nährstoffanreicherung) und Versauerung

7. Störungen durch menschliche Anwesenheit/Aktivität, Bauwerke und Verkehr

Die Punkte 2 bis 7 lassen sich unter dem Aspekt »Minderung der Biotopqualität« zusammenfassen. Als Verursacher hierfür listet Jedicke zehn menschliche Wirkungsbereiche auf: 1) Landwirtschaft, 2) Forstwirtschaft, 3) Wasserwirtschaft, 4) Jagd und Verfolgung, 5) Fischerei, 6) Freizeit und Erholung, 7) Verkehr, 8) Siedlungsbau und Wohnen, 9) Industrie und Gewerbe und 10) Rohstoffgewinnung.

Landwirtschaft

Die großtechnisch-agrochemische und teilweise bereits gentechnisch intensivierte Landwirtschaft stellt derzeit und seit langem in unserem Land den Hauptfeind der Artenvielfalt dar. Die gegenwärtig in Deutschland landwirtschaftlich genutzten Gebiete machen insgesamt rund 50 Prozent der gesamten Landesfläche aus. Doch nicht nur unsere Nutzpflanzen stehen dort, auf diese riesigen Areale sind mehr als die Hälfte aller unserer Tier- und Pflanzenarten angewiesen, und diese »Offenlandbewohner« sind inzwischen mit über 50 Prozent gefährdeter Arten am stärksten von Rückgang betroffen. Bis etwa 1800 – dem Höhepunkt der Artenvielfalt in Deutschland nach der letzten Eiszeit –[81] hatte die Landwirtschaft durch Schaffung einer vielgestaltigen Mosaiklandschaft mit neuen Biotopen (wie unter anderem Streuobstanlagen, Weinbergen und Brachflächen) noch ganz erheblich dazu beigetragen, die Biodiversität in unserem Land anzuheben. Nach 1800 begann jedoch eine zunehmende Intensivierung, also Konzentration auf höhere Erträge, die zu einer Kette von Maßnahmen führte, die bis zum heutigen Tag kontinuierlich und zunehmend freilebende Tiere und Pflanzen aus den von uns genutzten Flächen eliminieren.

Erste, schon von Naumann 1849 beklagte Maßnahmen der Intensivierung waren die Ausmerzung von für die Landwirtschaft hinderlichen Kleinstrukturen wie Hecken oder Feldgehölzen, das Zuschütten von Tümpeln sowie das Auffüllen von feuchten Mulden. Alles zusammengenommen hat das bis heute zur völligen Verödung und Trockenlegung (durch Drainagen) riesiger Gebiete geführt. Besonders die Flurbereinigung, die fast ausschließlich der Ökonomie, aber nicht der Ökologie dient, hat verheerende Auswirkungen gezeitigt. Bis zum Zweiten Weltkrieg wurden in Feldfluren unerwünschte Wildkräuter – in der profitorientierten Fachwelt als »Unkräuter« gebrandmarkt – in der Regel noch verhältnismäßig schonend mit der Hacke bekämpft. Davon leitet sich auch die Bezeichnung Hackfrüchte ab, denn Kulturpflanzen wie Kartoffeln und Rüben brauchten das regelmäßige Behacken des Bodens. Später erledigte man die Wildkräuter dann mehr und mehr mit der chemischen Keule, also mit Hilfe von zunehmend mehr und immer effizienteren Herbiziden.

Parallel dazu setzte ein Vernichtungsfeldzug gegen tierische »Schädlinge« ein, vor allem gegen Insekten durch Insektizide, aber auch gegen Nagetiere durch Rodentizide sowie gegen Pilz-»Krankheiten« durch Fungizide. Die Biozide sind inzwischen so effektiv, dass auf den meisten unserer Feldfluren neben den gewünschten Kulturpflanzen nichts anderes bestehen kann. Übrig geblieben sind fast reine Monokulturen, die weitgehend frei von Wildtieren und -pflanzen sind. Überlebt haben oft nur ein paar hartnäckige »Schädlinge« wie Maiswurzelbohrer, Ackerschachtelhalm oder Getreideschimmelpilze.

Ganz extrem sind die Ausrottungsmaßnahmen im Intensivobstbau geworden, wo nach sogenannten modernen Standards etwa an Äpfeln keine Schorfstelle und kein Wurmstich mehr geduldet werden kann. In den Halbstamm- und ähnlichen Plantagen sind bei dieser Art des Obstbaus inzwischen mehr als 20 Spritzungen pro Jahr die Regel – mit dem Erfolg, dass über 80 Prozent der konventionell angebauten Äpfel mit Pestiziden belastet sind. Es ist fast Hohn und Spott, wenn Obstbauern in derartig traktierten Pflanzungen gelegentlich noch Nistkästen für Meisen und andere insektenfressende Vögel aufhängen. Da die meisten Biozide eine relativ breite Wirkung haben, werden von vielen Insektiziden auch die als nützlich oder harmlos eingestuften Insektenarten getötet, so dass in behandelten Gebieten für insektenfressende Tiere kaum Nahrung bleibt.

Im Laufe der Zeit wurden zwar einige Biozide wie vor allem chlorierte Kohlenwasserstoffe (DDT, Dieldrin u. a.) wegen ihrer verheerenden Nebenwirkungen – auch für den Menschen –[82] aus dem Verkehr gezogen. Aber dafür kamen andere mit ähnlichen Wirkungen auf den Markt, so vor allem die Neonikotinoide (Neonics), die seit den 1990er Jahren verstärkt verwendet werden. Diese hochwirksamen Insektizide sind toxisch für Bodenbewohner wie Regenwürmer oder Springschwänze, für Insekten, insbesondere für Bienen und Hummeln, aber auch für alle Wirbeltiere von Amphibien über Vögel bis zu Säugetieren.[83] Besonders fatal ist, dass sie nicht nur unmittelbar tödlich sind, sondern als Nervengifte die Weiterleitung von Nervenreizen stören und damit Verhaltensänderungen mit sich bringen, die erst langsam zum Tode führen. So beeinträchtigen sie bei Bienen Orientierungs- und Lernvermögen, Sammelleistung, Fruchtbarkeit und Widerstandskraft,[84] was zur Vernichtung ganzer Völker führt. Bei Vögeln wurden aus Gebieten mit ausgeprägter Anwendung Bestandsrückgänge von bis zu 3,5 Prozent pro Jahr festgestellt.[85]

Aber damit noch lange nicht genug. Viele unserer Böden, die ehemals einen artenreichen Lebensraum boten, haben sich fortlaufend verschlechtert. Ursachen dafür sind die tiefgründige Bodenbearbeitung, unter anderem mit Pflügen und Tiefenlockerung bis zu 80 Zentimeter, verbunden mit starker Düngung durch Jauche, Kunstdünger und sogar Klärschlamm – dies alles bei gleichzeitig immer weniger Humuszuführung; gut verrotteter Mist wird nur noch selten verwendet. Ein ganzer Kosmos an Mikroorganismen ist auf vielen Ackerflächen weitgehend verarmt, selbst Regenwürmer findet man dort nur noch selten. Die Folge: Viele Böden dienen heute nur noch als Substrat für einige Nutzpflanzenarten, und viele Wildpflanzen und auch ihre Begleitfauna können auf den verarmten, überdüngten und mit Bioziden und anderen Schadstoffen traktierten Böden überhaupt nicht mehr existieren – selbst dann, wenn man sie dort wieder aussäen oder anpflanzen würde.

Zur Bodenverschlechterung hat unter anderem die Abschaffung von Brachen geführt; die Zeiten, in denen man Flächen eine Saison lang Ruhezeit zur Bodenerholung gönnte (wie es in der Zeit der Dreifelderwirtschaft die Regel war), sind vorüber. Um 1993 flackerte in der EU die Flächenstilllegung noch einmal kurzfristig auf, bevor sie dann 2007 wieder ausgesetzt wurde.

Außerdem trug die zunehmend reduzierte Fruchtfolge

zur Verschlechterung bei. Vor allem mit der jüngst verstärkten »Vermaisung« ganzer Landstriche (also dem dramatisch anwachsenden Maisanbau, vorwiegend für Bioenergieanlagen) schreitet die Auslaugung vieler Böden enorm voran – wodurch sie zunehmend mineralisieren (versanden) und anschließend durch Wasser und Wind erodieren. Auf erosionsgefährdeten Maisfeldern verlieren wir zurzeit durch Abtrag jährlich mehr als zehn Tonnen Oberboden pro Hektar, für dessen Neubildung danach mindestens 20 Jahre erforderlich sind.[86]

Ein weiterer Vorgang, der einen dramatischen Artenrückgang zur Folge hat, ist die immer noch fortschreitende Umwidmung von ehemaligem Grünland in Ackerland – wiederum häufig zum Anbau von Mais. Dadurch sind in Deutschland nach dem Zweiten Weltkrieg über 20 Prozent an Wiesen und Weiden verlorengegangen, in Baden-Württemberg von 1950 bis 2015 35 Prozent.

Dieser Verlust hat ganze Landschaften umgeprägt. So war etwa die Oberrheinebene von Basel bis Mannheim bis in die 1960er Jahre weitgehend Wiesenlandschaft mit eingestreuten Auwäldern und einem ungemein reichhaltigen Tier- und Pflanzenleben. Heute dominiert dort eine eintönige artenarme Mais-Steppe. Da, wo noch Wiesen verblieben sind, hat ihre Qualität für freilebende Tiere und Pflanzen erheblich abgenommen: Wiesen sind heute in ihrer Zusammensetzung (der Pflanzengesellschaften) durchweg stark verarmt. Normale, mäßig feuchte Wiesen, auch Fettwiesen genannt, setzten sich früher aus durchschnittlich rund 25 Pflanzenarten zusammen. Heute werden sie als sogenanntes »Vielschnittgrünland« bezeichnet und bestehen nur noch aus etwa 10 bis 15 Arten. Ehemals ungedüngte Bergwiesen mit über 50 Arten sind bis auf wenige Schutzgebiete ganz verschwunden. Grün-

Die großtechnisch-agrochemische und teilweise gentechnisch intensivierte Landwirtschaft stellt den Hauptfeind der Artenvielfalt dar.

de dafür sind vor allem übermäßige Düngung sowie frühe und wiederholte Mahd, teilweise bis zu fünfmal im Jahr oder sogar noch häufiger. Auch die Nachsaat von nur wenigen Hochleistungsgrassorten trägt zum Problem bei.

Früher wurden Wiesen zur Grünfuttergewinnung Stück für Stück mit der Sense gemäht. In den nachwachsenden Bereichen konnten viele Pflanzen blühen und Samen entwickeln, ebenso wie in Wiesen, die der Heugewinnung dienten und meist zweimal im Jahr gemäht wurden – zur Ernte von Heu im Frühsommer und von Öhmd, also dem zweiten Schnitt, im Spätsommer. In Heuwiesen konnten die meisten Pflanzen blühen und auch Samen bilden. Nachdem heutzutage jedoch Wintervorräte aus Wiesenschnitt weniger in Form von Heu, sondern vielmehr als Silage angelegt werden (eine Art Sauerkraut aus Gras), wird mit dem ersten Wiesen-

schnitt oft schon im April begonnen, also etwa einen Monat
früher als vor einigen Jahrzehnten, und damit bereits zu
einer Zeit, in der zum Beispiel der Löwenzahn gerade erst
in gelber Blüte steht und noch keinerlei Samen, wie man sie
von den »Pusteblumen« kennt, ausbilden kann. Dadurch
bricht nicht nur eine wichtige Nahrungsquelle für Honigbienen weg, sondern vielen anderen Insekten wird ebenfalls
die Lebensgrundlage entzogen. Aber auch Vögeln, zum Beispiel dem Stieglitz, gehen die milchreifen Löwenzahnsamen
verloren, mit denen sie nicht zuletzt ihre Jungen aufziehen.

Durch die rasche weitere Mahdfolge kommen weder Grä-
ser noch verbliebene Wiesenblumen zur Samenbildung, wodurch die natürliche Weiterverbreitung endet. Davon kann
man sich anhand der sogenannten Heublumen ein Bild machen. Diese auf den Heuböden der Bauernhöfe übriggeblie-
bene Feinstreu war früher ein beliebtes Vogelfutter, weil sie
große Mengen Samen enthielt. Zudem konnten Heublumen
zur Aussaat neuer Wiesenflächen verwendet werden. Heute
sind sie praktisch frei von Samen.

Durch die Beendigung der samenbildung in Wiesen und
dem fast völligen Wegfall von samenproduzierenden Wildkräutern auf Maisfeldern, Getreide- und Kartoffeläckern
sowie anderen Anbauflächen sind freilebenden Tieren nahezu unvorstellbare Mengen an früher verfügbarer Körner-
nahrung verlorengegangen. Eine einfache Berechnung zeigt,
dass allein auf den Weizenfeldern in Deutschland als Unkräuter geduldete Wildpflanzen bis in die 1950er Jahre etwa
eine Million Tonnen (!) Sämereien produziert haben,[87] die
Wildtieren als Nahrungsgrundlage zur Verfügung standen.
Nimmt man die Samenproduktion aus Dinkel-, Gerste-, Ha-
fer-, Roggen-, Kartoffel- und vielen weiteren Feldern sowie
den seinerzeit weitverbreiteten Mähwiesen hinzu, kommt

man auf etliche Millionen Tonnen Sämereien. Heute liegt
dieser Wert nahezu bei null! Damit erhält man eine Vorstellung, was etwa für Rebhühner, Grau- und Goldammern,
Hänflinge, Lerchen, Sperlinge sowie Feldhamster und viele
andere Tiere in unseren Feldfluren an Nahrung verlorengegangen ist. Kein Wunder also, dass diese Arten flächendeckend verschwinden. Vor allem für die Jungenaufzucht
fehlen ihnen zudem die Myriaden von Insekten, die früher
auf den Wildkräutern und Wiesenblumen gelebt haben.

Weitere Nahrungs- und Biotopverluste sind durch die
nahezu vollständige Aufgabe kleinbäuerlicher Betriebe entstanden, die bis in die 1960er Jahre alle unsere Dörfer ge-
prägt haben. Die Kleinbetriebe, in denen Milchvieh, Schweine, Pferde und Ochsen, Geflügel, Tauben, Kaninchen und
einiges mehr gehalten wurden, waren permanente Futterstellen für Sperlinge, Ammern, Amseln, Rotschwänze und
viele andere Arten. Dort fanden zum Beispiel Haussperlinge
365 Tage lang im Jahr ihr Futter am selben Platz (worauf sie
angewiesen sind).[88] In den reichhaltigen Bauerngärten um
jedes noch so kleine Gehöft gab es Blumen vom Frühjahr
bis in den Winter, sie boten Nahrung für zahllose Insekten.
Sämereien hingen an Stauden bis zum nächsten Frühjahr.
Auf den Heuböden und benachbarten Getreidespeichern
lebten Mäuse, die Schleiereulen und Waldkäuze zur Brutzeit
wie im Winter fangen konnten. Zudem konnten die Vögel
die Böden selbst über die Lüftungsluken als Brutplätze nutzen. Und für die zahlreichen Schwalben fand sich um die
Misthaufen herum nicht nur ideales Baumaterial für ihre
Nester, ihnen wurde auch durch spezielle Kippfenster und
Abstandhalter an Stall- und Scheunentoren stets der Zuflug
zum Viehstall gesichert, wo sie bei nasskaltem Wetter von
Fliegen lebten.

Kleinbäuerliche Betriebe waren permanente Futterstellen,
beipielsweise für den Rotschwanz.

In derartig idyllischen Bauerndörfern, durchsetzt mit Flie-
der, Holunderbüschen, dem einen oder anderen Dorftümpel
und brachliegenden Rohbodenflächen ehemaliger Allmen-
degebiete, wimmelte es nur so von allerlei Getier. Auch davon
ist fast nichts übrig geblieben. Viele Dörfer sind heute vor allem Wohnsilos für Pendler, die in benachbarten Städten und
Industriegebieten arbeiten. Die Gehöfte sind entsprechend
oft zu reinen Wohnhäusern umgebaut, Freiflächen wurden
versiegelt und zu Parkplätzen umgestaltet, prächtige Bauerngärten sind eintönigen Rasen gewichen, und viele Dörfer
wirken, als sei in ihnen die Pest wieder ausgebrochen: Man
sieht kaum Leute, schon gar nicht bei dörflichen Arbeiten,
man hört auch keinen Hahnenschrei mehr, kein Hühnerge-
gacker, kein Taubengurren und auch kein Tschilpen von
Spatzen. In vielen unserer Dörfer werden praktisch nur noch
Hunde und Katzen gehalten, aber kein Vieh mehr, nicht ein-

mal Geflügel, und damit sind auch fast alle Schwalben, Spatzen und vieles andere verschwunden. Die Siedlungen wirken oft wie tot. Das Bauernsterben, das dafür verantwortlich ist und dem in Deutschland seit dem Zweiten Weltkrieg rund drei Viertel der ehemaligen Betriebe zum Opfer gefallen sind, hat nicht nur die Artenvielfalt im ländlichen Bereich dramatisch reduziert, sondern auch zu der paradoxen Situation geführt, dass wir heute in Städten häufig mehr Biodiversität antreffen als im ländlichen Bereich.

Das agrarindustrielle Horrorszenario für freilebende Tiere und Pflanzen setzt sich fort in den verheerenden Schäden, die die modernen Landmaschinen anrichten, allen voran die Kreiselmäher. Sie mähen mit hoher Geschwindigkeit tiefgründig bis fast zum Boden, so dass nicht nur regelmäßig Rehkitze, Junghasen und andere größere Tiere qualvoll dabei sterben, sondern auch alles kleinere Getier bis zu kleinsten Fröschen, Schnecken, Heuschrecken, Käfern, ja selbst Ameisen. Rotmilane, Störche, Raben und andere fleischfressende Vögel suchen deshalb regelmäßig derartige »Schlachtfelder« auf, um sich von den Opfern und Krüppeln verschiedenster Tiere zu ernähren. Fast überflüssig zu erwähnen, dass gegenüber dem Kreiselmäher die frühere Mahd mit der Sense und selbst noch mit Mähbalken geradezu harmlos war. Wenn man sich vorstellt, was auf vielen Grünflächen der rasiermesserähnliche Kreiselmäherschnitt bis zu fünfmal oder mehr pro Jahr bewirkt, wird klar, warum heute viele Wiesen nicht nur an Pflanzenarten verarmt, sondern auch nahezu frei von Wildtieren sind. Was bleibt, sind artenarme, fast sterile Silage- und Bioenergie-Lieferanten.

Ähnlich todbringend für vielerlei Getier wie Bodenbrüter unter den Vögeln, aber auch Reptilien, Amphibien und Maulwürfe, Mäuse, Wiesel sind die heute riesigen Mons-

Todbringend für vielerlei Getier sind riesige Monsterlandmaschinen.

terlandmaschinen, an die die Mäh- und sonstigen Geräte angehängt werden. Da versprechen selbst die einst schützenden Erdgänge meist keine Zuflucht mehr. Mit einem Gewicht von bis zu 15 Tonnen und riesigen Reifen, wie man sie früher nur von Fahrzeugen kannte, die beim Fernstraßenbau, in Steinbrüchen oder auf Flughäfen eingesetzt wurden, machen diese Mammutgeräte platt, was ihnen in den Weg kommt.

Weitere Ausrottung entsteht durch eine engere Aussaat und den dichteren Aufwuchs von Nutzpflanzen, vor allem von Getreide. Waren Getreidefelder früher in aller Regel von so vielen Lücken durchsetzt, dass fast überall Lerchen, Ammern, Wachteln und selbst Rebhühner sich mühelos zwischen den Halmen bewegen konnten, bringen diese Vögel heute in den meisten dichtbepflanzten Feldern im wahrsten Sinne des Wortes keinen Fuß mehr auf den Boden. Besonders bei der Wintergerste lässt sich die fast hundertprozen-

tige Bodenbedeckung gut beobachten: Im Herbst ausgesät,
bilden die Pflanzen meist schon bis zum Winter einen fast
geschlossenen grünen Rasen, bevor dann im Frühjahr die
Halme sprießen.

Vogelschutzverbände haben bei uns, wie auch in anderen
Ländern, zwar versucht, Feldvögeln aus diesem Pflanzen-
dschungel herauszuhelfen durch kleine, von der Aussaat
freigehaltene Parzellen (sogenannte Lerchenfenster). Da sich
Feldvögel jedoch vor allem zur Nahrungssuche weiträumig
bewegen müssen, bleiben die kleinen Freiflächen wirkungslos oder locken vermehrt Fressfeinde wie Füchse an. In der
Not finden Feldbewohner ebenso wie bodenbrütende Vögel,
aber auch Hasen und Igel, die letzten verbliebenen offenen
Stellen in den dicht zugewachsenen Getreidefeldern: die
Bahnen mit niedergefahrenen Halmen, die die Landmaschinen regelmäßig hinterlassen, wenn die Felder zu Herbizid-
spritzungen befahren werden. Darin legen Bodenbrüter, bis
hin zu letzten verbliebenen Kiebitz-Brutpaaren, auch immer
wieder Nester an. Natürlich ahnen sie nicht, dass für die
nächstfolgende Herbizidspritzung im Abstand von etwa einem Monat dieselben Gleise wieder befahren werden, meistens schon, bevor die Jungvögel aus darin bebrüteten Gele-
gen hätten schlüpfen oder sich als Nestflüchter in Sicherheit
bringen können.

Es gibt viele weitere Faktoren in der heutigen Landwirtschaft, die freilebenden Tieren und Pflanzen abträglich sind,
aber diese Auflistung soll hier genügen. Sie zeigt auch so
schon klipp und klar: Unsere moderne Landnutzung ist im
Hinblick auf den Erhalt von restlicher Artenvielfalt oder
gar für eine Wiederbelebung dermaßen ungeeignet, dass da
und dort vorgenommene einzelne Korrekturen keine spür-
bare Besserung bringen können. Eine grundlegende flächen-

deckende Reökologisierung der gesamten Landwirtschaft,
wie sie immer wieder von Naturschutzverbänden gefordert
wird, könnte zwar fast das Paradies auf Erden zurückbringen. Aber derzeit ist sie überhaupt nicht realisierbar
in Anbetracht des zunehmenden Drucks auf die genutzten
Flächen durch die rasch wachsende Weltbevölkerung, die
fortschreitende Abnahme von Anbauflächen durch Über-
bauung, Folgeerscheinungen der Klimaerwärmung und
anderes mehr.[89] Im Gegenteil, die von der EU verfolgte
Wachstums- und Fortschrittsideologie wird dazu führen,
dass auch die Landwirtschaft immer noch weiter maximiert
wird – so lange, bis der Artenrückgang auch uns Menschen
mit erfasst.

Das wird nicht mehr lange auf sich warten lassen. Fachleute sehen als Folge all der problematischen Aspekte moderner Landwirtschaft längst einen »Stummen Frühling« als
Zukunftsszenario.[90]

Ja, wir sind inzwischen weit voran auf einem Weg des
Fortschritts mit selbstmörderischen Zügen – *Homo suicidalis*
ist fleißig am Werk. Offen bleibt vorerst, wie sich die zunehmende Gentechnik in der Landwirtschaft auf die Biodiversität auswirken wird. Gentechnische Schädlingsabwehr
könnte zum Beispiel den Einsatz von Bioziden reduzieren
und damit der Artenvielfalt sogar förderlich sein. Aber viele
andere Risiken sind vorläufig nicht abzuschätzen.

An dieser Stelle möchte ich unbedingt noch ein Plädoyer
für unsere Landwirte loswerden. Sosehr die heutige Landwirtschaft an erster Stelle für den Artenrückgang verantwortlich ist – es wäre ungerecht, dafür an erster Stelle oder
gar allein die Landwirte zu beschuldigen. Landwirte – die
wir nicht verwechseln dürfen mit den agrarindustriellen
Großbetriebs-»Baronen« – sind fast schon eine zusammen-

geschrumpfte Randgruppe oder eine Art »niedere Kaste« in der Bevölkerung geworden, die, von verschiedensten Konzernen geknebelt, möglichst immer billigere Lebensmittel produzieren sollen, damit der große Rest der Gesellschaft so viel Geld wie möglich für »wichtigere« Dinge als die Ernährung ausgeben kann. Den längst von der einstigen Bauernpartei CDU und dem Großteil der Bevölkerung im Stich gelassenen Landwirten bleibt gar nichts anderes übrig, als aus ihren Flächen herauszupressen, was geht, wenn sie in der heutigen gnadenlosen Konsum- und Freizeitgesellschaft überleben wollen. Und selbst so bleiben noch jedes Jahr nach wie vor viele von ihnen auf der Strecke.

Die auf maximale Ausbeute ausgerichtete Raubbau-Landwirtschaft unserer Zeit, die die Artenvielfalt vernichtet, haben somit nicht unsere Landwirte, sondern in erster Linie Staat und Gesellschaft zu verantworten. Wie viele Bauern hätten gern ihre mittleren und kleinen Betriebe behalten und dort in Maßen und in großem Einklang mit der Natur weiter Lebensmittel produziert, wenn die Gesellschaft – also wir – sie dafür angemessener entlohnt hätte? Und wie viele Jungbauern würden auch heute gern wieder einen kleinen oder mittleren Betrieb einrichten und aufbauen, wenn sie darin eine einigermaßen gesicherte Zukunft sehen könnten?

Aber daran ist wohl noch längere Zeit nicht zu denken. Solange Lebensmittel für das Gros der Bevölkerung dann am interessantesten sind, wenn man sie irgendwo zu Spottpreisen im Sonderangebot aus dem Regal nehmen kann, solange Bauern fast ohne Freizeit arbeiten und dabei möglichst weder mit ihrem Vieh Lärm und Gestank verbreiten noch mit ihren Maschinen den Straßenverkehr behindern sollten und solange ehemalige Riten wie Flurprozessionen und Erntedankfeste, die früher Höhepunkte im Jahr waren, kaum noch in unserem Vokabular vorkommen, werden unsere Landwirte zwar die Haupttäter beim Artenvernichtungsfeldzug in unseren Feldfluren bleiben, aber eben beileibe nicht die eigentlich Schuldigen.

Forstwirtschaft

Deutschland ist zu etwa einem Drittel von Wald bedeckt. In den verschiedenen Laub-, Nadel- und Mischwäldern leben rund 70 Vogelarten. Ihnen geht es in diesem noch relativ naturnahen Lebensraum deutlich weniger schlecht als den Offenlandbewohnern. Aber auch sie haben zunehmend unter moderner Forstwirtschaft zu leiden. Besonders gefährdet sind sie durch die kürzer werdenden Umtriebszeiten. Diese Perioden zwischen Aufwuchs und Einschlag haben sich gerade in jüngster Zeit verringert, bedingt durch die große Nachfrage nach Bau- und Brennholz (u. a. Hackschnitzel). Damit hängt auch zusammen, dass der Bestand an alten Bäumen, die Nisthöhlen für Höhlenbrüter bereitstellen, immer weiter abnimmt, ebenso wie das nahrungsreiche Totholz. Die immer noch relativ starke Förderung der Fichte (mit dem Ergebnis monokulturartiger, extrem artenarmer »Stangengärten«) trägt das Ihrige dazu bei, inzwischen auch der zunehmend übermäßige Einschlag bei Aufgabe nachhaltiger Waldwirtschaft. Weiterhin leiden wir unter vielen irreparablen Spätschäden zurückliegender Maßnahmen; dazu zählen die Entwässerung von Waldmooren sowie die Aufforstung von Heiden und Waldwiesen.

Insgesamt hat unser Wald eine starke Strukturverarmung erfahren, und zwar sowohl in der Fläche als auch im stufigen Aufbau. In jüngster Zeit kommen neue Probleme hinzu:

enorme Schäden an den Böden, Wegen und Rändern der
Wälder durch rigorose, martialische Waldarbeiten mit sogenannten Vollerntern – riesige Baumfällmaschinen, die viel
Unterwuchs, ganze Waldrandhecken und vor allem auch in
großer Zahl Ameisenhaufen (einst von einer speziellen deutschen Ameisenwarte umsorgt!) einfach plattmachen. Nach
einer derartigen Holzernte wirken die geplagten Wälder mit
ihren tiefen Gräben so, als habe die Schlacht von Verdun in
ihnen erneut stattgefunden. Die Monstermaschinen hinterlassen jedoch nicht nur sichtbare Schäden, sondern auch
vielerlei Spätschäden an Wurzeln und Pilzmyzelien, schaffen
Angriffsflächen für Erosion und vieles mehr. Völlig offen ist
zudem, wie sich das seit den 1980er Jahren allgemein dis-
kutierte Waldsterben weiterentwickeln wird. Betroffen davon sind verschiedene Baumarten, doch seit rund zehn Jahren fallen ihm vor allem unsere Eschen vielerorts vollständig
zum Opfer (durch Eschenwelke, hervorgerufen von einem
Pilz namens »Falsches Weißes Stengelbecherchen«).

Indessen findet in vielen Nadelwäldern eine eher gegen-
teilige Entwicklung statt, die große Probleme hervorbringt:
bürstenartig dichter Aufwuchs vor allem von Jungfichten,
hervorgerufen durch günstigere Wuchsbedingungen infolge der Klimaerwärmung sowie aufgrund von Düngung
aus der Luft durch Stickstoffeintrag. Dadurch wuchern zum
Beispiel im Schwarzwald viele Wälder so zu, dass sie ohne
aufwendige Auslichtung von Tieren, etwa von Auerhühnern,
nicht mehr bewohnt werden können.

Der Wald wird somit wohl auch ohne dramatischen Um-
bruch bei weiter fortschreitender Klimaerwärmung (und dadurch etwa dem völligen Absterben von Fichten) Vögeln und
vielen anderen tierischen und pflanzlichen Mitbewohnern
immer mehr Probleme bereiten. Selbst wenn künftig – wie

etwa für Baden-Württemberg angedacht – bis zu zehn Prozent des Waldes »von der Nutzung dauerhaft ausgeschlossen« werden sollten, wird das auf lange Sicht keinen großen Effekt haben. Zum einen wird es viele Jahrzehnte dauern, bis sich solche Bannwälder von der vorherigen starken Nutzung wieder erholt haben, zum anderen ist völlig offen, wie sich ihr Neuaufwuchs in Anbetracht der derzeitigen Umweltverhältnisse gestalten wird.

Ein sozusagen aus der Ferne wirkendes Waldproblem stellt das weltweite massive Absterben der Mangroven-Wälder dar. Für unsere Zugvögel gehen damit besonders in Afrika überlebenswichtige Winterquartiere verloren.

Wasserwirtschaft

Unsere Wasserwirtschaft hat in zurückliegender Zeit ähnlich dramatische Auswirkungen auf die Artenvielfalt gehabt wie die Landwirtschaft heute, aber alte negative Einflüsse werden gegenwärtig vielerorts reduziert und Schäden zum Teil wieder behoben. Verheerende Folgen hatten seinerzeit bundesweite Maßnahmen zur Trockenlegung nasser und feuchter Biotoptype, die bis gegen 1800 zurückreichen.[91] Ähnlich schlimm wirkten sich Begradigungen aus, Eindeichungen und Uferbefestigungen von großen Flüssen wie dem Rhein (bereits ab 1817) bis hin zu kleinsten Bächen, die zudem häufig verdolt, also überdeckt wurden. Dadurch kam es zur Vernichtung der meisten (zeitweilig überschwemmten) Auwälder und Altwässer (Reste ehemaliger Flussläufe) in Deutschland – den artenreichsten Biotopen, die wir überhaupt hatten. Von den Auwäldern ist gerade mal etwa ein Drittel übrig geblieben, insgesamt weniger als 4000 Quadratkilometer. Vor allem Tierarten, die im Wasser wohnen, wurden zudem stark beeinträchtigt durch die Aufstauung von Fließgewässern zur Energiegewinnung sowie durch lange Zeit unmäßige Grabenräumungen. Die noch in der Zeit des Wirtschaftswunders großenteils ungeklärt in Bäche und Flüsse eingeleiteten Abwässer aller Art haben zumindest vorübergehend ganze aquatische Ökosysteme zerstört. Auch wenn heute fast überall Kläranlagen im Einsatz sind, Flüsse und Bäche zum Teil renaturiert und trockengelegte Flächen in manchen Naturschutzgebieten wieder vernässt werden, wirken viele Schäden von früher noch stark nach und sind zu einem Gutteil sogar irreparabel.

Jagd und Verfolgung

Jagd und Verfolgung haben in Deutschland, vor allem im 19. Jahrhundert, aber auch noch bis nach dem Zweiten Weltkrieg eine dominierende Rolle für den Rückgang vieler Arten gespielt; bei manchen Säugetieren wie Biber, Braunbär, Wolf, Luchs und Fischotter führten sie sogar zur Ausrottung. Das massenweise Verspeisen von Singvögeln bei uns, die gnadenlose Verfolgung von »Raubzeug« wie Greifvögeln oder Fischreihern (heute: Graureiher) sowie von sogenannten »Schädlingen« wie Rabenvögeln, aber auch von Staren oder Sperlingen (bis zur erwähnten Sprengung ihrer Schlafplätze mit Dynamit) hat eine ganze Reihe von Arten (etwa Graureiher und verschiedene Greifvögel) zumindest gebietsweise bis an den Rand des Aussterbens dezimiert.

Mit dem ab 1977 wirksamen vollständigen Schutz aller Greif- und Singvögel einschließlich der Rabenvögel und früher jagdbarer Arten (wie der Wacholderdrossel) hat sich

In Deutschland kommen jährlich Hunderte von Greifvögeln durch Vergiftungsaktionen um – etwa der Habicht.

die Lage in dieser Hinsicht stark verbessert. Und auch für die relativ wenigen bei uns heute noch jagdbaren Arten stellt der Jagddruck gegenwärtig keine Bestandsgefährdung mehr dar. Sonstige Verfolgung – etwa das bis 1979 für jedermann erlaubte Abschießen, Wegfangen oder Vergiften von Amseln, Spatzen und Rabenvögeln sowie der bis in die 1980er Jahre verbreitete Vogelfang zur Käfighaltung – spielt heute kaum mehr eine Rolle. Eine Ausnahme bilden hier die Greifvögel. In Deutschland kommen nämlich jährlich immer noch Hunderte von »Krummschnäbeln« wie Habichte, Mäusebussarde, Milane und sogar See- und Schreiadler durch Vergiftungsaktionen um; großenteils gehen sie auf Geflügelzüchter zurück.[92]

Leider fallen immer noch viele Individuen wandernder Tierarten, allen voran Vögel, Jagd und Verfolgung im Ausland zum Opfer. Nachdem EU-Richtlinien die Vogeljagd

in Belgien, Frankreich, Italien und Spanien weitgehend
eingeschränkt haben, ist die Verfolgung unserer Vögel in
Europa sehr stark zurückgegangen. Ausnahmen bilden vor
allem Malta und Zypern, wo immer noch vermehrt Vögel
gejagt werden. Verheerend sind hingegen aber Vogelfang
und auch Vogeljagd in vielen Gebieten Afrikas. In Ägypten
wurde in den letzten Jahrzehnten eine Netzfanganlage von
inzwischen nahezu unglaublichen 700 Kilometern Länge errichtet, in der jährlich schätzungsweise rund fünf Millionen
Zugvögel erbeutet werden, darunter ein Großteil Brutvögel
aus Deutschland. Dagegen gibt es derzeit keine Handhabe,
und im Hinblick auf das rasche Anwachsen der Bevölkerung
in Afrika, verbunden mit der zunehmenden Ressourcen-
verknappung, dürfte ein derartiger Aderlass für unsere Artenvielfalt künftig eher zu- als abnehmen. Nach neuesten
Untersuchungen von BirdLife International werden in den
Anrainerstaaten des Mittelmeeres insgesamt jedes Jahr etwa
25 Millionen Vögel meist illegal erbeutet, darunter vor allem
etwa drei Millionen Buchfinken, zwei Millionen Singdrosseln, aber auch 100 000 Greifvögel.[93]

Bei einer Gruppe von Vögeln wünschen sich freilich sogar viele Vogelschützer wieder mehr Jagdaktivität: bei Rabenvögeln, vor allem bei Rabenkrähen und Elstern. Wenn
auch zig sorgfältige wissenschaftliche Studien klar zeigen,
dass Rabenvögel in rund 80 Prozent der untersuchten Fälle
keinen negativen Einfluss auf Populationen anderer Vogelarten ausüben (und zwar weder auf die Siedlungsdichte
noch den Bruterfolg), bleiben immer noch 20 Prozent, in
denen sie Unheil anrichten.[94] Das gilt mit Sicherheit für viele
Grüngürtel am Rande unserer Siedlungen, in denen Elstern
und Rabenkrähen inzwischen eine extrem hohe Dichte erreicht haben. Für diese Bereiche wären Kontrollmaßnahmen

sinnvoll, auch wenn die Hauptursachen für den Rückgang vieler Singvogelarten selbst dort nicht den Rabenvögeln zuzuschreiben sind.

Fischerei

Aus der Binnenfischerei in Süßwasserseen und Flüssen, der Fischzucht in Teichen sowie dem Angelsport resultieren viele erhebliche Beeinträchtigungen der Artenvielfalt. Diese entstehen vor allem durch Störungen von im Uferbereich brütenden Vogelarten.

Aber auch die gezielte, nicht selten illegale Vernichtung von »Fischräubern« kommt gehäuft vor und betrifft unter anderen Kormoran, Haubentaucher und Schwäne, deren Gelege rigoros zerstört werden, oder auch Eisvögel, die mit Tellereisen weggefangen werden. Hinzu kommt die Verdrängung natürlicher Artengesellschaften wie Amphibien, Libellenlarven oder auch Wasserkäfern durch übermäßig viele Zuchtfische oder durch das Einbringen fremdländischer Fischarten. Weitere Faktoren sind die Überdüngung von Gewässern durch starke Fischfütterung oder die Schädigung von Tier- und Pflanzengesellschaften durch Entfernung von Ufer- und Unterwasservegetation (Schilf, Laichkräutern, Algen).

In der Nord- und Ostsee bringt auch die Hochseefischerei vielerlei Probleme für die Artenvielfalt mit sich. In Bezug auf Vögel sind es vornehmlich Störungen, regionale Probleme durch Überfischung, aber auch die Förderung problematischer Arten – wie etwa der Silbermöwe – durch Fischereiabfälle.

Freizeit und Erholung

Die Beeinträchtigungen der gesamten Artenvielfalt durch menschliche Aktivitäten in allen Bereichen der freien Landschaft, von den entlegensten Küstensäumen bis in die höchsten Bergregionen, haben in den letzten Jahrzehnten enorm zugenommen. Diese Freizeitindustrie breitet sich aus wie ein Krebsgeschwür, inzwischen rund ums gesamte Jahr. Die erlebnishungrige, hochtechnisierte Spaßgesellschaft von heute kennt fast keine Grenzen mehr. Ordnungskräfte sind kaum mehr in der Lage, selbst hanebüchene Übertretungen von Verordnungen einzudämmen. So ist vor Schneeschuhgängern, Mountainbikern oder Geocachern kein noch so entlegener Winkel im Lande sicher, nicht einmal in Kernzonen von Naturschutzgebieten, Bannwäldern oder Wildschutzgebieten mit absolutem Betretungsverbot.

Zu Wasser machen sich in ähnlicher Weise Boote aller Art, Surfer und Taucher breit. An allen möglichen Felsen werden Kletterschulen eröffnet (die durch Regelungen wenigstens relativ gut kanalisiert werden können), und im Luftraum nehmen Gleit- und Modellflieger sowie Drohnen stark zu. Selbst landwirtschaftlich genutzte Flächen, vor allem Wiesen – früher vom Frühjahr bis zum Herbst durch Betretungsverbote geschützt, die von sogenannten Flurschützen überwacht wurden –, sind heute oft Jedermannsland. Dadurch kommt es fast auf der gesamten Landesfläche zu einer vorher nie gekannten Verunruhigung der Landschaft, die enorme negative Auswirkungen auf viele Tier- und Pflanzenarten hat. Sie war sicher eine der Hauptursachen für das Aussterben des Birkhuhns in Baden-Württemberg und stellt heute ein hohes Aussterberisiko für andere störungsempfindliche Arten wie Bekassine, Raubwürger und Auerhuhn dar.

Die immer stärkere Verunruhigung der Landschaft war sicher eine der Hauptursachen für den Rückgang des Birkhuhns.

Mit die größten Störungen für viele Arten verursacht ein Großteil der rund acht Millionen Hunde, die derzeit in Deutschland gehalten werden. Viele werden tagtäglich in Wald, Feld und Flur ausgeführt, nicht wenige davon ziehen, ungeachtet aller Verbote, selbst in Naturschutzgebieten unangeleint ihre weitläufigen Bahnen. Wo regelmäßig Hunde auftauchen, brütet jedoch kein Kiebitz, keine Bekassine, nicht einmal eine Feldlerche. Dort setzt kein Hase Junge, selbst wenn das Biotop dafür geeignet wäre. Die Vorsicht vor dem potentiellen Fressfeind der Brut verhindert das. (Auf die Probleme, die Katzen bereiten, gehe ich später ein.)

Leider besteht derzeit keine Möglichkeit, den Anteil in Zahlen auszudrücken, den Freizeit und Erholung und die damit verbundene Verunruhigung der Landschaft am Artenrückgang ausmachen. Darüber gibt es bisher nur Fallstudien und insgesamt zu wenige Untersuchungen. Aber Fachleute tendieren dazu, den Freizeitdruck auf die Biodiversität auch in Deutschland inzwischen direkt hinter dem Druck von Land- und Forstwirtschaft einzuordnen. Auf alle Fälle gewinnt der Faktor Störungen immer mehr an Relevanz.

Verkehr

In erster Linie beeinträchtigen Autostraßen unsere Artenvielfalt, gefolgt von Eisenbahntrassen und Wasserstraßen. Allein der Flächenverbrauch für den Straßenbau und für Bahntrassen beläuft sich in Deutschland bis heute auf rund 6000 Quadratkilometer. Das sind etwa 1,6 Prozent der Bundesfläche. Dadurch hat sich infolge von Lebensraumverlust die Individuendichte unserer Arten um mindestens diesen Prozentsatz reduziert.

Neben dem Flächenverlust spielen Verkehrsopfer eine enorme Rolle. Das betrifft zum Beispiel Großtiere wie Hirsche, Wildschweine oder Rehe, aber auch Kleintiere wie Singvögel, Amphibien oder Insekten. Aus der Wildunfallstatistik wissen wir, dass in Deutschland zurzeit jährlich rund 185 000 Rehe dem Straßenverkehr zum Opfer fallen. Das sind etwa 15 Prozent der jährlichen Jagdstrecke und rund 7 Prozent des Gesamtbestandes in unserem Land. Für Vögel wird die Anzahl der jährlich an Straßen zu Tode kommenden Individuen auf etwa zehn Millionen geschätzt.[95] Für die riesigen Mengen von an Verkehrswegen verunglückenden Kleintieren (vor allem Insekten) liegen keine verlässlichen Schätzungen vor, aber es handelt sich um Milliarden.

Bei Vögeln werden besonders an Streckenabschnitten, die von Hecken gesäumt sind oder durch Wald führen, unerfahrene Jungtiere von Autos erfasst. Eine Fallstudie der Vogelwarte Radolfzell von 1991 hat zudem gezeigt, dass entlang heckenreicher Straßen im Bodenseeraum etwa jedes zehnte Singvogelbrutpaar während der Brutperiode mindestens einen Partner verlor, wonach die Brut meist aufgegeben wurde. Hecken an Autostraßen sind also regelrechte Vogelfallen.

Weitere erhebliche Beeinträchtigungen der Artenvielfalt durch die Verkehrswege entstehen durch die Zerschneidung und Verinselung von Biotopen, vor allem, wenn Wanderrouten von Tieren unterbrochen werden. Bisweilen wird dies durch Grünbrücken über Straßen abgemildert. Es gibt Arten, für die eine Verkehrsstraße eine kaum zu überwindende Barriere darstellt; für sie wird durch Isolation der Genaustausch und, als Folge, die genetische Vielfalt reduziert. Und schließlich beeinträchtigen Verkehrswege viele Arten zusätzlich durch Umweltbelastungen wie Lärm, Abgase, Reifenabrieb oder Streusalz.

Siedlungsbau und Wohnen, Industrie und Gewerbe

Die menschliche Bautätigkeit im Bereich Wohnen und Arbeiten hat die größten weitgehend vollständigen Biotopverluste zur Folge. Bis jetzt machen in Deutschland Bauten aller Art (einschließlich Verkehrswege) mit rund 50 000 Quadratkilometern etwa 15 Prozent der Landesfläche aus. Derzeit fallen täglich etwa 100 Hektar Acker- und Grünfläche der Verbauung zum Opfer. Da Siedlungen und Gewerbegebiete in der Regel nur von wenigen freilebenden Tieren und Pflanzen genutzt werden können, beläuft sich ihr Verlust durch Bebauung auf eine ähnliche Größenordnung, also insgesamt etwa 15 Prozent.

Das gilt umso mehr, als durch den Ausbau im ländlichen Raum, sprich, durch die Erschließung neuer Wohngebiete und der Anlage von Gewerbegebieten, oft die im Siedlungsbereich wertvollsten Biotope für hohe Artenvielfalt zerstört wurden: die bis in die 1960er Jahre meist geschlossenen Streuobstgürtel rund um die Dörfer. Ihr Verlust beträgt in Deutschland seit dem Zweiten Weltkrieg rund 80 Prozent.

Natürlich wirken sich die von Menschen bebauten Gebiete auch negativ auf die Artenvielfalt aus, zum Teil bis in weite Ferne. Vor allem Abwässer sind schädlich, außerdem Abgase, Lärm und nicht zuletzt elektromagnetische Wellen, die unter anderem das Orientierungsvermögen von Zugvögeln beeinträchtigen.[96] Auch die Lichtverschmutzung ist nicht zu unterschätzen, denn sie lockt Myriaden von Insekten an, was für die meisten von ihnen tödlich endet. Zugvögel werden durch Lichter etwa von Leuchttürmen oder hell leuchtenden Ortschaften angelockt, verlieren die Orientierung und kollidieren mit Gebäuden.[97]

Im grünen Siedlungsbereich unserer Ortschaften – dort also, wo Häuser mit Gärten, Stadtparks, Friedhöfe, Kleingärten und Sportanlagen zu finden sind – lässt sich durchaus beträchtliche Artenvielfalt erhalten oder sogar wieder ansiedeln. Aber dafür sind viele besondere Anforderungen zu erfüllen. Darauf gehe ich später noch ein.

Rohstoffgewinnung

Durch die Anlage von Gruben zum Abbau von Festgestein, Kies, Sand, Ton und Braunkohle entstehen oft erhebliche großflächige Biotopverluste – wieder ein Phänomen, das schon Naumann 1849 beklagte. Besonders der Abbau von

Braunkohle führt oft zu einer erheblichen Absenkung des Grundwasserspiegels, die großflächige Versteppung zur Folge haben kann. Dem Torfabbau wiederum sind vor allem in zurückliegender Zeit riesige Moorflächen mit speziellen Tier- und Pflanzengesellschaften zum Opfer gefallen, vor allem in Nord-, zum Teil aber auch in Süddeutschland.

Zugegeben: Aus den für Rohstoffgewinnung der Erdoberfläche zugefügten Wunden sind oft hochwertige Sekundärbiotope entstanden: Baggerseen, Niedermoore, Felshänge in ehemaligen Steinbrüchen und vieles mehr. Hier konnten sich zum Teil neuartige Lebensgemeinschaften ansiedeln. So haben sich in Ostdeutschland sogar Wolfsrudel in Braunkohleabbau-Folgelandschaften niedergelassen. Vielfach werden aber ehemalige Gruben mit Abraummaterial gefüllt und anschließend landwirtschaftlich genutzt, wodurch das Gelände für freilebende Tier- und Pflanzenarten relativ wertlos wird. Dasselbe gilt für Baggerseen, die der Freizeitgestaltung dienen und damit eher zu Rummelplätzen werden.

Windkraft

Ein zunehmend größer werdendes Problem für Vögel, aber auch für Fledermäuse und selbst Insekten (das in Jedickes Auflistung noch gar nicht auftaucht) sind die modernen Windmühlen, also die Windkraftanlagen zur Energiegewinnung. Eine allererste Doktorarbeit zum Thema, die ich mit Inbetriebnahme der ersten Anlagen anfertigen ließ (Bergen 2001), deckte keine wesentlichen negativen Auswirkungen auf die Vogelwelt auf. Das hat sich inzwischen aufgrund des rasanten Ausbaus der Windenergiegewinnung deutlich geändert. Derzeit sind in Deutschland über 25 000 Anlagen in Betrieb, vor allem in Nord- und Ostdeutschland. Ihnen fallen nach Zählungen, Schätzungen und Hochrechnungen jährlich Hunderttausende von Vögeln zum Opfer. Einige empfindliche Arten sind besonders betroffen, allen voran der Rotmilan. Bei ihm hat der Aderlass durch Kollisionen mit Rotoren in Brandenburg eine jährliche Verlustrate der Population von etwa drei Prozent erreicht, was für den stabilen Fortbestand der Population bereits kritisch ist.[98]

Da in Deutschland mehr als die Hälfte des Weltbestandes des Rotmilans brütet, ist zu befürchten, dass der weitere Ausbau der Windenergieanlagen diesem Greifvogel und vielen weiteren Arten, vor allem auch dem Mäusebussard sowie Seevögeln, bestandsgefährdende Verluste bereiten wird.[99] Außerdem reduzieren Windkraftanlagen, wie immer öfter berichtet wird, die Brutvogeldichte, da viele Arten zum Nisten von errichteten Anlagen abrücken.

Ein zunehmend größer werdendes Problem für Vögel sind die modernen Windkraftanlagen.

Klimaerwärmung, Globalisierung, Vermüllung und Verseuchung

Diese vier genannten Gefährdungsfaktoren unserer Arten-vielfalt sind ebenfalls relativ neu (und kommen daher bei Jedicke noch nicht vor). Da über ihre Auswirkungen bisher nur wenige konkrete Daten vorliegen, sollen sie hier nur kurz gestreift werden.

Die Klimaerwärmung lässt inzwischen bei uns Auswirkungen auf alle Gruppen von Pflanzen und Tieren erkennen. Am besten dokumentiert sind sie bei den besonders gut unter-suchten Vögeln.[100] Noch sind die meisten Auswirkungen wie Abnahme von Zugverhalten oder auch früheres Brüten nicht als negativ einzuschätzen. Wohl aber gibt das Auseinander-driften von Brutperioden und der Hauptentwicklung be-stimmter Futterpflanzen und -tiere zu denken, genauso wie die schädlichen Auswirkungen von Starkregen und noch manch anderes. Fachgremien schätzen, dass der Klimawan-del bei den Vögeln im Laufe der Zeit zu doppelt so vielen Verlierern wie Gewinnern führen wird.[101] Bei anderen Arten sind die Schäden bereits stärker sichtbar, so zum Beispiel beim massiven Sterben älterer Birnbäume im Streuobstbau. Dieser seit den 1990er Jahren um sich greifende »Birnenver-fall« ist eine Folge extrem warmer und trockener Frühsom-merperioden, die Phytoplasmen und Rostpilze begünstigen, was zum Baumsterben führt. Bäume fallen außerdem dem durch Wärmeperioden im Frühjahr geförderten Feuerbrand zum Opfer. Das mögliche Ausmaß der Folgen der derzeiti-gen Klimaerwärmung skizziert Syrien: Die Dürre von 2007 bis 2010 trieb rund eine Million Landwirte zur Landflucht und führte mit zum Bürgerkrieg.[102]

Weitere unabsehbare Schäden drohen der Artenvielfalt

durch die zunehmende Globalisierung und die damit an-
wachsende Verschleppung von Parasiten. Beispiele dafür
sind der durch Stechmücken übertragene Usutu-Virus, dem
in Deutschland in den letzten Jahren Hunderttausende von
Amseln zum Opfer fielen, oder eine Reihe von Pflanzenschäd-
lingen, die zum Beispiel das oben genannte Eschensterben
und den Rückgang der Buchsbaumbestände verursachen,
sowie die Kirschessigfliege, die neuerdings unseren Obst-
und Weinbau gefährdet. Der Asiatische Laubholzbockkäfer
stellt eine potentielle Bedrohung unserer gesamten Laub-
holzbestände dar.

Vermüllung und Verseuchung haben mittlerweile ein
bedrohliches Ausmaß in allen Bereichen der Biosphäre angenommen. In der Luft finden sich vor allem Feinstaub und
eine Fülle von Chemikalien, besonders Gase. Im Wasser und
in den Böden sind Unmengen von Verunreinigungen, die
nahezu alle Kläranlagen durchlaufen, etwa Rückstände von
Medikamenten und Mikroplastik, das inzwischen alle Gewässer belastet und wahrscheinlich die Artenvielfalt hochgradig schädigen wird.

Dieses Kapitel habe ich ganz bewusst besonders ausführlich
geschrieben. Ich verfolge damit folgende Hauptziele: Zuallererst will ich verdeutlichen, wie ungemein vielfältig die
negativen Auswirkungen menschlicher Tätigkeiten auf unsere Artenvielfalt heutzutage sind. Dadurch soll klar werden,
dass es schon lange nicht mehr möglich ist – auch nicht für
eine »grüne Regierung« voll guten Willens –, mit einfachen
Korrekturen, ein paar neuen Gesetzen oder dergleichen den
derzeitigen Artenschwund zu stoppen oder gar in eine positive Entwicklung umzukehren. Und schließlich soll jeder
Gutgewillte, der in Zukunft im Rahmen seiner Möglichkei-

ten zum Erhalt von Artenvielfalt beitragen möchte, prüfen können, bei welchen negativen Faktoren er sich abhelfend einbringen kann.

Nun kennen wir die Verursacher des Artenrückgangs. Blicken wir jetzt noch einmal zurück auf die oben dargestellte relative Bedeutung der Gefährdungsursachen, ergibt sich folgendes Bild: An der Spitze steht nach wie vor die Landwirtschaft, aber Freizeit und Erholung sowie Verkehr sind deutlich nach vorn gerückt, während Jagd und Verfolgung sowie Wasserwirtschaft an negativen Auswirkungen nachgelassen haben. Ein ganz gravierender Faktor, nämlich die Katzen, wurde fast immer ausgeklammert – dazu mehr im nächsten Abschnitt.

Im Hinblick auf diese summarische Schlussbetrachtung ist eine Übersicht von Scott Loss und anderen Biologen[103] aus den USA hochinteressant. Danach gehen die durch menschliche Einflüsse indirekt getöteten Vögel in die Milliarden – sei es durch Katzen, durch Kollision mit Autos und an Gebäuden, durch Stromschlag und Kollision mit Sendemasten und mit Windkraftanlagen.

Abschließend muss noch dezidiert ein Grundübel für den Artenrückgang beleuchtet werden, und zwar das menschliche Fehlverhalten: Ignoranz, Gleichgültigkeit, Bequemlichkeit, Fehleinschätzung, Gutgläubigkeit, Verharmlosung, Mangel an Zivilcourage und bewusste Irreführung.[104] Es ist schon erstaunlich, dass nicht viel mehr Naturwissenschaftler wie seinerzeit die »Gruppe Ökologie« um Konrad Lorenz auf die Barrikaden gegangen sind, um von Politik und Öffentlichkeit endlich wirksamen Artenschutz einzufordern, zumal den meisten von ihnen der grassierende Biodiversitätsverlust offenbar bewusst ist. Besonders verwunderlich ist es, dass selbst viele der eigens für den Vogelschutz im

Land berufenen Wissenschaftler, vor allem an den Vogelschutzwarten, sich kaum als wirkliche Kämpfer für die Vogelwelt präsentiert haben. Herausragende Mahner, die sich
ihr Leben lang für den Erhalt der Vögel in einer einigermaßen intakten Umwelt eingesetzt haben wie Einhard Bezzel
in Bayern, sind die Ausnahme. Viele andere sind kaum sonderlich in Erscheinung getreten oder – schlimmer – waren
Lobbyisten von Industrie und Politik oder haben ihre Stel-
lungen benutzt, um sich mit ornithologischen Problemen
zu beschäftigen, die mit dem Vogelschutz wenig oder gar
nichts zu tun hatten.

Vorsitzende von Naturschutzverbänden überbewerten oft
kleine Teilerfolge im Kampf um den Artenschutz und ver-
fallen dann in Formulierungen, die Politiker glauben oder
zumindest zitieren lassen, der Zustand unserer Natur sei gar
nicht derart besorgniserregend. So beginnt etwa ein jüngst
vom NABU verfasstes Rundschreiben (vom 8. Februar 2015):
»Natur- und Artenschutz sind erfolgreich! Das ist die gute
Nachricht vorab. Dort, wo sie beharrlich durchgesetzt werden, feiern Kranich, Seeadler, Wanderfalke und andere besonders geschützte Arten aufsehenerregende Comebacks.
Auch Biber, Wildkatze und Fischarten (...) sind bei uns wieder heimisch geworden.« Und erst viel später im Text erfahren wir: »Über die Hälfte der geschützten Tier- und Pflanzenarten haben massive Überlebensprobleme (...).« Damit
wird der erste zitierte Satz ad absurdum geführt, denn Na-
tur- und Artenschutz sind eben nicht erfolgreich, zumindest
nicht ausreichend für eine derart generelle Aussage. Richtig
wäre gewesen: Obwohl über die Hälfte der geschützten Arten
nach wie vor Überlebensprobleme hat, zeichnen sich für einige Arten dank unserer Schutzbemühungen deutliche Erfolge ab, die zeigen, dass wir nicht nachlassen sollten.

Noch mal zurück zur Wissenschaft: Leider hat die sogenannte Grundlagenforschung im Hinblick auf den Erhalt
der Artenvielfalt weitgehend versagt. Dafür ist eine Reihe
von Kardinalfehlern verantwortlich. So sind trotz bitterer
oder schmerzlicher Erkenntnisse, die oft mit dem Rückgang
der eigenen Forschungssubjekte verbunden waren, viel zu
wenige Arbeiten auf die Ursachen des Verlustes an Biodiversität ausgerichtet worden. Einfach weiterzuforschen wie bisher schien wohl oftmals viel bequemer. Und wenn Ursachen
klar erkannt wurden, haben Wissenschaftler in aller Regel
zu wenig darauf gedrungen, dass ihre Erkenntnisse auch
umgesetzt wurden. Die Gründe dafür habe ich oben schon
genannt.

Dabei ist völlig klar: Anpacken muss es jetzt heißen – un-
verzüglich umsetzen, was wir seit langem zur Genüge wissen,
bei einem Minimum an weiterhin erforderlicher Grundlagenforschung. Und bitte weniger Positionspapiere und sogenannte Visionen für eine erweiterte Rolle im Naturschutz.

Wer als Naturfreund oder Naturwissenschaftler mit bio-
logischer Fachrichtung sich bis um 1990 herum nicht für
den Naturschutz eingesetzt hat, dem mag man zugutehal-
ten, dass ihm das Artensterben in aller Welt und vor unserer
Haustüre noch nicht recht bewusst war. Wer aber in den
letzten 25 Jahren untätig geblieben ist, wird sich schwertun,
plausible Entschuldigungen ins Feld zu führen. Nachdem
ein bestimmtes Ausmaß an katastrophaler Entwicklung erreicht ist, kann Weg- oder Darüberhinwegsehen nur noch als
vorgegebene Unwissenheit angesehen werden.

Das Grundübel für den Biodiversitätsverlust auf der Erde
ist natürlich die ungezügelte Massenvermehrung des Menschen. Deren Eindämmung durch Geburtenkontrolle ist
jedoch ein so heikles Thema, dass es nur selten direkt an-

gesprochen wird. Neuere Vorschläge dazu hat der Club of Rome gemacht, garniert mit Aussagen wie »Meine Tochter ist das gefährlichste Tier der Welt«.[105]

Katzen

Katzen – was für ein heikles Thema! Aber die heutige Katzenhaltung ist inzwischen für unsere Artenvielfalt dermaßen bedrohlich geworden, dass sie nicht unerwähnt bleiben darf.

Die Reihe von Ignoranten und Duckmäusern, die die verheerenden Auswirkungen von Katzen auf freilebende Tiere zwar kennen, aber lieber nicht ansprechen, zieht sich von den obersten Spitzen der Politik durch die meisten Natur-, Tier-, Umwelt- und Vogelschutzverbände hindurch. Angst vor verprellten Wählern, abspringenden Mitgliedern und Spendenverlusten legt Schlösser an die Mäuler. Auf eine bundesweit durchgeführte Umfrage zur Katzenproblematik von Heiko Urbanzyk erklärten sich unter anderem der NABU, der Bund Naturschutz Bayern und Euronatur »für nicht zuständig«;[106] man habe »aus Kapazitätsgründen andere Schwerpunkte«.[107] Aufgeschlossen zeigten sich hingegen Tierschutzorganisationen wie Peta, allerdings mit Fokus auf die Reduktion der Katzenüberpopulation zur Eindämmung der Leiden heimatloser Katzen.

Um eines klarzustellen: Auch domestizierte Hauskatzen sind für mich wie für zahllose andere Tierfreunde – wenn nicht durch Fehlzüchtung entartet oder durch falsche Haltung verunstaltet – wunderschöne, hochinteressante Tiere

und zudem oft ideale Partner für tierliebende Menschen. Bis
in die Zeit des Zweiten Weltkrieges hatten sie zudem bei uns
eine wichtige ökonomische Funktion: Sie mussten in den
überall ansässigen kleinbäuerlichen Betrieben in Haus und
Hof, vor allem auf den Heuböden und Getreidespeichern,
die Mäuseplage eindämmen. Mit dem Bauernsterben, der
Silagevorratshaltung und der Einrichtung zentraler Getrei-
desilos ist diese Aufgabe fast gänzlich verlorengegangen. Die
meisten heute bei uns gehaltenen Hauskatzen sind »Schmusetiger« und werden, wie die Mehrzahl der Hunde, Zwerg-
kaninchen, Goldhamster und andere beliebte Haustiere, rein
zum Pläsier gehalten.

Hunde haben sich im Laufe der Evolution eng an den
Menschen angeschlossen, leben gern mit der Familie im
Haus und lassen sich begeistert ausführen, was ihnen den
bezeichnenden Namen *Canis familiaris* eingebracht hat. Die
Hauskatze hingegen, *Felis domestica*, bewahrt zu ihren Hal-
tern weit mehr Distanz als Hunde, und da sie sich kaum ausführen lässt, gewährt man ihr oft Freigang. Und da beginnt
das Katzenproblem – und mit ihm kommen die sich mit allen Mitteln bekämpfenden Lager von Katzenliebhabern und
Katzenhassern. Dabei sollte es Letztere eigentlich gar nicht
geben. Hassen sollte man allenfalls, wenn überhaupt, unver-
antwortliche Katzenhalter.

Was hat es nun genau auf sich mit der immer mal wieder
(zuletzt 2013) auflebenden Diskussion über die enormen
Schäden, die Katzen anrichten sollen, die vehementen Aufrufe zu endlich notwendigen Maßnahmen und das meist
folgende Totschweigen durch alle Aufgerufenen aus Angst
vor Sympathieverlust? Zum Glück liegen heute so viele
gesicherte Daten aus Hunderten wissenschaftlichen Untersuchungen aus aller Welt vor (davon ausreichend viele aus

Deutschland), dass zweierlei gegeben ist: Zum einen lassen sich die Probleme, die Hauskatzen unserer Umwelt bereiten, inzwischen sachlich fundiert, ohne waghalsige Schätzungen und ohne jede Polemik darstellen; zum anderen sind die Untersuchungsergebnisse so umfangreich bis erdrückend, dass sie kein Katzenhalter mehr mit Sachargumenten entkräften kann.

Zu den Fakten: In Deutschland leben derzeit 8 bis 13 Millionen Hauskatzen, rund 2 Millionen davon als wild streunende, die sich überwiegend wie Wildkatzen in der freien Natur ernähren. Diese Hauskatzen, die in ähnlich hoher Dichte in den meisten europäischen Ländern und auch in den USA, Australien, Neuseeland und großen Teilen Afrikas vorkommen, werden von der Weltnaturschutz-Union zu den

Neben vielen Katzen, die gar keine Vögel fangen, gibt es zahlreiche, die viele Vögel im Jahr erbeuten.

»100 gefährlichsten nichtheimischen invasiven Arten« gezählt. Nach den Untersuchungen des Zürcher Tierschutzes
2014 sind sie »der häufigste Beutegreifer im Siedlungsraum«,
weit vor Fuchs, Elster oder Rabenkrähe. Klaus Hackländer
und weiteren Autoren zufolge sind sie »ein Hauptbeutegrei-
fer für unsere heimischen Vögel und Säuger«.[108] Und Olaf
Geiter hat mit seinen Mitstreitern[109] an der Universität Ros-
tock herausgefunden, dass Katzen »die absolute Bedrohung
der Singvögel im siedlungsnahen Bereich« sind.

Wenn jede Katze in unserem Lande nur einen einzigen
Vogel im Jahr finge, würde sich das bereits auf 8 Millionen
summieren. Das allein wären fünf Prozent der vom *Atlas
Deutscher Brutvogelarten* postulierten Brutvögel in unserem
Lande. Neben vielen Katzen, die gar keine Vögel fangen (sei
es aus Mangel an Freigang, aus Trägheit oder mangels Gelegenheit), gibt es zahlreiche, die viele Vögel im Jahr erbeuten.
Zieht man das alles in Betracht, ergeben vorsichtige Hochrechnungen für unser Land einen Verlust von mindestens
rund 30 Millionen Vögel pro Jahr durch Katzen![110]

In Großbritannien summieren sich die erbeuteten Vögel
bei einer entsprechenden Größenordnung von Katzen (8 bis
9 Millionen) auf einen ganz ähnlichen Wert, nämlich 27 Millionen.[111]

Diese Katzenbeuteopfer in unserem Land entsprechen der
Gesamtzahl aller jährlich im Mittelmeerraum einschließlich
Ägypten illegal getöteter Vögel (höchster Schätzwert 37 Millionen, niedrigster 13), die BirdLife International 2015 ermittelt hat, oder übertreffen sie sogar.[112] Wo bleibt der Aufschrei etwa vom Komitee gegen den Vogelmord, das wegen
der Vogeljagd in Italien sogar schon dessen Boykott als
Urlaubsland gefordert hatte? Aber bei den Katzen herrscht
Stillschweigen.

Aber mit den Unmengen getöteter Vögel durch Katzen (in den USA schätzt man gegen zehn Prozent der Gesamtpopulation, in Neuseeland bis zur Ausrottung lokaler Populationen) ist das Katzenproblem noch lange nicht erschöpft. Weit mehr noch als Vögel werden Kleinsäuger getötet. Sie können gar bis zu 70 Prozent der Beutelisten ausmachen. Opfer sind neben (teilweise lästigen) Mäusen vor allem Spitzmäuse, Mauswiesel, kleine Igel und Fledermäuse. Wie bei den Vögeln, wo Katzen bis zur Fasanengröße jagen, fallen auch bei den Säugern durchaus große Tiere wie Junghasen oder junge Marder ins Beuteschema. Ebenso werden Frösche und Kröten getötet und Reptilien (wie Blindschleichen und Zauneidechsen, deren meist kleine lokal sesshafte Populationen nicht selten durch Katzen völlig ausgelöscht werden). Die Opferliste setzt sich fort bei größeren Insekten wie Heuschrecken, Laufkäfern oder Schmetterlingen, die Katzen oft zum »Spielen« anregen und die dann meist verletzt auf der Strecke bleiben.

Neben dem Töten vieler Tiere verursachen Katzen große Schäden durch Bedrohung. Sorgfältige Studien an Amseln zeigen, dass die reine Anwesenheit von Katzen die Altvögel vom Füttern der Jungen abhält, wodurch das Wachstum der Nestlinge so stark reduziert werden kann, dass der Bruterfolg sinkt.[113]

Gefahr droht auch durch die im Katzenkot enthaltenen protozooischen Parasiten, die Toxoplasmose verursachen können. Hierdurch können sich andere Tiere und Menschen infizieren. Für manche Wirbeltiere ist Toxoplasmose tödlich.

Noch einige wichtige Aspekte sind klarzustellen: Viele Katzenhalter versuchen, ihre Katze(n) »schönzureden«, und bemühen dazu zahlreiche absurde, aber auch durchaus – zumindest auf den ersten Blick – plausible Argumente. Häufig hört man zum Beispiel: Was heute die Hauskatze ist, sei früher die Wildkatze gewesen, und so habe sich am Einfluss von Katzen auf unser Ökosystem fast nichts geändert. Das ist allerdings völlig falsch. Die heute selten gewordene Wildkatze ist eine ganz andere Form und nur eine weitläufige Verwandte der Falbkatze, von der unsere Hauskatze abstammt; sie lebt bei uns als Waldbewohner (»Waldkatze«). Unter dem harten Konkurrenzdruck durch Fuchs, Wolf, Luchs, Braunbär und anderen trat sie nie übermäßig häufig auf. Ihre Population umfasst in Deutschland derzeit gerade mal etwa 6000 Individuen, und sie hat zu keiner Zeit auch nur annähernd Dichten erreicht wie unsere heutige Hauskatze.

Weit verbreitet ist auch die Meinung, das Hauptproblem seien die in freier Natur streunenden Katzen, nicht die in geordneten Verhältnissen lebenden Freigänger, die ja lediglich hin und wieder eine unvorsichtige Amsel oder einen dummen Spatz erbeuten, der nur etwas höher im Gebüsch hätte nisten müssen (wo ihn der Eichelhäher übrigens sicher gefunden hätte). Auch das ist falsch. Streunende Katzen, die von ihrem Fang leben müssen, konzentrieren sich auf sicher zu erreichende Beute, und das sind ganz überwiegend Mäuse (typisch dafür ist die in der Feldflur geduldig ansitzende Katze).[114]

Freigänger im Siedlungsbereich hingegen, die wohlgenährt vom heimischen Futternapf kommen, können sich bei der Jagd allem widmen, was da kreucht und fleucht. Die Beutelisten erfolgreicher Könner unter den Freigängern belaufen sich auf über 1000 getötete Wildtiere pro Jahr,[115] was ja mit etwa drei Tieren pro Tag schon erreicht wird. Solche »erfolgreichen« Katzen gibt es in nahezu jedem Wohnviertel mit Gartenland, und sie sind es, die in einem der sensibelsten Grünbereiche unserer Landschaft, in der es noch eine hohe restliche Artenvielfalt gibt, der freilebenden Tierwelt mit die größten Schäden zufügen. Die Beutelisten umfassen Hunderte von Arten, darunter selbst größte Seltenheiten wie Raubwürger, Steinschmätzer, Klappergrasmücke, Hirschkäfer und Schwalbenschwanz.

Deshalb schrieb der amerikanische Verhaltensforscher Michael W. Fox schon 1976: »Ökologisch gesehen, ist es heutzutage fast immer geradezu ein Verbrechen, eine Katze hinauszulassen, damit sie Vögel und andere freilebende Tiere tötet. Hunde- und Katzenbesitzer haben auch eine soziale Verpflichtung, ihre Tiere am Herumstreunen zu hindern.«[116] Da es an dieser Verpflichtung nach wie vor gewaltig hapert, werde ich später zeigen, was jedermann gegen das leidige Katzenproblem tun kann.

Gegenmaßnahmen:
halbherzig und bislang erfolglos

Nachdem Naumann bereits 1849 den Artenrückgang bei Vögeln in Deutschland deutlich beschrieben hatte, blieb man nicht untätig. Vogelfänger und -jäger, die von erbeuteten Vögeln lebten, wurden bei der Obrigkeit ebenso vorstellig wie Idealisten und Naturfreunde, die, alarmiert durch den Rückgang von Vögeln und anderen Arten, aus unterschiedlichsten Gründen begannen, sich Sorgen um die Natur zu machen. So kam in Deutschland schon Anfang des 19. Jahrhunderts eine Vogelschutzbewegung in Gang,[117] die unter anderem bald den Nistkasten als Vogelschutzgerät ins Leben rief[118].

Mitte des 19. Jahrhunderts entwickelte sich dann die Zufütterung wildlebender Vögel.[119] Bereits 1888 wurde in Deutschland das »Reichsgesetz zum Schutze von Vögeln« erlassen. Es blieb jedoch weitgehend wirkungslos. Da man sich nicht nur um Vögel sorgte, kam zu dieser Zeit der Begriff »Naturschutz« auf, der danach immer mehr von sich reden machte.

Würden hier alle Gesetze, Verordnungen, Richtlinien, Übereinkünfte, Konventionen und Maßnahmen aufgelistet, die inzwischen für den Naturschutz in Deutschland getroffen, erlassen und beschlossen worden sind, wäre das Buch im Nu voll und jeder Leser frustriert. So sollen hier nur ein paar wenige, besonders auch für Vögel wichtige Weichenstellungen aufgeführt werden, die die Hauptstoßrichtungen erkennen lassen.

1899 wurde der erste private Naturschutzverband gegründet, der Deutsche Bund für Vogelschutz (DBV, heute NABU – Naturschutzbund Deutschland). Das war aus heutiger Sicht eine erste Protestbewegung, initiiert von einer emanzipierten Frau, Lina Hähnle aus Stuttgart. Sie war eine selbstbewusste Anwältin der bereits merklich geschädigten Vogelwelt. 1901 wurde die erste Vogelwarte in Rossitten, heute Radolfzell, gegründet und mit einem weitreichenden Vogelschutzprogramm ausgestattet. 1906 richtete man eine staatliche Stelle für Naturdenkmalpflege ein, und 1935 wurde das Reichsnaturschutzgesetz erlassen, mit Ausweisung von Naturschutzgebieten. 1976 folgte das Bundesnaturschutzgesetz, 1979 die EU-Vogelschutzrichtlinie. 1992 erließ man die EU-Fauna-Flora-Habitat-(FFH-)Richtlinie zur Erhaltung der natürlichen Lebensräume sowie der wildlebenden Tiere und Pflanzen. Zudem wurde eine Biodiversitäts-Konvention verabschiedet, ein Übereinkommen über die biologische Vielfalt als Ergebnis der Rio-Konferenz, die auch von Deutschland unterzeichnet wurde. Ein Jahr später wurde »Natura 2000« ins Leben gerufen, ein kohärentes Netz von Schutzgebieten, das nach den Maßgaben einer EWG-Richtlinie errichtet wird. 2002 wurde ein Nachhaltigkeitsindikator für Artenvielfalt mit Zielwerten für 2015 erstellt, und 2010 war das Internationale Jahr der Biodiversität mit einer Vielzahl hochgesteckter Ziele.

Wer sich für die Fülle von internationalen Konventionen, vor allem auch für Zugvögel und wandernde Tierarten allgemein interessiert, dem sei das Kapitel »Schutzmaßnahmen« in meinem Buch *Vogelzug* empfohlen. An dieser Stelle können wir uns weitere Auflistungen und Erörterungen sparen, denn erstaunlicherweise war bisher keine der Hunderten von Maßnahmen wirklich erfolgreich. Der untrügliche Beweis dafür ist, dass die Roten Listen gefährdeter Arten bisher nicht nur für die Welt, sondern auch für Europa und ebenso für Deutschland jedes Jahr ein Stück länger geworden sind. In keinem Land ist es bisher gelungen, den Artenrückgang bei vielen oder gar den meisten Arten zu stoppen, geschweige denn umzukehren in einen Wiederanstieg der Individuenzahl. Lediglich bei wenigen Arten lassen sich gegenwärtig Zunahmen erkennen, die nachweislich auf gezielte Naturschutzmaßnahmen zurückzuführen sind. Bei Vögeln liegen solche Erfolge nur für wenige Prozent unserer Arten vor (darunter Seeadler, Wanderfalke und Schwarzstorch, unter den Säugetieren vor allem Biber, Luchs und Wolf).[120]

Forscht man nach Ursachen für die Erfolgsarmut all der Naturschutzmaßnahmen, die in unserem Land nun immerhin schon seit 200 Jahren betrieben werden, fällt besonders auf, dass der Naturschutz so gut wie nie vorausschauend und präventiv betrieben worden ist. Fast immer funktioniert er nach dem Feuerwehrprinzip: löschen, wenn's irgendwo brennt, und dann versuchen zu retten, was zu retten ist. Übertragen heißt das: Die Naturschutzbemühungen sind fast immer erst dann in Gang gekommen, wenn Arten oder Lebensräume bereits deutlich oder stark, also jedenfalls gut erkennbar vom Rückgang betroffen waren. Oft wird dann zunächst nach Forschungsergebnissen verlangt, die erkennen lassen sollen, was genau zu tun sei. Bis dann abgeleitete Maßnahmen wirklich wirksam werden können, ist es oft schon zu spät für hilfreichen Schutz. Zudem werden häufig die klar als notwendig erkannten Maßnahmen wider alle Vernunft nur in abgeschwächter Form angewandt in der Hoffnung, sie könnten vielleicht auch so, ohne »schmerzliche Anstrengungen«, Wirkung zeigen.

Dieses eklatante Fehlverhalten eigentlich aller im Naturschutz Tätigen – sowohl der vielen staatlichen Behörden als auch der zahlreichen privaten Naturschutzverbände – ist, wie uns vor allem Konrad Lorenz klargemacht hat, in einem Manko des menschlichen Verhaltens begründet. Wir haben nämlich in der Evolution – zumindest bisher – nicht wirklich die Fähigkeit erworben, sinnvoll vorausschauend in die Zukunft zu planen, selbst da nicht, wo es um den Fortbestand unserer eigenen Art geht.

Bis vor wenigen Generationen war das auch gar nicht nötig. Bei einer Lebenserwartung von rund 30 Jahren war es für einen Familienvater vor, sagen wir: 5000 Jahren, wichtig, Sorge dafür zu tragen, dass seine Sippe weder vom Höhlenbären gefressen noch von einer feindlichen Horde erschlagen wurde und dass sie gut über den nächsten Winter kam; er musste sich keine Gedanken darüber machen, ob seine Kinder und Enkel noch mit vielen oder wenigen Arten von Vögeln, Fischen und Insekten zusammenleben und wie er das eventuell steuern könnte. Bis auf den Höhlenbären war die Situation selbst vor 200 Jahren noch ganz ähnlich. Die Natur mit all ihrer Vielfalt galt als verlässliche Größe, als Werk eines Schöpfers, der zwar gewisse Turbulenzen zuließ, aber im Wesentlichen eine harmonische spendable Umwelt für uns geschaffen hatte. Die konnte bisweilen beträchtliche Mühsal, Leid und Elend mit sich bringen, doch letztendlich schienen wir in deren Mitte dauerhaft geborgen, zumal die immer wieder angedachte Sintflut eher ein Schreckgespenst darstellte, das für den normalen Durchschnittsbürger in ihrem Erscheinen – wenn überhaupt – in unendlicher Ferne lag.

In dieser harmonischen Naturgeborgenheit konnte der *Homo sapiens*, selbst als er sich als *Homo horribilis* allmählich zum Raubbau sämtlicher Ressourcen verstiegen hatte, natürlich keine Fähigkeiten für langfristige Zukunftsgestaltung entwickeln. Es gab ja bis vor 200 Jahren gar keinen entsprechenden Selektionsdruck dafür, und von unseren vormenschlichen Vorfahren konnten wir solche Fähigkeiten schon gar nicht erben. Und die Entwicklung derartiger Planungssicherheit war in einer Handvoll von Generationen, die wir seit 1800 durchlaufen haben, nicht nachzuholen.

Somit sind wir zurzeit dabei, uns aufgrund zahlloser Fehlleistungen verschiedenster Art im wahrsten Sinne des Wortes den Boden unter unseren Füßen zu zerstören, auf dem unsere Nachkommen in Bälde stehen und Nahrungspflanzen anbauen sollen. Wir graben das Wasser ab und vergiften die Brunnen, die demnächst die Menschheit versorgen sollten; wir sägen die Äste ab, auf denen wir vielleicht nicht gerade selbst sitzen, aber von deren Holz, Blättern und Früchten kommende Generationen leben sollten. Damit entwickelt sich das einst hochgepriesene Ebenbild Gottes rasch zu einem *Homo suicidalis*, mit zunehmend irrationalen Handlungen, vor allem auch im Naturschutz.

Geradezu kindlich hilflos wirken unsere Anstrengungen selbst bei relativ einfachen, kurzfristigen Planungen für die Zukunft. Das zeigt sich praktisch überall, wo gesellschaftliche Zwänge sie uns abverlangen. Als beispielsweise nach dem letzten Weltkrieg wieder geburtenstärkere Jahrgänge heranwuchsen, wurde erst spät erkannt, dass wir mehr Lehrer brauchen, um die vielen Kinder unterrichten zu können. Händeringend wurden neue Lehrer gesucht, ausgediente wieder eingestellt und zahlreiche neue Pädagogische Hochschulen eingerichtet. Dies wurde so lange betrieben, bis sich zeigte, dass eine Lehrerschwemme drohte. Also wurden mit Junglehrern möglichst nur noch Zeitverträge abgeschlossen, dann folgte die Schließung von Hochschulen nach nur kurzer Wirkungszeit – und der Kreislauf nahm seinen Lauf. Selbst unsere noch so subtilen Volkszählungen, Prognosen der Bevölkerungsentwicklung und Datensammlungen in verschiedensten Behörden hatten nicht einmal für Spezialisten ausgereicht, die relativ simple Problematik zu beherrschen: Wie viele Lehrer brauchen wir für wie viele Schüler in welchem Jahr, wie viele haben wir schon, wie viele benötigen wir deshalb zusätzlich oder auch nicht?

Diese verblüffende, oft auch erschreckende Unfähigkeit selbst für kurzfristige Planungen und für unsere ureigensten Belange zeigt sich fast überall, wo wir hinschauen. Sie tritt beispielsweise bei der Verteilung von Arbeit und der Steuerung von Arbeitslosigkeit auf, beim Gesundheitswesen (etwa bezuglich der Anzahl benötigter Ärzte und deren sinnvoller Verteilung auf Stadt und Land), bei der Altersvorsorge und der Bereitstellung von Pflegeeinrichtungen und jüngst natürlich beim Umgang mit den Flüchtlingsproblemen – die übrigens ebenso wenig über uns hereingebrochen sind wie der Rückgang der Biodiversität, sondern schon lange von Konrad Lorenz und vielen anderen als höchstwahrscheinlich angekündigt waren.

So nimmt es natürlich nicht wunder, dass gerade auch im Bereich Naturschutz mit seinen sehr komplexen Beziehungen zwischen Tieren, Pflanzen und ihrer vielgestaltigen Umwelt oftmals Zukunftsplanungen zustande kommen, die irgendwo im Bereich von grotesk, lächerlich, himmelschreiend oder gar furchterregend anzusiedeln sind. Dazu ein Beispiel aus Deutschland, kürzlich vorgelegt von oberster Instanz.

Im Rahmen der oben genannten Biodiversitäts-Konvention
von 1992 wurde beschlossen, den Rückgang der Arten deutlich zu senken. Dafür ist in Deutschland nach Beschluss
der Bundesregierung 2002 für nachhaltige Entwicklung
eine »nationale Biodiversitätsstrategie« entwickelt worden.
Für einzelne Lebensräume, zum Beispiel das »Agrarland«,
wurden zehn bestimmte Vogelarten als »Teilindikator« ausgewählt, andere Arten wiederum für den Lebensraum »Wald«
und so weiter. Für diese Arten wurden Bestandsgrößen aus
den Jahren 1970 und 1975 als Richtwerte verwendet, die den
angestrebten »Zielwert« für 2015 vorgaben. Der jüngst veröffentlichte Artenschutzreport des BfN (2015) zeigt den letzten Stand dazu und erläutert im Text: »Dieser Teilindikator
(...) hatte im Zeitraum 2001–2011 einen statistisch signifikan-
ten negativen Trend und lag im Jahr 2011 bei nur 56 % des
Zielwertes. Er zeigt damit eine abnehmende Qualität.«[121]
    In einfacheren Worten: Die Vogelwelt unserer Agrarland-
schaft befindet sich weiter im Sinkflug, und der für 2015 an-
gesetzte Zielwert war hoffnungsloses Wunschdenken, vielleicht aber auch Volksverdummung, denn es wurde bei der
Ankündigung der nationalen Strategie überhaupt nicht gesagt, wie der Zielwert denn je erzielt werden sollte. Ihn »mit
den derzeit praktizierten Maßnahmen erreichen zu wollen
ist etwa so aussichtsreich, wie bis dahin die Rückseite des
Mondes zu beleuchten – utopisch und erschreckend naiv«,
schrieb ich dazu in einem 2012 veröffentlichten Beitrag.[122]
Anstelle dieser völlig aussichtslosen Strategie hätte man
ebenso gut Votivtafeln stecken können mit der Bitte »Die
Natur ist in Not – Maria hilf«.
    Theoretisch wäre es wahrscheinlich sogar möglich gewe-
sen, die gesetzten Zielwerte zu erreichen, allerdings nur bei
rigoroser Reökologisierung vieler Bereiche der Landwirt-

schaft, was aber derzeit allenfalls auf kleinen Teilflächen möglich ist. Beispiele dafür sind die Ackerrandstreifen, die Lerchenfenster oder Aktionen wie »Land zum Leben« für den Rotmilan (auf der Basis von Empfehlungen, die groteskerweise alle zusammen bundesweit weniger als 0,5 Prozent der Ackerfläche betreffen).[123] Und noch eines ist anzumerken: Als Ausgangsbasis für die nationale Strategie die Bestandsgrößen von 1970 bis 1975 zu wählen bedeutete ohnehin schon einen kümmerlichen Ansatz, denn zu dieser Zeit waren die Bestände gerade der Offenlandbewohner bereits weit heruntergewirtschaftet. Man hätte also eigentlich Bestandswerte von, sagen wir, 1950 ansetzen sollen – aber dann wären die Zielwerte von vornherein als blanke Hybris entlarvt worden.

Nachdem selbst die niedrig gesteckten Zielwerte für den Artenerhalt kläglich gescheitert und die Istwerte weiter abgesunken waren, wurden weitere Strategien entwickelt. Das BMUB hat 2015 die »Naturschutz-Offensive 2020« gestartet mit zehn Wandlungsfeldern wie »Äcker und Wiesen«, »Auen« und so weiter. Wie alle EU-Staaten hat sich auch Deutschland in der »Biodiversitätsstrategie verpflichtet«, bis zum Jahr 2020 den Verlust an Artenvielfalt zu stoppen.[124] Sie war das Hauptthema der europäischen Naturschutzkonferenz »Green Week« im Juni 2015 in Brüssel. Auch für diese neuerlichen Aktivitäten sind nicht einmal Ansätze einer wirksamen Abhilfe zu erkennen. Es ist lediglich hilfloses Gestrampel. Zwei aktuelle Prüfberichte für die im Rahmen von »Natura 2000« eingerichteten Vogelschutzgebiete in Rheinland-Pfalz und Baden-Württemberg (in Letzterem 396 000 Hektar, 11 Prozent der Landesfläche) zeugen davon, denn sie zeigen entgegen der Zielstellung »überwiegend negative Entwicklungen, Beeinträchtigungen und Habitatzerstörungen«

auf, zudem seien geschützte Bestände inzwischen »sogar erloschen«.[125]

Für viele Naturfreunde ist bis heute nicht recht klargeworden, warum eigentlich eine Maßnahme nicht mehr dazu beigetragen hat, unsere Artenvielfalt nachhaltig zu stabilisieren, nämlich die Einrichtung von vielen und immer mehr Naturschutzgebieten. Immerhin beträgt ihre Anzahl in Deutschland inzwischen über 9000 und macht knapp vier Prozent der Bundesfläche aus. Eine heute immer noch oder sogar weit mehr als damals zutreffende Antwort haben bereits Wolfgang Erz (1981) und Knut Haarmann (1985) gegeben (beide seinerzeit an der Bundesforschungsanstalt für Naturschutz und Landschaftsökologie tätig, von der nach Abbaumaßnahmen lediglich das heutige BfN übrig geblieben ist): Die Gebiete sind meistens zu klein, beherbergen nicht ausreichend große, überlebensfähige Populationen, liegen zu weit auseinander, um Vernetzungseffekte zu ermöglichen, besitzen nur Teilschutz und erlauben zu viele menschliche Aktivitäten, die die Schutzziele untergraben. Außerdem sind unter anderem auch Überwachung und Pflege oft unzureichend, so dass sich mit der Unterschutzstellung der Gebietszustand laufend verschlechtert. Haarmann schließt daher seinen Bericht mit dem Satz: »Man fragt sich, ob mit heutigen Mitteln überhaupt ein befriedigender Schutz gefährdeter Naturlandschaften und Organismen erreichbar ist.«[126]

Heute, immerhin 30 Jahre später, lautet die klare Antwort: Nein! Mit den bisher in Deutschland halbherzig praktizierten Maßnahmen ließ und lässt sich unsere Artenvielfalt nicht retten. Sie stellen schlicht eine nationale Strategie in die Artenarmut dar. Um in den Naturschutzgebieten all die Juwelen unserer Artenvielfalt sicher erhalten zu können, wäre es erforderlich gewesen, für diese so überaus wertvollen

Gebiete durchweg hauptamtliche fachkundige Betreuer anzustellen, wie es für Museen und Staatssammlungen ganz selbstverständlich ist. Unsere Kulturnation hätte sich das leisten können. Heute ist es für viele dieser Gebiete längst zu spät dafür. Zum Glück zeichnet sich, wenn auch sozusagen in letzter Minute, noch ein möglicher Weg aus der Misere ab. Zu diesem kommen wir später.

Brauchen wir überhaupt
Artenvielfalt?

In Bälde werden mehr als sieben Milliarden Menschen die Erde bewohnen, ohne die Aussicht darauf, dass es gelingen könnte, eine weitere Bevölkerungsexplosion zu stoppen, noch die Ernährung der anwachsenden Menschenmassen ausreichend zu sichern. Im Gegenteil, viele unserer Ressourcen – allen voran die verbleibende landwirtschaftliche Nutzfläche[127] nehmen rapide ab, und angesichts dieser zunehmenden Verknappungen muss man natürlich fragen: Können wir uns angesichts der Menschenschwemme, mit der wir die Erde überfluten, überhaupt noch Artenvielfalt, also vielerlei wildlebende Tiere und Pflanzen neben uns leisten? Brauchen wir sie denn überhaupt? Sind außer unseren Nutzpflanzen und Nutztieren weitere Arten nötig, oder sind sie auf lange Sicht nicht nur lästige Mitesser, Konkurrenten, also letztlich Schädlinge und damit Luxus?

In einer ganzen Reihe von extrem intensiv genutzten Gebieten der Erde wie vor allem Teilen der USA, Chinas, aber auch Mitteleuropas steuern Agrartechnokraten seit längerem ganz einfache, reduzierte Ökosysteme an, etwa Mensch-Weizen-Mais-Schwein-Rind und etwas Gemüse und

Obst oder Mensch-Reis-Geflügel-Süßwasserfische und wenige weitere Produkte. Auf diesen Produktionsflächen und im Umland dieser Ökonomiezentren ist die ursprüngliche Artenvielfalt längst am Sinken und geht bald gegen null. Könnten solche reduzierten Ökosysteme also die Lösung sein, um künftig sogar 10, 15 Milliarden Menschen auf der Erde durchzubringen?

Die Antwort ist ein klares Nein. Ernährungswissenschaftler betrachten die Versorgung der Weltbevölkerung mit Lebensmitteln bereits ab etwa 2050 als kritisch, bedingt durch Umweltschäden, Klimawandel und die Zunahme von Krankheiten bei Nutzpflanzen und Nutztieren.[128] Um etwa den Lebensstandard der Europäer mit nachhaltiger Landwirtschaft zu halten, müssten wir nach Maßgabe der Bioökonomie heute schon etwa die fünffache Fläche zur Verfügung haben und damit für die gesamte Weltbevölkerung mehrere Erden. Längst zeichnet sich ab, dass derartige Miniökosysteme gegenwärtig nur mit einem enormen Aufwand an Schädlingsbekämpfungsmitteln oder mit riskanten gentechnischen Manipulationen einigermaßen funktionsfähig sind und auf Dauer mit Sicherheit nicht stabil gehalten werden können. Die Geflügelpest (Vogelgrippe), ein gegenüber Bioziden resistenter Maiswurzelbohrer oder auch eine Art von Getreide- oder Reis-»Aids« können jederzeit schlagartig ein lebensnotwendiges Glied aus der kurzen Ökosystem-Kette herausbrechen und damit umgehend Millionen Menschen dahinraffen.

Die Geschichte lehrt uns das bereits: Als in Irland 1845 ein Pilz lebenswichtige Kartoffelsorten vernichtete, auf die man sich aus ökonomischen Gründen konzentriert hatte, starben über eine Million Einwohner an Hunger. Als die chinesische Führung um Mao Zedong 1958 in der sogenannten

»Spatzenkampagne« zwei Milliarden Vögel umbringen ließ, um Missernten zu beseitigen, kam es zu Schädlingsplagen, vor allem durch Heuschrecken, die schließlich zur größten Hungersnot in der Geschichte der Menschheit führten. Rund 45 Millionen Chinesen fielen ihr zum Opfer. Und bei uns vergeht praktisch kein Jahr, in dem nicht neu auftauchende Schädlinge vor allem Monokulturen bedrohen. In letzter Zeit gefährdet Feuerbrand den Obstanbau, Pilze die Eschenwälder, Obstessigfliegen Kirschen und Wein, die Walnussfruchtfliege Walnüsse, der Buchsbaumzünsler den Buchs, Kermes-Schildläuse die Eichen, der Weichholz-Bockkäfer viele Baumarten. Die Liste ließe sich leicht fortsetzen.

Bei für das Ökosystem wichtigen Tierarten und selbst bei Haustieren sieht es nicht besser aus, wie die Kalamitäten der letzten Zeit zeigen. Das eingeschleppte Usutu-Virus verursachte großräumiges Amselsterben, der »Salamanderfresser«-Pilz dezimiert Amphibien, und bei Wiederkäuern bedrohen das Schmallenberg-Virus und die Blauzungenkrankheit unsere Haustierbestände. Um wenigstens zu versuchen, künftig Katastrophen weit größeren Ausmaßes zu verhindern, brauchen wir Artenvielfalt – und zwar je mehr, desto besser. Je reichhaltiger wir sie erhalten, desto höher ist die Überlebensversicherung für uns und die kommenden Generationen.

Zum Glück lässt sich das nicht nur als simple logische Konsequenz aus allem ableiten, was wir im Laufe der Zeit aus dem Studium von Ökosystemen gelernt haben, sondern inzwischen liegen vor allem überzeugende Forschungsergebnisse aus vielen Untersuchungen vor. Daraus resultiert, dass eine reichhaltige Artenvielfalt für uns aus vielen eng miteinander verbundenen Gründen überlebensnotwendig ist. Die wichtigste Studie dazu läuft am Max-Planck-Institut für Biogeochemie in Jena[129]. Diese befasst sich seit 2003 mit dem »Ökosystem Wiese«: Auf 16 Hektar Fläche und 480 Versuchsquadraten werden 64 typische Wiesenpflanzenarten in Monokulturen sowie in Kombinationen von 2, 4, 8, 16, 32 und allen 64 Arten untersucht. Ein absolut verblüffendes Ergebnis ist, dass mit steigender Diversität auch ganz ohne Dünger die Biomasse pro Flächeneinheit zunimmt. Die gesteigerte Produktivität – je mehr Arten, desto höher der Ertrag – beruht auf einer ganzen Wirkungskette: Mit zunehmender Artenzahl speichert der Boden vermehrt Kohlen- und Stickstoff, da artenreichere Wiesen die genetische Vielfalt und Produktivität der mikrobiellen Bodenorganismengesellschaft steigern.

Je vielfältiger zudem der Mix aus hohen und niedrigen, breiten und schmalen Stängeln, Blättern und Blüten ist, desto besser werden alle Ressourcen genutzt – also etwa Sonne, Nahrung, Feuchtigkeit. Entsprechendes gilt unter der Erde für die Wurzeln. Ein hochwillkommener Nebeneffekt ist, dass in artenreichen Wiesen die reichhaltigeren Mikroben vermehrt anfallende Schadstoffe abbauen. Das ist essentiell für sauberes Grundwasser.

Enorm sind auch die Unterschiede in Bezug auf Stabilität und Widerstandskraft. Je artenreicher, desto geringer wirken sich negative Einflüsse wie Mäuseplage, Befall durch pflanzliche und tierische »Schädlinge«, aber auch Trockenheit aus. Ein Desaster bereiten Monokulturen. Die meisten davon gehen an Schädlingen ein – »selbst das sonst unverwüstliche Gänseblümchen«, wie es in der Studie heißt. Ohne Abstandhalter durch andere Arten wird eine Pflanze nach der anderen wie beim »Grippe-im Kindergarten-Phänomen« von einem Pilz befallen und stirbt schließlich.[130]

Neben erhöhter Produktivität, Widerstandskraft und Sta-

bilität gibt es einen weiteren überaus wichtigen Effekt: Je artenreicher die Wiese, desto reichhaltiger ist nicht nur das mit
ihr verzahnte Ökosystem der Bodenorganismen, sondern
auch der Insektenreichtum in Form von Blattläusen, Käfern,
Heuschrecken und Schmetterlingen, an die sich wiederum
Vögel, Säugetiere und so fort anschließen. Das Forscherteam
am Max-Planck-Institut um Ernst-Detlef Schulze folgert
daraus, dass jede Art eine bedeutende Stellung innehat und
damit eine Existenzberechtigung. So heißt es in der oben
genannten Studie, »keine einzige ist verzichtbar«, und: »Ein
großer Artenpool sichert das Überleben der Pflanzengemein-
schaft. Und damit auch das unsere.«[131]

Was für Wiesen gilt, trifft ebenso für Wälder, Tundren,
Steppen und Algengesellschaften der Ozeane zu. Neben den
Pflanzen gilt dies weiterhin für alle Lebensgemeinschaften
von tierischen Organismen und für die von uns bewirtschaf-
teten Flächen im Hinblick auf Mischkulturen und Sorten-
reichtum.

Um bei den Pflanzen zu bleiben: Bis heute werden etwa
20 Prozent aller Farn- und Blütenpflanzen zu Heilzwecken
genutzt. Dabei ist das Potential höchstens ansatzweise er-
forscht.[132] Und ein Blick auf die inzwischen rapide dahin-
sterbenden Insekten zeigt: Weltweit geht der Ertrag von etwa
drei Viertel unserer Nahrungspflanzen mehr oder weniger
auf die Bestäubung durch Tiere zurück, überwiegend Insekten,[133] und 2005 hatte beispielsweise die von bestäubenden
Insekten abhängige Agrarproduktion weltweit einen Schätzwert von etwa 150 Milliarden Euro.[134] Den Wert aller durch
die Bestäubungen von Bienen, Schmetterlingen, Fledermäu-
sen und Vögeln erzielter und von uns genutzter pflanzlicher
Produkte schätzt der Weltrat für biologische Vielfalt (IPBES,
gegründet 2012) auf jährlich bis zu 577 Milliarden Dollar.

Leider stellt er auch fest, dass inzwischen rund 40 Prozent der wirbellosen Bestäuber und knapp 20 Prozent der Wirbeltierbestäuber vom Aussterben bedroht sind. Dabei käme es auf den Erhalt möglichst vieler – oder besser noch aller – Arten an. Besonders Studien an Wildbienen, die weltweit mit 20000, in Deutschland mit rund 600 Arten vertreten sind, zeigen, dass viele Arten wie in einem Schlüssel-Schloss-Verhältnis zu bestimmten Pflanzenarten stehen. Das ist wohl ein ubiquitäres Phänomen vieler Glieder in allen Ökosystemen unserer Erde, und es bedeutet, dass jede verlorengegangene Art eine Lücke in ihrer Lebensgemeinschaft hinterlässt. Was für Insekten und Bestäubung gilt, trifft zum Beispiel für Vögel zu in Bezug auf die Verbreitung von Samen und damit die natürliche Ansiedlung von Bäumen und beerentragenden Sträuchern in unseren Breiten ebenso wie in den tropischen Regenwäldern.

Es besteht wenig Zweifel daran, dass wir wahrscheinlich mit jeder Tier- und Pflanzenart, die wir ausrotten, auf die eine oder andere Weise auch die Qualität unserer menschlichen Umwelt beeinträchtigen. Zumindest aber verspielen wir Chancen, die eine künftige, vielleicht lebensnotwendige Nutzung für uns gehabt haben könnte, oder auch auf eine künftige Evolution, die nur eine ganz bestimmte Art hätte in Gang bringen können. So gesehen, ist jede verlorene Art eine zu viel, und ganz sicher ist unsere Überlebensversicherung umso verlässlicher, je mehr Artenvielfalt wir auf der Erde noch rechtzeitig sichern können.

Sosehr die oben genannten Wertschätzungen mit ihren Milliardensummen bestechen oder auch erschrecken mögen, eigentlich sind sie sinnlos. Beispielsweise könnten wir beim Wegfall der meisten Bestäuber vor dem Verhungern lediglich konstatieren, dass sie eigentlich von unschätzbar hohem Wert waren. Das gilt erst recht etwa für Versuche, zu berechnen, wie viel zum Beispiel ein Blaukehlchen wert sein könnte. Hatte Frederic Vester 1983 in seinem Buch *Der Wert eines Vogels* dafür noch etwa 300 DM veranschlagt, kommt man heute eher auf einen Betrag von gut 26 000 Euro.[135] Derartige »Inwertsetzung von Naturkapital« zum Beispiel mit »TEEB-Deutschland« (The economics of ecosystems and biodiversity) als Teil der Biodiversitätsstrategie der EU wirkt weit mehr wie eine Zahlenspielerei denn wie eine sinnvolle Maßnahme zur Rettung unserer bedrohten Artenvielfalt.

Wir wissen seit den überaus sorgfältigen Untersuchungen von Christel Mols und weiteren Biologen,[136] dass schon drei Kohlmeisen-Brutpaare mit ihren Bruten auf einem Hektar ökologisch betriebener Apfelbaumanlage 23 bis 49 Prozent der »Schädlings«-Raupen vertilgen können; daher bedarf es eigentlich keiner Inwertsetzung. Vielmehr müssen wir vor allem dafür zu sorgen, dass möglichst überall im Apfel- (und sonstigem Obst-)Anbau genügend Kohlmeisen brüten, um so viele Spritzmittel wie möglich entbehrlich zu machen. Und je mehr Meisen und sonstige Insekten fressende Arten wie Rotschwänze und Schnäpper wir wieder in die Obstbaugebiete zurückbringen könnten, desto geringer wäre die »Schädlings«-Plage. Auch hier gilt also: Je mehr Artenvielfalt, desto besser.

Für viele, wenn nicht gar die meisten Menschen gibt es weitere Gründe, Artenreichtum für wünschenswert oder sogar unverzichtbar zu halten, unter anderem ästhetische, ethische und gesundheitliche. Das bedarf hier keiner weitschweifigen Ausführung, sondern nur ein paar Anmerkungen. Viele Menschen leiden schon heute unter dem noch relativ moderaten Artensterben, der fortschreitenden Verarmung der Tier- und Pflanzenwelt sowie ihrer Heimat und

Je mehr Meisen und sonstige insektenfressende Arten wir wieder in die Obstanbaugebiete zurückbringen könnten, desto geringer wäre die Schädlingsplage.

ebenso unter dem bereits merklich leiser gewordenen Frühling. Nachdem inzwischen sogar wissenschaftlich belegt ist, dass Vogelgesang selbst bei Städtern die Lebensqualität verbessert,[137] ist nicht auszudenken, wie sich ein »stummer Frühling« auf die Psyche vieler Menschen auswirken würde. Die Symptome dürften über völlige Apathie bis hin zu Todesangst reichen.

Wohl aus derartig bösen Vorahnungen heraus rufen nun auch mehr und mehr Vertreter christlicher Religionen dazu auf, nicht nur die Schöpfung oder unsere Umwelt, sondern ganz gezielt auch die Artenvielfalt zu erhalten. So schreibt Papst Franziskus 2015 in seiner *Laudato si* über den »Verlust der biologischen Vielfalt« unter anderem: »Die verschiedenen Arten enthalten Gene, die Ressourcen mit einer Schlüsselfunktion sein können, um in Zukunft irgendeinem menschlichen Bedürfnis abzuhelfen oder um irgendein Umweltproblem zu lösen. Doch es genügt nicht, an die verschiedenen Arten nur als eventuelle nutzbare ›Ressourcen‹ zu denken und zu vergessen, dass sie einen Eigenwert besitzen (...). Unseretwegen können bereits Tausende Arten nicht mehr mit ihrer Existenz Gott verherrlichen noch uns ihre Botschaft vermitteln. Dazu haben wir kein Recht.«[138]

Fazit: Die Artenvielfalt ist zweifellos unsere Überlebensversicherung – und auch noch unsere wichtigste, ohne Wenn und Aber! Daran knüpft sich die nun schon nahezu bange Frage an: Lässt sie sich in unserer von uns immer dichter besiedelten Welt überhaupt erhalten? Nun, wir werden sehen.

Können wir Artenvielfalt erhalten?

Diese Frage stellt sich zwangsläufig, wenn wir zurückblicken, und sie ist natürlich überaus berechtigt angesichts des derzeitigen Dilemmas zwischen Artensterben und Artenschutzbestrebungen. Kaum hatten Naturforscher wie Naumann 1849 auf Artenrückgänge aufmerksam gemacht, setzten zwar alsbald schon erste Bemühungen ein, die Bestandsabnahmen zu stoppen, aber sie bewirkten nicht viel. Je mehr dann der Verlust an Artenvielfalt im Laufe der letzten 150 Jahre um sich griff, desto vielseitiger wurden die Aktivitäten, einzelne Arten und dann mehr und mehr »die Natur« oder die gesamte »Umwelt« zu retten. Sie blieben aber weiterhin erfolgsarm. Als ab den 1960er/1970er Jahren der Verlust an Biodiversität weltweit Züge einer galoppierenden Schwindsucht annahm, wurden auch die Rettungsversuche in Form von nationalen und internationalen Konferenzen, Konventionen, Erlassen und ähnlichen Maßnahmen immer hektischer und umfangreicher – vergleichbar mit den Reaktionen auf die globale Klimaerwärmung, seit sie nicht mehr geleugnet wird. Aber bisher ließen sie kaum Erfolge erkennen.

Da drängen sich natürlich nicht nur Fragen, sondern auch Verdächte auf, nämlich: Lässt sich in einer Zeit fortschreitender Bevölkerungsexplosion Artenvielfalt überhaupt

noch erhalten? Oder gilt auf unserer Erde womöglich so etwas wie eine Art »Biomasse-Konstanz-Gesetz« mit folgender
Maßgabe: Wenige Menschen (wie bis gegen 1800) lassen eine
hohe Biodiversität und viele Individuen freilebender Tiere
und Pflanzen zu, wohingegen sehr viele Menschen wie heutzutage zwangsläufig zu einer geringen Artenvielfalt und Individuendichte führen. Ist das so? Oder ließe sich ein hoher
Arten- und Individuenreichtum auch heute noch erhalten
oder sogar wieder aufbauen, wenn wir sorgsamer mit der
Natur umgingen?

Diese ganz grundsätzlichen Fragen lassen sich natürlich
von uns vorläufig nicht schlüssig beantworten, dazu fehlen
uns zum einen Erfahrungen aus erdgeschichtlichen Entwicklungen, zum anderen können wir über das Funktionieren der gesamten Biosphäre unseres Planeten nur vage
spekulieren. Aber es gibt zwei große Regionen auf unserer
Erde, die bei vergleichbarer extrem hoher menschlicher Bevölkerung und Siedlungsdichte so gravierende Unterschiede
in ihrer Biodiversität aufweisen, dass wir daraus wohl eine
mögliche Antwort ableiten können. Diese beiden Großräume sind China und Indien – zwei nahe beieinanderliegenden Subkontinente in Asien mit je rund 1,3 Milliarden
Einwohnern (Stand 2015), die auf 9,5 bzw. 3,3 Millionen
Quadratkilometern Fläche leben (entsprechend der Größe
bzw. von einem Drittel der Größe der USA). Ich habe beide Länder zwischen 1979 und 2002 mehrfach bereist, und
dabei ist mir – wie allen Naturfreunden, mit denen ich darüber gesprochen habe – schlagartig aufgefallen: China ist,
abgesehen von wenigen Schutzgebieten, nahezu frei von
wildlebenden Tieren, vor allem nahezu vogelleer. In Indien
dagegen wimmelt es vergleichsweise geradezu von Vögeln,
vor allem auch in der normalen Agrarlandschaft, und das,

obwohl die menschliche Siedlungsdichte in Indien erheblich höher ist.

Dazu ein Beispiel: Während eines einwöchigen Aufenthalts zu einem biologischen Kolloquium an einem Forschungsinstitut im chinesischen Kunming im Jahr 2000 konnte ich gerade mal drei Feldsperlinge, eine Bachstelze und eine Haustaube beobachten. Während eines entsprechend langen Aufenthalts kurz zuvor im indischen Varanasi registrierte ich ungezählte Individuen von fast 100 verschiedenen Vogelarten.

Für diesen himmelweiten Unterschied zwischen Armut und Reichtum an freilebenden Vögeln (und Tieren allgemein) gibt es zwei Hauptgründe. Zum einen wird in China nahezu alles, was an Getier kreucht und fleucht, verspeist. Auf den Märkten landauf, landab, vom Hochgebirge bis zur Meeresküste, findet man im Angebot (legal wie illegal) neben auch bei uns handelsüblichen tierischen Produkten nicht nur alles an Kleinvögeln, Reptilien und Amphibien, was die Region zu bieten hat, sondern auch Schnecken, Käfer und sonstige Insekten, Würmer, selbst Skorpione und vieles mehr – jeweils für spezielle Gerichte, wie man staunend erfährt.

Zum anderen hat die Führung um Mao Zedong zur Bekämpfung der vier Plagen, die für Hunger und Elend verantwortlich gemacht wurden (Mücken, Ratten, Fliegen und Spatzen), 1958 eine sogenannte »Spatzenkampagne« angeordnet. Dazu wurde die gesamte Bevölkerung gezwungen, die Vogelwelt, die für die Missernten verantwortlich gemacht wurde, landesweit flächendeckend über Stunden und Tage mit Lärm (Tröten, Töpfen, Geschrei, Gewehrschüssen) so lange in der Luft zu halten, bis die Tiere vor Erschöpfung zu Boden fielen, wo ihnen, falls noch nötig, der Garaus gemacht

Unter Mao wurde in China Mücken, Ratten, Fliegen und Spatzen systematisch der Garaus gemacht.

Zurzeit ist China im Begriff, einen der häufigsten Singvögel Eurasiens auszurotten: die Weidenammer.

wurde. Auf diese Weise wurden rund zwei Milliarden Vögel vernichtet!

Zurzeit ist China im Begriff, einen der häufigsten Singvögel Eurasiens auszurotten: die Weidenammer. Ihr Bestand betrug einst Hunderte Millionen. Seit 1980 brach er um über 90 Prozent ein, weil die Vögel eine begehrte Delikatesse der neuen Mittelschicht sind und massenweise verzehrt werden.[139]

Ein derartiger Umgang mit freilebenden Tieren, also der massenhafte Verzehr und die Massenvernichtung, war in Indien zumindest bislang undenkbar. Vor allem religiöse Gründe bis hin zur Vorstellung der menschlichen Wiedergeburt in Tiergestalt bewirkten einen toleranten bis respektvollen Umgang mit tierischen Mitlebewesen. Das zeigt uns, dass auch in einem Land mit extrem hoher Bevölkerung und Siedlungsdichte und nahezu unvorstellbarer Armut eines Großteils der Bewohner freilebende Tiere (und Pflanzen) ihr Auskommen finden können, wenn die Einstellung zu ihnen freundlich ist wie eben in Indien. Und es ist offenbar nicht einfach die »Biomasse Mensch«, die allein durch ihr Anwachsen mehr und mehr Artenvielfalt zwangsläufig verdrängt, sondern es ist vor allem menschliches Fehlverhalten in Bezug auf die Biodiversität.

Obwohl nun in jüngster Zeit auch in Indien die zunehmend intensiver betriebene Landwirtschaft die Artenvielfalt mehr als früher beeinträchtigt,[140] hat uns der bereits in den 1980er Jahren begonnene Vergleich der beiden so unterschiedlichen Mensch-Tier-Beziehungen in China und Indien dennoch Mut gemacht. Wenn tatsächlich die Biodiversität unserer Erde weniger durch die bloße Masse Mensch als vielmehr durch sein Fehlverhalten bedroht ist, dann sollte es sich lohnen, ein neues Konzept für Artenschutz zu entwickeln, das hoffentlich endlich die ersehnte Wirkung zeigt. Ein solches Konzept habe ich zusammen mit zwei Kollegen 1988 formuliert, wie im nächsten Abschnitt dargestellt.

TEIL 2

Jeder Gemeinde
ihr Biotop – eine Chance
für die Zukunft

Ein neues Naturschutzkonzept

1986 haben wir die Ergebnisse unserer Studie über die bis dahin größte »Volkszählung« an Singvögeln in Mitteleuropa veröffentlicht.[1] Das schockierende Resultat war, dass es eine negative Bestandsentwicklung bei 70 Prozent der untersuchten Arten gab! Diese Nachricht erfuhr durch die 1987 veröffentlichte Presse-Information der Max-Planck-Gesellschaft mit der Überschrift »Der stille Einzug des ›stummen Frühlings‹« nicht nur eines der größten Medien-Echos der Gesellschaft, sondern sie hat auch uns aufgeschreckt und zu einem Kraftakt veranlasst. Nach eingehender Analyse aller verfügbaren Daten (unter anderem über die Populationsentwicklung bei Menschen, freilebenden Tieren und Pflanzen, über Arten- und Naturschutzprojekte sowie Entwicklungsprognosen der Biosphäre der Erde) konnten Ulrich Querner, Hans Winkler und ich ein neues Naturschutzkonzept entwickeln, das unseres Erachtens endlich den Artenrückgang stoppen und sogar die Wiederbelebung von Diversität ermöglichen sollte.

Wir haben das Konzept 1988 publiziert;[2] außerdem haben wir es dem damaligen Bundeskanzler Helmut Kohl und seiner Regierung zur alsbaldigen Umsetzung vorgeschlagen.[3] Es war ein einfaches, sich aus der Bevölkerungsentwicklung logisch ableitendes Konzept, das sehr realistisch erschien, vor allem auch im Hinblick auf seine Machbarkeit und auf dafür aufzubringende »Opfer«. Es lautet: Wiederherstellung von naturnahen Lebensräumen für artenreiche Biozönosen (Lebensgemeinschaften) durch Renaturierung auf etwa 10 bis 15 Prozent der Bundesfläche in allen (etwa 11 000) politischen Gemeinden Deutschlands. Das bedeutet, dass ein bundesweiter Biotopverbund mit über das ganze Land verteilten neuen Wohnorten für freilebende Tiere und Pflanzen – »Oasen aus Menschenhand« – praktisch eine Parallelwelt aus grünen Siedlungen zu unseren menschlichen Ortschaften bilden würde.

Für die Renaturierung und Wiederansiedlung vieler Arten eignen sich am besten recht feuchte Gebiete, teilweise auch extrem trockene Standorte. Beide sind für die Landwirtschaft nicht sonderlich attraktiv und werden nicht selten von ihr als »Unland« eingestuft. Auf Gebiete, die mit diesem »Unwort« gebrandmarkt sind, kann unsere menschliche Gesellschaft natürlich relativ leicht als Bewirtschaftungsflächen verzichten, und so kann ohne große »Opfer« über neugeschaffene Biotope eine enorme Wertschöpfung durch regenerierte Artenvielfalt erreicht werden – wenn es denn funktioniert.

Aber wie kam es zu diesem neuartigen Biotopverbund-Konzept? Ganz einfach: Es ist praktisch die logische Konsequenz aus der Entwicklung unserer Mensch-Artenvielfalt-Beziehung seit dem frühen Mittelalter. Mit dem Ende des reinen Jäger- und Sammlerlebens entstanden in dem seinerzeit fast geschlossenen Waldland Mitteleuropas erste Siedlungen sesshafter Gruppen, um die sich durch Rodung mehr und mehr Feldfluren anschlossen. So entwickelte sich schließlich eine für unser Land typische Mosaiklandschaft

aus restlichem Wald sowie Offenland mit vielgestaltiger Bewirtschaftung, die uns um 1800 die höchste Artenvielfalt
bescherte. Sie war zusammengesetzt aus den ehemaligen
Waldlandarten und vielen neu hinzugekommenen Offenlandbewohnern.[4] Dann wurden – wie bereits dargestellt – die
von Menschen genutzten Flächen nicht nur größer, sondern
auch immer intensiver bewirtschaftet und damit »aus-
geräumter«, homogener. Schließlich wurden wildlebende
Tiere und Pflanzen zunehmend verdrängt, bis hin zu ihrem
Verschwinden.

Natürlich ist es logisch, angesichts des Artensterbens aufgrund dieser Entwicklung zuallererst an eine Rückkehr zu
mehr ökologischer Bewirtschaftung auf der gesamten Fläche
zu denken. Aber es ist völlig unsinnig, dies als Maßnahme zu
fordern, wie etwa immer wieder vom BUND und anderen Naturschutzverbänden vorgeschlagen. Dazu ist der ökonomische Druck auf unsere Flächen schon jetzt viel zu hoch, und
er wird noch weiter steigen. Aber was wir uns in der Tat leisten können, ist die Herausnahme von für die Landwirtschaft
wenig ergiebigen Flächen für eine optimale Renaturierung.

Genau das ist die Grundidee zum neuartigen Biotopver-
bund-Konzept. Es unterscheidet sich grundlegend von der
Fülle von bisher vorgeschlagenen oder mehr oder weniger
umgesetzten Biotopverbünden.[5] Der 2011 vorgestellte
»Fachplan Biotopverbund« von Baden-Württemberg, als
Beispiel für ein anderes Konzept, stellt im Wesentlichen
Kartierungsergebnisse dar, die anzeigen, wo bei künftiger
Flächennutzung Biotopvernetzungsmöglichkeiten berück-
sichtigt werden sollten. Im »Bericht zur Lage der Natur in
Baden-Württemberg« des Landtags 2016 liest man dazu
vielversprechend: »Ziel des landesweiten Biotopverbunds
ist es, auf mindestens 10 % der Landesfläche funktionsfähi-

ge, ökologische Wechselbeziehungen in der Landschaft zu bewahren, wiederherzustellen oder zu entwickeln, mit dem Ziel, Vorkommen heimischer Arten, Artengemeinschaften und ihre Lebensräume zu vernetzen und zu sichern.«[6] Der Absatz zur Umsetzung klingt jedoch sehr bescheiden: »Das Kabinett hat mit Beschluss vom 24. April 2012 dem Fachplan Landesweiter Biotopverbund zugestimmt. Er ist als Planungs- und Abwägungsgrundlage bei raumwirksamen Vorhaben in geeigneter Weise zu berücksichtigen.«

Ein weiteres Beispiel: Bei der angedachten bundesweiten Waldvernetzung durch den BUND sollen Habitatbrücken wie etwa Heckengürtel als Verbindungsglieder geschaffen werden. Problem: Sie vermehren zwar unsere Hecken ein wenig, schaffen aber keine größeren neuen Biotope.

In dem von uns vorgeschlagenen Biotopverbund hingegen steht an erster Stelle die Neugestaltung (wieder) hochwertiger Lebensräume durch Renaturierung ausgewählter Teile der mehr oder weniger denaturierten Kulturlandschaft. Eine verbundartige Vernetzung wird dadurch erreicht, dass die neuen »Oasen aus Menschenhand« im Umfeld aller politischen Gemeinden unseres Landes eingerichtet werden, wodurch sie wenige bis maximal etwa zehn Kilometer voneinander entfernt sind. Durch diese Aneinanderreihung von Biotopen, die zu den bestehenden günstigen Habitaten wie Naturschutzgebieten oder Fließ- und Stillgewässern hinzukommen, wird es Tieren wie Pflanzen ermöglicht, durch natürliche Ausbreitung (Dispersion) benachbarte Biotope zu besiedeln. Sie können sich zudem mit in der Nähe lebenden Populationen austauschen, so dass Inzucht vermieden wird und sich über viele miteinander in Verbindung stehende Kleinpopulationen größere stabile (Meta-)Populationen mit ausreichend hoher genetischer Vielfalt bilden können.

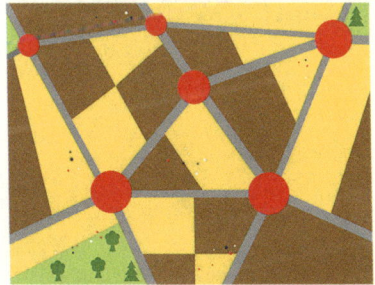

Die Skizzen von oben nach unten illustrieren: Früher bestand Europa weitgehend aus Waldland. Später entwickelte sich eine Mosaiklandschaft mit hoher Artenvielfalt. Immer intensivere Landnutzung führte zum Zusammenbruch der Artenvielfalt. Diese kann durch eine Renaturierung per Biotopverbund wiederbelebt werden.

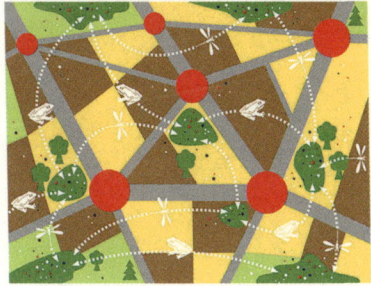

Helmut Kohl hat uns – einer Gruppe von Ökologen (Wolfgang Erz, Wolfgang Haber, Berndt Heydemann, Eugeniusz Nowak) sowie mir – 1988 Gelegenheit gegeben, das neue Naturschutzkonzept in Bonn mit ihm und Regierungsvertretern zu diskutieren. Anfängliche Begeisterung, besonders auch vom damaligen Umweltminister Klaus Töpfer, wich rasch entschiedener Ablehnung, vor allem aus dem Bereich der Landwirtschaft.[7] Der Hauptgrund dafür war wohl die Sorge, das neue Konzept könnte schließlich doch für die Landwirtschaft interessante Flächen verschlingen. Da seinerzeit eine Umsetzung des Konzepts von der Vogelwarte Radolfzell aus, an der ich tätig war, gänzlich ausschied, blieb nur eine Möglichkeit: zu hoffen, dass ich die Emeritierung frisch und munter erreiche, um dann tätig zu werden. Das gelang 2004 – und damit konnte ein großräumiger Modellversuch in Angriff genommen werden: der Biotopverbund Bodensee!

Biotopverbund Bodensee – ein Erfolgsmodell

Unser neues Naturschutzkonzept konnten wir natürlich nicht sofort bundesweit starten. Zunächst galt es, mit einem möglichst spektakulären ersten Baustein für einen neuartigen Biotopverbund zu beginnen und bei einem befriedigenden Ergebnis das Pilotprojekt innerhalb eines großräumigen Modellversuchs auszubauen.

Als Aktionsraum wurde das Bodenseegebiet gewählt, und dort zunächst nur der Linzgau im nördlichen Bodenseeraum. Als Ausgangspunkt legten wir einen Bereich mit feuchten Wiesen und Äckern im Billafinger Urstromtal zwischen Stockach und Überlingen fest.

Ein Grund für diese Wahl war, dass meine Familie seit 1971 in der 750-Seelen-Gemeinde ansässig ist; wir bewirtschaften dort eine größere Streuobstwiese und eine Schafweide, so dass ich in der Region nicht nur als verkopfter Professor, sondern auch als gestandener Praktiker bekannt bin, was für unser Vorhaben günstige Voraussetzungen mit sich brachte. Außerdem hatten wir in diesem Gebiet mit intensiver landwirtschaftlicher Nutzung seit 1971 die Entwicklung der Tier- und Pflanzengesellschaften verfolgt und

Die Entstehung des
Heinz-Sielmann-Weihers.

insbesondere die Vogelbestände genau registriert.[8] Auch in dieser lieblichen Bodenseelandschaft zeigten sich die für unser Land inzwischen typischen Rückgänge. So waren innerhalb von 30 Jahren von insgesamt 115 festgestellten Arten 14 als Brutvögel gänzlich verschwunden.

2005 war es dann so weit: Nach Vorarbeiten seit Ende 2003 – vor allem hinsichtlich der Beschaffung von Mitteln, Erwerb von Flächen, Einholen von Genehmigungen – konnten wir im März mitten hinein in die bis dahin ausgeräumte Kultursteppe unseren ersten frisch angelegten Weiher fluten: den Heinz-Sielmann-Weiher. Diesen Namen bekam das Erstlingswerk, da mein väterlicher Freund, der große Tierfilmer und vorbildliche Naturschützer Heinz Sielmann, es mit seiner nach ihm benannten Stiftung ganz wesentlich finanziert hat, so wie auch die meisten Folgeprojekte. Der Weiher mit 1,3 Hektar Fläche, einem Volumen von 15 000 Kubikmetern Wasser sowie 3 Inseln ist das Kernstück unserer ersten Renaturierungsmaßnahme. Ihn umgibt ein 10 Hektar großes Biotopmosaik, bestehend aus Schilfbeständen und Riedwiesen, etwa einem Kilometer Heckenstreifen (5 bis 10 Meter breit), 7 Tümpeln und Flachwassermulden sowie 1,25 Kilometer Gräben, davon 800 Meter als Ringgraben (»Schutzzaun«) um den Weiher herum.

Dieser Feuchtgebietskomplex ist außerdem vernetzt mit etwa 5 Hektar kleineren Biotopen, unter anderem Feldhecken, Schilf und Streuobstbeständen, sowie ca. 30 Hektar Weideflächen, extensiv genutzt mit Wasserbüffeln, Rindern und Yaks. Besucher der neuen Oase in der Kultursteppe – die übrigens höchst willkommen sind! – können das Gebiet von zwei Parkplätzen aus auf einem Wander- und Radweg erreichen und von einer Aussichtsplattform sowie von einem Hochstand aus die inzwischen reichhaltige Natur beobachten.

Und die hat es in sich. War die Anzahl der im Gebiet beobachteten Vogelarten vor der Renaturierung von 115 auf
101 abgefallen, ist sie danach bis jetzt auf 179 angestiegen.
13 Arten haben sich zudem bislang als neue Brutvögel angesiedelt, darunter Graugans, Wasserralle und Schwarzkehlchen. Das ist ein Riesenerfolg, der uns alle überrascht hat!

Ähnlich gut sieht es mit der Artenvielfalt insgesamt aus.
So wurden bis 2016 folgende Arten beobachtet: 23 Säugetiere,
3 Reptilien, 5 Amphibien, 14 Fische (hauptsächlich eingesetzt
aus heimischen Beständen), 25 Tagfalter, 17 Heuschrecken,
27 Schnecken, ca. 340 Blütenpflanzen (etwa die Hälfte davon
im Gebiet wieder angesiedelt, aus heimischen Beständen).
Besonders hervorzuheben ist, dass von den rund 75 Libellen-
arten Mitteleuropas inzwischen 33 im Gebiet anzutreffen
sind, ebenso wie im Spätsommer bis zu 10 000 Wespenspinnen und 5000 im Gebiet laichende Erdkröten – ausgehend

Wasserbüffel am Heinz-Sielmann-Weiher.

von gerade einmal einer Handvoll, die die Kreiselmäher überlebt hatten.

Das Fazit nach diesem Erstlingswerk lautet: Renaturierung
lohnt sich! Zum Glück besitzt selbst die stark geschädigte
Natur in unserer ausgeräumten Kulturlandschaft noch ein
erstaunlich hohes Regenerationspotential. Das regelrecht
überquellende Aufleben vieler Arten in der Oase schrie geradezu nach weiteren neuen Biotopen in der Umgebung. Sie
waren die logische Konsequenz.

Inzwischen ist der Biotopverbund Bodensee zu einem Erfolgsmodell geworden, das mit nahezu 100 fertiggestellten
Teilprojekten weit über die Region bekannt geworden ist.
Nun ist es auf dem Weg, sich über Baden-Württemberg hinaus zu entwickeln und bundesweit zu etablieren. Im Folgenden beschreibe ich kurz die Kriterien, die für seinen Erfolg
eine wesentliche Grundlage waren und sind.

Aktionsraum

Als Aktionsraum wurde zunächst der Landschaftspark
Bodensee-Linzgau gewählt, ein Gebiet von etwa 350 Quadratkilometern im Bereich des nördlichen Bodenseeufers
im Raum Überlingen-Friedrichshafen. Dort waren durch die
Parkidee bereits 11 Gemeinden auf landschafts- und natur-
verbessernde Maßnahmen eingestimmt. Das war eine gute
Voraussetzung für unser Vorhaben, einen Biotopverbund
in ein sehr dichtbesiedeltes und zudem landwirtschaftlich
sowie touristisch intensiv genutztes Gebiet »einzunischen«.
(Inzwischen wurde der Aktionsraum vor allem im Westen
bis zur Schweizer Grenze auf insgesamt über 500 km² aus-
gedehnt.)

Projektgebiete

Bislang wurden im Aktionsraum 20 verschiedene Projektgebiete eingerichtet. Es handelt sich um Areale auf den Gemarkungen 14 verschiedener Gemeinden, auf denen die einzelnen Teilprojekte umgesetzt werden können. Für den Anfang des Biotopverbunds Bodensee nach Einrichtung des Heinz-Sielmann-Weihers haben wir zusammen mit dem seinerzeitigen Stiftungsrat der Heinz Sielmann Stiftung, Dieter Gutmann, und dem Planungsbüro Senner, Überlingen, einen Masterplan entwickelt, der 82 potentielle Projekte umfasste. Heute ist der Biotopverbund Bodensee längst zum Selbstläufer geworden. Laufend gehen von Kommunen und Privatpersonen neue Vorschläge ein, die sich bisher auf über 200 summieren. Außerdem sind die Gemeinden des Aktionsraumes inzwischen zu einem Wettbewerb aufgerufen: Werden von ihnen vorgeschlagene Projekte zur Umsetzung ausgewählt, dann können diese vorrangig finanziert werden. Insgesamt ist der Biotopverbund Bodensee in der Region innerhalb von nur zehn Jahren zu einem allseits bekannten, fest verankerten und hochgeschätzten Organ der lebendigen Kulturlandschaft geworden.

Einzelprojekte

An erster Stelle der Projekte stehen inzwischen 29 neugeschaffene und zwei wiederhergestellte Weiher und Tümpel mit angrenzenden Feuchtgebietkomplexen, da sich in Feuchtgebieten in Mitteleuropa die höchstmögliche Artenvielfalt entfalten kann. Wichtig war aber auch die Einrichtung von zehn extensiven Weidegebieten mit rund 70 Hektar

Fläche für Wasserbüffel, Rinder, Schafe und Ziegen, zum Teil kombiniert mit der Pflege von Streuobstgebieten. Im Streuobstbereich sichert der Biotopverbund Bodensee auf insgesamt rund 15 Hektar Fläche den Fortbestand von über 2000 Hochstämmen. Zudem wurden inzwischen etwa 600 Jungbäume nachgepflanzt, die eine zehn Jahre währende Pflege erhalten. In Zusammenarbeit mit einer ausgewählten Baumschule werden gezielt alte Lokalsorten herangezogen, zum Beispiel die Salemer Klosterbirne, die »Schweizerhose« oder der Ulmer Polizeiapfel. Auch ein spezieller Birnensortenerhaltungsgarten des Landes bei Billafingen mit über 400 zum Teil vom Aussterben bedrohten Tafelbirnensorten wird nachhaltig unterstützt. Weitere bisher umgesetzte Projekte umfassen Trockenrasen und Feldhecken mit besonders reichhaltigen Lebensgemeinschaften sowie eine umfangreiche Bachrenaturierung.[9]

Nachhaltigkeit, Schutz

Die durch Renaturierung neugeschaffenen Biotope werden – sofern sie nicht bereits auf Gemeinde- oder Landesflächen liegen – den zuständigen Gemeinden übereignet. Sie verbleiben nicht im Besitz der Heinz Sielmann Stiftung. Das hat große Vorteile, denn die Einwohner identifizieren sich dadurch stark mit »ihren« Naturoasen und achten großenteils sehr auf deren guten Zustand. Die Gemeindeverwaltungen kümmern sich um eventuell auftretende Schäden (Windbruch, Schlaglöcher usw.) und sind so auch leicht für moderate Pflegemaßnahmen durch ihre Bauhöfe zu gewinnen. Die Schutzziele werden – wie bei Renaturierungsmaßnahmen auf Privatgrund – durch Grundbucheinträge und Gemeindeverordnungen festgelegt und können damit wirkungsvoll vor Ort überwacht werden. Dadurch genießen die neuen Biotope einen weitaus besseren Schutzstatus als die meisten Naturschutzgebiete, die von der Bevölkerung oftmals als Fremdkörper betrachtet werden und über deren angedachten Schutz sie meist wenig erfahren.

Akzeptanz, Grenzen, Ausblick

Alle im Biotopverbund Bodensee Mitwirkenden hat überrascht, welch hohe Akzeptanz seine Einrichtung in gerade einmal zehn Jahren erfahren hat. Er hat längst den Stellenwert der Denkmalpflege oder anderer bedeutsamer Einrichtungen. Die hohe Zustimmung kommt aus allen Bevölkerungsschichten, auch von vielen Landwirten – von Letzteren nicht zuletzt deshalb, weil wir mit ihnen grundsätzlich nicht um wertvolle Flächen konkurrieren, sondern gemeinsam mit ihnen entbehrliche Gebiete aussuchen. Entsprechendes gilt auch für Jäger, Angler und andere, die selbstverständlich in unsere Bestrebungen mit eingebunden werden.

Die neuen Naturoasen werden von Scharen älterer und jüngerer Menschen von nah und fern aufgesucht, von vielen alltäglich. Die angefragten Führungen von Kindergärten bis zu Europapolitikern sind kaum zu bewältigen.

Grenzen für unsere Entwicklungsarbeit gibt es nur in zweierlei Hinsicht. Zum einen lassen sich im dichtbesiedelten und stark genutzten Bodenseeraum neue Naturoasen in der Regel nur bis zur Größe von etwa 10 bis 15 Hektar realisieren – anders also als etwa im dünnbesiedelten Osten Deutschlands, wo die Flächen weit darüber hinausgehen. Das ist aber angesichts der vielen machbaren kleineren Elemente für den Verbund nicht weiter nachteilig. Zum anderen vergehen von der Idee für ein neues Projekt bis zu seiner Umsetzung oft mehrere Jahre, bedingt durch Grunderwerb, subtile Planung und das oft langwierige Aushandeln der erforderlichen Genehmigungen mit den zuständigen Behörden. Um mit der Umsetzung nicht ins Stocken zu geraten, halten wir deshalb grundsätzlich immer mehrere Eisen im Feuer. Die Finanzierung war noch nie Hemmschuh, bisher ließ sich immer ein Weg finden.

Die Zukunftsperspektiven stimmen optimistisch. Inzwischen ist der Biotopverbund Bodensee bundesweit bekannt und hat viele Mitwirkende für ähnliche Aktionen auf den Plan gerufen. Bereits tätige Arbeitsgruppen gibt es von Bayreuth über Ludwigshafen-Mannheim und München bis Zwickau. Dazu hat vor allem ein Dokumentarfilm beigetragen, den der Bayerische Rundfunk 2011 in der Reihe *natur exclusiv* mit dem Thema »Von Äpfeln, Wildgänsen und Teichrohrsängern« unter der Regie von Christian Herrmann erstellt hat. Er wurde seither mehrfach im Abendprogramm verschiedener Fernsehsender ausgestrahlt und hat Millionen Zuschauer erreicht. Das darin proklamierte Motto »Jeder Gemeinde ihren Weiher« haben wir inzwischen verallgemeinert in »Jeder Gemeinde ihr Biotop«. So lautet nun auch der Aufruf und zudem der Auftrag für eine Umsetzung in ganz Deutschland, in möglichst allen politischen Gemeinden. Ziel ist ein Raster aus neuen Oasen aus Menschenhand für ganz Deutschland, das wenigstens alle zehn Kilometer einen neuen Lebensraum wie den Heinz-Sielmann-Weiher ergäbe. Es würde rund 3000 entsprechende Bausteine erfordern und etwa eine Milliarde Euro kosten. Das sollte sich in den nächsten Jahrzehnten schaffen lassen.

Eines muss ich klarstellen: Ohne die Heinz Sielmann

Stiftung hätte sich der Biotopverbund Bodensee als groß-
angelegter Modellversuch entweder gar nicht oder zumindest nicht in der nun erreichten großartigen Form umsetzen
lassen. Als der erste Baustein, der jetzige Heinz-Sielmann-
Weiher, in Planung war, hatte ich dafür aus verschiedenen
Quellen 50 000 Euro organisiert – wie sich herausstellte, war
das leider ein bescheidener Anteil gemessen an den 250 000
Euro, die die detaillierte Kostenschätzung dafür alsbald
ergab. Ein glücklicher Umstand führte dazu, dass ich im
November 2003, also just in jener Zeit ziemlicher Hilflosig-
keit angesichts der Diskrepanz zwischen den beiden Beträ-
gen, meinen väterlichen Freund Heinz Sielmann wiedertraf.
Er hatte bereits 1994 zusammen mit seiner Frau Inge unter
dem Leitsatz »Naturschutz als positive Lebensphilosophie«
die Heinz Sielmann Stiftung (HSS) gegründet, die sich vor
allem durch die Einrichtung großer Schutzgebiete in Ostdeutschland, besonders in Brandenburg, einen gewichtigen
Namen gemacht hatte.

Heinz und ich kannten uns bereits seit 1955, und über
gemeinsame Naturschutzinteressen waren wir uns im Laufe
der Jahre nähergekommen. Bei unserer neuerlichen Begeg-
nung 2003 sprach ich ihn darauf an, ob er sich vorstellen
könne, mit seiner Stiftung für unseren Biotopverbund im
Bodenseeraum etwas Hilfestellung zu geben. Heinz stimm-
te nicht nur zu, sondern zeigte große Begeisterung für die
Idee. Und so wurden bald darauf Nägel mit Köpfen gemacht:
Ich erhielt die Zusage für finanzielle Unterstützung unseres
Pilotprojektes im Billafinger Urstromtal, und es wurde auch
beschlossen, rasch die Möglichkeiten für einen umfangreichen Biotopverbund im Bodenseeraum auszuloten.

Die Heinz Sielmann Stiftung, die mit ihrer Finanzkraft
zwischen einigen großen naturschutzorientierten Einrich-

(v. l. n. r.): Inge Sielmann, Heinz Sielmann, Ruth Maria Kubitschek, Peter Berthold

tungen wie dem WWF und vielen kleineren Stiftungen steht, hat folgende Vorzüge. Ihr Leitspruch – »Naturschutz als positive Lebensphilosophie« – ist der optimale Schrittmacher auch für den Biotopverbund Bodensee. Und drei der vier langfristigen Ziele der Stiftung sind geradezu Eckpfeiler unseres Verbundes: 1) letzte Refugien für seltene Tier- und Pflanzenarten erhalten (die wir auch neu schaffen), 2) die Öffentlichkeit für die Natur und deren Schutz sensibilisieren und 3) Menschen, vor allem Kinder und Jugendliche, durch persönliches Erleben an einen positiven Umgang mit der Natur heranführen.

Es gibt noch zwei weitere Vorzüge. Im Gegensatz zu anderen Stiftungen engagiert sich die Heinz Sielmann Stiftung fast ausschließlich in Deutschland, sozusagen vor der Haustür ihrer Spender in unserer Heimat. Sponsoren aller

Art müssen daher nicht einfach nur glauben, dass ihre Zuwendungen tatsächlich etwa in den Erhalt von Urwaldresten auf Sumatra oder in ein Tiger-Projekt in Bangladesch fließen, sondern können sich selbst davon überzeugen, wie der von ihnen mitfinanzierte Weiher oder Streuobstbestand inzwischen aussieht und wie er der Wiederbelebung der Artenvielfalt dient.

Der andere Vorzug besteht hinsichtlich des zweiten Promotors des Biotopverbunds Bodensee, dem heutigen Max-Planck-Institut für Ornithologie, besser bekannt unter dem Gründernamen in Süddeutschland, Vogelwarte Radolfzell. Diesem Institut, das ich ab 1991 geleitet habe, war Heinz Sielmann stets eng verbunden, sogar schon, als es noch als ehemaliges Mutterinstitut von Radolfzell als erste Vogelwarte der Welt in Ostpreußen tätig war, als Vogelwarte Rossitten.

Ein weiterer Mutmacher:
Land des Friedens

Neben dem Biotopverbund Bodensee gibt es in Deutschland eine weitere große Renaturierungsmaßnahme, die eine ganz außergewöhnliche Wiederbelebung von Artenvielfalt bewirkt und Mut macht für ein weiteres entsprechendes Engagement: das »Land des Friedens« in Unterfranken in der Nähe von Würzburg. Dort hat die Internationale Gabriele-Stiftung in Zusammenarbeit mit dem Hofgut »Terra Nova« im Jahr 2000 begonnen, eine über 500 Hektar große, bis 1990 zur Saatgutproduktion äußerst intensiv genutzte und dadurch völlig verödete Landwirtschaftsfläche zu reökologisieren. Das geschieht durch ausschließlich ökologisch ausgerichteten Landbau, der vorwiegend nach dem Prinzip der Dreifelderwirtschaft betrieben wird. Dabei sorgt das Drittel an ruhenden Brachflächen mit der Einsaat von Klee, Ölrettich, Insektenweide und ähnlichen Pflanzen für Nährstoffzufuhr, so dass auf Düngung mit Mist und Gülle sowie auf den Einsatz von Agrarchemikalien verzichtet werden kann.

Die vorwiegend mit Getreideanbau genutzten Äcker sind von etwa 12 Hektar Ackerrandstreifen mit Blütenpflanzen umsäumt und von insgesamt 20 Kilometer (!) Feldhecken (breiten Baum- und Benjeshecken) durchzogen. Dazu kommt neben Wald und Feldgehölzen eine Vielzahl von Kleinbiotopen wie Trockenrasen, ein aufgelassener Steinbruch, Steinhaufen und -riegel, mehrere kleine Feuchtbiotope sowie Regenwasserauffangbecken und anderes mehr. Das Gelände ist zudem bestückt mit rund 3000 Nisthilfen (vor allem für Vögel, Fledermäuse und Insekten) und 20 übermannshohen Futterhäusern mit Vorratssilos sowie vielen kleinen Futterstellen und Tränken, die die Vögel rund ums Jahr mit zusätzlicher Nahrung versorgen. Kommt man aus der umliegenden eintönigen Kultursteppe in dieses Eldorado für freilebende Tiere und Pflanzen, glaubt man, eine »Insel der Glückseligen« zu betreten. Als ich im Mai 2009 dort die Ganzjahresfütterung für eine TV-Sendung kommentieren sollte, konnte ich mich kaum konzentrieren vor lauter Gesang und Rufen der verschiedensten Vogelarten. So ein pralles Vogelleben hatte ich in unserem Land seit den 1950er Jahren nicht mehr erlebt! Zum Glück konnte ich einen ehemaligen Mitarbeiter von mir, Arnold Sombrutzki, dafür begeistern, im Rahmen seiner professionellen Bestandserhebungen auf etwa der Hälfte des Gebietes als ausgewählter Probefläche eine Artenliste der Vögel mit Bestandszahlen zu ermitteln. Die Ergebnisse waren umwerfend: 2010 konnten auf 270 Hektar des Hofguts 88 Vogelarten festgestellt werden, 69 davon als Brutvögel mit insgesamt 1100 Brutpaaren. Von den Brutvögeln werden 30 Prozent in der Roten Liste Bayerns und 20 Prozent in der Roten Liste Deutschlands geführt. Davon sind vor allem stark gefährdete Arten bemerkenswert wie Rebhuhn, Turteltaube, Grauspecht, Wendehals, Baumpieper, Schafstelze, Gartenrotschwanz, Bluthänfling und Feldlerche. Letztere haben hier mit über 50 Brutpaaren eine erstaunliche Dichte erreicht. Zwei ande-

27 Paare Dorngrasmücken auf dem Hofgut wirken wie ein Relikt
aus der guten alten Zeit.

re inzwischen gefährdete Arten verblüfften ebenfalls mit ihren Bestandszahlen, nämlich Feldsperling und Goldammer
mit je 100 Brutpaaren. Auch für Grasmücken erwies sich das
Gebiet geradezu als Paradies. So wurden von der Mönchsgrasmücke 53, der Dorngrasmücke 27, der Gartengrasmücke
20 und der Klappergrasmücke 7 Reviere entdeckt. Besonders die vielen Dorngrasmücken sind sensationell. Während
bis in die 1960er Jahre zum Beispiel allein in Möggingen
rund 50 Paare dieser Art gebrütet hatten, muss man heute im ganzen Bodenseeraum restliche Einzelpaare nahezu
mit der Lupe suchen. Da muten 27 Paare Dorngrasmücken
auf dem Hofgut an wie ein Relikt aus der guten alten Zeit.
Dabei muss man sich klarmachen: Auf Terra Nova wurde
nicht einfach ein altes Paradies voller Tiere und Pflanzen
konserviert, sondern durch Reökologisierung wieder ganz
neu aufgebaut.

Das Land des Friedens ist ein Eldorado für freilebende Tiere und für Pflanzen. Das obere Foto zeigt den früheren, das untere den heutigen Zustand.

Wie es auf dem Land des Friedens ohne die Rückkehr zu ökologischer Landwirtschaft und die Wiederherstellung vieler kleiner Biotope aussehen würde, zeigt eine gleichzeitig 2010 durchgeführte Bestandserhebung in der ringsum angrenzenden ausgeräumten Kultursteppe. Dort wurden auf 27 Hektar gerade einmal 9 Vogelarten mit insgesamt 20 Brutpaaren festgestellt. Das sind 0,7 Brutpaare pro Hektar im Vergleich zu 4,1 Paaren pro Hektar auf Terra Nova – oder, anders gesagt, nur 18 Prozent der Brutpaardichte.[10]

Fazit: Auch hier zeigt sich, dass sich renaturieren lohnt! Selbst eine in der öden Agrar-Normallandschaft isoliert liegende Ökozelle von einigen Quadratkilometern Fläche vermag bereits nach etwa 15 Jahren wieder eine Vogelwelt aufzubauen, wie sie vor mehreren Jahrzehnten für unser Land typisch war. Was können wir uns demnach alles erhoffen, wenn es uns gelingt, einen Biotopverbund auf Renaturierungsbasis für ganz Deutschland anzukurbeln!

Weitere kleine Renaturierungsmaßnahmen gibt es in größerer Zahl, und sie zeigen erfreulicherweise oft erstaunliche Wirkung. Das gilt zum Beispiel auch für das Projekt »IKEA-Biotope« in Saarlouis[11] oder die von der Royal Society for the Protection of Birds mit betreute Hope Farm in England.

»Jeder Gemeinde ihr Biotop« – eine Kampagne für ganz Deutschland

Nachdem unsere 1988 entwickelte Idee, in jeder Gemeinde Deutschlands durch Renaturierung von 10 bis 15 Prozent der jeweiligen Gemeindefläche neue Lebensräume für wildlebende Tiere und Pflanzen zu schaffen, vor allem am Widerstand des Landwirtschaftsministeriums gescheitert war, konnten wir sie nach erheblicher Verzögerung erst ab 2004 in dem bereits beschriebenen Großversuch Biotopverbund Bodensee testen. Als sich dieses hauptsächlich mit der Heinz Sielmann Stiftung durchgeführte Projekt als überaus erfolgreich erwies, fassten wir frischen Mut für eine deutschlandweite Umsetzung.

Wir konnten die Heinz Sielmann Stiftung ein weiteres Mal für uns gewinnen. Ihr Vorstand Michael Beier stellte das angedachte Projekt »Jeder Gemeinde ihr Biotop« sowohl dem Bundesministerium für Umwelt, Naturschutz, Bau und Reaktorsicherheit (BMUB), dem Bundesamt für Naturschutz (BfN) als auch den Umweltministerien der einzelnen Bundesländer vor. Die Reaktionen waren durchweg positiv. Es wurde vereinbart, mit acht Bundesländern 2017/2018 ein Starterprojekt zu beginnen. Am Anfang steht ein Erprobungs- und Entwicklungsvorhaben im Bereich Naturschutz und Landschaftspflege des Bundesumweltministeriums unter dem Titel »Jeder Gemeinde ihr Biotop – Beitrag zum Biotopverbundnetz Deutschland als Maßnahme zur Umsetzung der Nationalen Strategie zur biologischen Vielfalt in Deutschland«. Projektträger und -leiter ist die Heinz Sielmann Stiftung. Die konkrete Umsetzung begann im Februar 2017 in Frankfurt mit einem Workshop mit Vertretern der acht Bundesländer, die von Anfang an mit Pilotprojekten beteiligt sind: Bayern, Hamburg, Mecklenburg-Vorpommern, Niedersachsen, Nordrhein-Westfalen, Sachsen, Sachsen-Anhalt und Thüringen; Baden-Württemberg ist über den Biotopverbund Bodensee ohnehin mit von der Partie. Weiter geht es mit einer Voruntersuchung bezüglich der Umsetzung von Pilotprojekten ab Mitte 2017. Ab 2018 soll dann die bundesweite Projektarbeit beginnen.

Der ideale Gesamtablauf wäre: Mittelfristig zunächst in allen rund 11 000 Gemeinden Deutschlands ein Biotop nach Maßgabe des Biotopverbunds Bodensee einzurichten. Danach könnten weitere Biotope folgen, bis allmählich 10 bis 15 Prozent an renaturierter Fläche für jeden Gemeindebereich erreicht sind. Anzustreben wäre, dass benachbarte Biotope ähnlicher Ausrichtung – etwa Feuchtgebietskomplexe – nicht weiter als rund zehn Kilometer voneinander entfernt liegen würden (wie im Kapitel Biotopverbund Bodensee skizziert). So könnten sie nach unseren Erfahrungen die Kriterien eines echten Biotopverbundes erfüllen.

Einer derartigen Vernetzung brauchen auch ausgedehnte, dichtbesiedelte Großstadtkomplexe wie Berlin, Hamburg oder München nicht im Wege zu stehen. In ihnen lassen sich durchaus entsprechende Nischen für Oasen finden. Ein Bei-

Ein Beispiel für viele Oasen in dicht besiedelten Großstädten: das Feuchtbiotop im Industrie- und Wohnpark »Beim Alten Gaswerk« in Hamburg.

spiel für viele ist das Feuchtbiotop im Industrie- und Wohnpark »Beim Alten Gaswerk« in Hamburg.

Mein Zwischenfazit: Ich kann nur staunen, wie sich die Idee »Jeder Gemeinde ihr Biotop« über das Musterbeispiel des Biotopverbunds Bodensee über 25 Jahre nach ihrer Formulierung jetzt in kräftigen Schüben über das ganze Land auszubreiten beginnt. Die Zeit ist offensichtlich reif dafür. Hoffen wir, dass das Projekt so Fahrt aufnimmt, dass es den entscheidenden Schritt vom bisherigen Schutz der Artenvielfalt nach dem Feuerwehrprinzip (versuchen zu löschen, wo's brennt) zur präventiven Bewahrung der Biodiversität in unserem Land schafft. Dann könnte Deutschland auch wieder Vorbild in der Absicherung von Lebensgrundlagen für viele Tiere und Pflanzen und vor allem auch für uns werden.

Wie erschafft man ein neues Biotop? – Das »Rezept«

Als unser Biotopverbund Bodensee zügig heranwuchs und durch den Fernsehfilm vom BR und eine Reihe von Publikationen im ganzen Land bekannt geworden war, meldeten sich bei mir viele Interessenten von nah und fern, meist mit denselben Fragen: Ließe sich auch bei ihnen eine »Oase aus Menschenhand« schaffen wie der Heinz-Sielmann-Weiher am Bodensee? Was müsste dafür getan werden? Und könnten wir ihnen eventuell dabei helfen? Damit begann unsere Idee der Renaturierung im Bereich jeder Gemeinde in Deutschland, nun unter dem Motto »Jeder Gemeinde ihr Biotop«, zwar spät, aber doch noch und sogar vielerorts zu zünden. 2016 konnte dafür mit dem Bundesamt für Naturschutz im Auftrag des Bundesumweltministeriums eine bundesweite Strategie entwickelt werden. Dafür sollen im Laufe der Zeit in Verbindung mit den Landesregierungen alle Gemeinden Deutschlands aufgerufen werden, sich zu melden, wenn Interesse für die Erschaffung neuer Biotope besteht.

Unabhängig davon gibt es viele Privatpersonen, denen die Einrichtung von neuen Lebensräumen für wildlebende Tiere und Pflanzen ganz besonders am Herzen liegt. Von ihnen wird der Erfolg »Jeder Gemeinde ihr Biotop« sicherlich sogar größtenteils abhängen. Und für sie wird hier im Folgenden eine Anleitung skizziert, mit der man unserer Erfahrung nach relativ gut zum Erfolg kommt. Sie umfasst fünf Punkte, die der Reihe nach abgehandelt werden.

Biotoptyp

Wie bereits oben ausgeführt, sind in unseren Breiten Feuchtgebietskomplexe wie der »Heinz-Sielmann-Weiher und angrenzende Feuchtgebiete« am Bodensee die wichtigsten und interessantesten Biotope – sie können bei uns die größtmögliche Artenvielfalt und Individuendichte beherbergen. Danach folgen Auwälder, Wald- und Gebüschzonen an Gewässern und schließlich alle übrigen strukturreichen Elemente unserer Kulturlandschaft wie Mischwälder oder Streuobstwiesen.

Aber auch relativ eintönige Gebiete können bei entsprechender Gestaltung hochwertige Lebensräume für bestimmte Tier- und Pflanzengesellschaften darstellen, so zum Beispiel aufgelassene Steinbrüche, Kiesgruben, Wacholderheiden, Trockenrasen oder besonders artenreiche Mähwiesen. Wer beabsichtigt, in seinem Gemeindebereich die Einrichtung neuer Biotope voranzutreiben, sollte als Erstes prüfen, welcher Biotoptyp sich für die gegebene Landschaft am besten eignet und anbietet.

Diese Frage ist eng verknüpft mit der nächsten: Gibt es geeignete Flächen, die zur Schaffung neuer Biotope genutzt werden könnten?

Flächen

Leider hat der Interessendruck auf nutzbare Flächen außerhalb von Siedlungen in unserem Land trotz anhaltendem Bauernsterben in den letzten zehn Jahren wieder erheblich zugenommen, bedingt durch Flächenbedarf für die Produktion von Bioenergie (vor allem durch »Vermaisung«) sowie durch die Kapitalanlage in Grundstücken. Dennoch gibt es vielerorts relativ minderwertige Flächen, zum Beispiel Öd- und »Unland«, das für die Land- und Energiewirtschaft nicht viel abwirft. Dazu gehören häufig sumpfige Wiesen in Talauen, die sich auch mit viel Aufwand nicht drainieren und zumindest teilweise trockenlegen lassen oder die wegen bestimmter vorkommender Pflanzengesellschaften nicht weiter entwässert werden dürfen. Ebenso fallen Bergwiesen an Steilhängen darunter, die immer schwieriger zu bewirtschaften sind.

Wenn man solch eine Fläche ins Auge fasst, beginnt die eigentliche Arbeit. Als Nächstes ist zu klären, in wessen Besitz sich die in Frage kommende Fläche befindet und ob Chancen bestehen, an sie heranzukommen. Da alle Zuarbeiten auf neu zu schaffende Biotope immer eine enge Zusammenarbeit mit der Gemeindeverwaltung erfordert, ergibt es Sinn, bereits in dieser frühen Phase der Planung eine kleine Arbeitsgruppe zu bilden, vor allem mit ein paar Gleichgesinnten und mit Ortschafts- oder Gemeinderäten, die den Belangen der Natur gegenüber aufgeschlossen sind. Ratsmitglieder haben die Möglichkeit, über die Grundbuchämter auf kurzem Dienstweg die Besitzverhältnisse der ins Auge gefassten Flurstücke zu klären, damit weitere Maßnahmen veranlasst werden können. Verfügt die Gemeinde über ein Umweltamt, ist dieses natürlich von den ersten Über-

legungen an mit einzubeziehen, denn es kann Grundstücks-
fragen ebenfalls leicht direkt klären.

Für die Beschaffung neuer Biotope haben Grundstücke
in Gemeinde-, Landes- oder Bundesbesitz große Vorteile. Sie können von den Besitzern für die Gestaltung neuer
Biotope oft kostenlos zur Verfügung gestellt werden, was
die Gesamtkosten von Projekten erheblich reduziert. Man
kann deshalb auch folgenden Weg beschreiten: In einer
kleinen Arbeitsgruppe wird zusammen mit Ortschafts- oder
Gemeinderäten und eventuell mit Mitarbeitern eines Um-
weltamtes zunächst festgestellt, wo sich auf der Gemeinde-
gemarkung Grundstücke in Gemeinde-, Landes- oder Bun-
deseigentum befinden. Dann wird geprüft, ob sich darunter
solche befinden, die für neu zu schaffende Biotope geeignet
wären. Stellt man fest, dass nur Privatgrundstücke in Frage
kommen, muss man unbedingt vor irgendwelchen weiteren
Planungen mit den Privatbesitzern sprechen. Es kann sonst
großes Unheil entstehen, wenn Eigentümer gerüchteweise
von irgendwoher erfahren, auf ihrem Grundstück sei dies
und das geplant, ohne dass sie davon wissen. Im günstigsten
Fall kann das den Kaufpreis für ein angedachtes Grundstück
enorm anheben; im ungünstigsten Fall sind damit alle späteren Nachfragen und Gespräche verscherzt.

Nicht selten wird man bei der Grundstückssuche mit
hochkomplizierten Verhältnissen konfrontiert. Als wir den
»Inge-Sielmann-Weiher mit Umfeld« im Bereich der Gemeinde Bonndorf (Stadt Überlingen) mit ca. zehn Hektar
Größe planten,[12] mussten wir alsbald feststellen, dass die
dafür erforderlichen Grundstücke inzwischen elf verschiedenen Eigentümern gehörten, die zum Teil vor Ort, zum
Teil aber auch weit entfernt wohnten. Es erschien uns nicht
sonderlich aussichtsreich, wenn ich als relativ ortsfremder

»Vogelprofessor« reihum an die verschiedenen Eigentümer herangetreten wäre mit der Frage, ob sie nicht Lust hätten, ihre Grundstücke für den guten Zweck eines hervorragenden neuen Biotops zu veräußern. Deshalb sind wir in diesem komplizierten Fall anders vorgegangen.

Zunächst wurde ein ortsansässiger Junglandwirt, der nebenher viel in der Landschaftspflege tätig ist, für das Projekt begeistert. Dann haben wir ihn gebeten, als Dorfgemeinschaftsangehöriger bei den Eigentümern vorzufühlen, was sie von einem derartigen Projekt hielten, und ihnen eventuell gut zuzureden, einen Grundstücksverkauf ins Auge zu fassen. Nach etwa einem halben Jahr, in dem durchweg positive »Rauchzeichen« am Himmel standen, konnten mit tatkräftiger Unterstützung des Liegenschaftsamtes der Stadt Überlingen schrittweise alle erforderlichen Grundstücke erworben werden.

Im Folgenden noch drei weitere Beispiele für eine erfolgreiche Biotopgestaltung bei komplizierten Flächenbesitzverhältnissen. Für die Rettung eines überaus artenreichen Trockenhanges mit Magerrasen in Büßlingen, wo sich früher eine Streuobstwiese, eine Weide, Gartenland und ein Weinberg befand,[13] mussten aufgrund von Entbuschung und langfristigen Pflegemaßnahmen rund 50 Grundeigentümer einbezogen werden. Das erfolgte in drei Schritten: als Erstes bei einem Informationsabend im Rahmen einer Gemeindeversammlung, als Nächstes bei einer fachkundigen Exkursion für Interessenten vor Ort und schließlich durch Abarbeiten einer Befragungs- und Zustimmungsliste durch den Ortsvorsteher. Dem Projekt wurde einstimmig zugestimmt.

Zwei weitere Projekte konnten auf ähnlichem Wege ebenfalls Unterstützer finden. So stehen der Erstellung und Umsetzung von Pflege- und Nutzungskonzepten zum Erhalt

und zur Revitalisierung großer landschaftsprägender Streu-
obstbestände mit Viehweidebetrieb auf der Gemarkung Nußdorf und Hödingen am Bodensee nichts mehr im Wege.[14] Da
es sich im Gegensatz zu dem weitgehend aufgelassenen Magerrasen in Büßlingen bei den Streuobstwiesen um Gebiete
handelt, die teilweise noch wie üblich genutzt werden (Ver-
wertung des Obstes, vor allem zur Mostgewinnung, teilweise
auch des Grünfutters), musste in die Erhaltungskonzepte
die Nutzung mit einbezogen werden. Dafür hat sich in Hödingen auf Initiative meines Mitkämpfers Thomas Hepperle
eigens ein »Verein zur Erhaltung der Kulturlandschaft e. V.«
formiert.

Machbarkeitsstudie

Hat man eine Fläche für ein potentielles neues Biotop ausfindig gemacht, die auch von den Besitzverhältnissen her
in Frage käme, ist zu prüfen: Ließe sich auf dieser Fläche
im Hinblick auf alle gegebenen Rahmenbedingungen ein
Biotop auch wirklich einrichten? Eine solche Machbarkeitsstudie ist relativ einfach, etwa im oben beschriebenen Fall
in Bezug auf die Sicherung und Revitalisierung von Streuobstwiesen. Da sich an der Hauptnutzung und Bepflanzung
wenig ändert, kann größtenteils fortgefahren werden wie
bisher. Sind jedoch für die Einrichtung von Weiden dauerhaft Weidezäune und eventuell auch Viehunterstände erforderlich, müssen verschiedene Ämter wie das Landwirtschafts-
und Veterinäramt oder die Naturschutzbehörde vorab für
entsprechende Genehmigungen eingeschaltet werden, ganz
besonders, wenn solche Weiden in Landschaftsschutzgebieten liegen.

Wenn man auf einer in Aussicht genommenen Fläche einen Feuchtgebietskomplex plant, also einen größeren Weiher mit eventuell zusätzlichen Gräben, Tümpeln und verschiedenen Vegetationszonen (ähnlich dem Heinz-Sielmann-Weiher), dann fallen umfangreiche Bodenaushübe und meist auch Eingriffe bis in den Grundwasserbereich an. Dafür sind boden-, wasser- und naturschutzrechtliche Ausnahmegenehmigungen erforderlich, die im Normalfall das Landratsamt erteilt. Ist das Gebiet bereits als Naturschutzgebiet ausgewiesen, ist zudem die Höhere Naturschutzbehörde (beim Regierungspräsidium) zuständig. Um diese Genehmigungen erhalten zu können, aber auch um sicher zu sein, dass eine in Aussicht genommene Fläche etwa für einen Weiher auch im Sommer ausreichend Wasser garantiert, sind boden- und wasserkundliche Vorprüfungen erforderlich. Da diese bereits Eingriffe auf der avisierten Fläche bedeuten, kann die Machbarkeitsstudie in der Regel nur in Verbindung mit einem eingeleiteten Genehmigungsverfahren weiterbetrieben werden. Eine Ausnahme sind Feuchtgebietskomplexe, die auf einem Privatgrundstück realisiert werden. Dort können die beiden nächsten Schritte – Bodenschürfe und Pegelsetzen (siehe unten) – mit Einverständnis des Grundeigentümers auch schon vor Einholung der Genehmigungen erfolgen, damit die Ergebnisse für die Antragstellung bereits vorliegen.

Genehmigungsbeschaffung

Selbst wenn es sich um Privatgrundstücke handelt, auf denen kleinere Biotopeinrichtungsmaßnahmen durchgeführt werden – etwa mit Einverständnis von Landwirten die Pflanzung von Feldhecken an Böschungen, zwischen Äckern oder dergleichen –, sollten unbedingt und am besten frühestmöglich Ortschafts- oder Gemeinderat darüber informiert werden, was auf der Gemarkung, für die sie zuständig sind, passiert, auch wenn die Rechtslage dies nicht unbedingt erfordert. Sollte es später notwendig sein, die Maßnahme irgendwie mit der Gemeinde zu verbinden, zum Beispiel wegen eines Heckenschnitts mit Hilfe des Bauhofes, sind die Wege dafür geebnet, andernfalls unter Umständen verbaut.

In allen anderen Fällen ist mit der Konkretisierung eines Projekts die Kommunalverwaltung als Partner mit einzubeziehen. Ob die ersten Schritte dafür über Ortschafts- oder Gemeinderäte erfolgen, die eventuell schon in einer kleinen »pressure group« mitgewirkt haben, oder in einem persönlichen Gespräch mit dem Ortsvorsteher oder Bürgermeister, hängt ganz von den persönlichen Beziehungen der Projektinitiatoren ab. Wenn im Falle zu erwerbender Privatgrundstücke die Kaufmöglichkeit in kleinerem Kreis abgesprochen ist, wird das Projekt nach diesen Gesprächen normalerweise Tagesordnungspunkt auf einer der nächsten Ortschaftsrats- und/oder Gemeinderatssitzungen, wozu die Projektbetreiber meist als Referenten eingeladen werden. Dort hat man Gelegenheit, die Räte mit einer flammenden Rede dazu zu bewegen, dem Projekt möglichst einstimmig zuzustimmen. Aber auch bei einer »nur« mehrheitlichen Zustimmung kann die Machbarkeitsstudie fortgesetzt werden. Bei positiven Ergebnissen kann man direkt einen Antrag stellen.

Bleiben wir beim Beispiel Feuchtgebietskomplex und nehmen wir an, es stünde eine gemeindeeigene Sumpfwiese in einer Talaue zur Verfügung. In so einem Fall müsste man als Nächstes die Informationen über die geplante Neugestaltung eines wertvollen Biotops der Unteren Naturschutzbehörde beim Landratsamt zusenden und eine zunächst grundsätzliche Zustimmung erbitten. Dabei ist von der Behörde zu erfragen, ob für das angedachte Gebiet ausschließende oder erschwerende Kriterien hinsichlich des geplanten Projekts vorliegen. Ein absolutes Ausschlusskriterium liegt vor, wenn die Fläche bereits als Kernzone eines Wasserschutzgebiets ausgewiesen ist, da dort keine offenen Wasserflächen geschaffen werden dürfen. Handelt es sich um untergeordnete Wasserschutzgebietsbereiche, ist das Projekt unter Umständen verhandelbar. Erschwerende Kriterien können vorliegen, wenn im Gebiet besonders wertvolle Pflanzengesellschaften vorkommen und etwa Teile davon bereits als »Biotop« (FFH-Gebiet) ausgewiesen sind oder wenn auf der Fläche besonders schutzwürdige Moorböden anstehen. Auch diese Kriterien sind verhandelbar, besonders, wenn durch die Erschaffung eines neuen Biotops weit höherwertige Biozönosen (Lebensgemeinschaften) entstehen und sich die bereits geschützten Bereiche eventuell sinnvoll mit einbauen lassen.

Schließlich kann es Probleme geben, wenn die Fläche beim Landratsamt als »kritisch« deklariert ist, weil sie möglicherweise Altlasten enthält, um die man sich bisher nicht näher kümmern konnte. Wir hatten einen solchen Fall bei der Einrichtung des Inge-Sielmann-Weihers mit einer Teilfläche, auf der sich früher eine wilde Müllkippe befand. Nachdem das Gelände mit einer freiwilligen Bürgeraktion der Gemeinde Bonndorf entrümpelt worden war und keine problematischen Funde zutage kamen (also weder Kriegsgerät noch Fässer mit Chemikalien oder Ähnliches), erhielten wir auch für diesen Flächenanteil grünes Licht.

Sind alle Hürden so weit genommen, dass von den Landratsamtsabteilungen die erforderlichen Genehmigungen für die Schaffung eines neuen Biotops zu erwarten sind, sollte man mit den zuständigen Ressortleitern für Natur-, Bodenschutz und Wasserbau einen Lokaltermin vereinbaren. Bei so einem Treffen kann das Projekt vor Ort anhand einfacher Skizzen im Hinblick auf alle möglichen Details wie einzelne Elemente, Gesamtgröße und Lage diskutiert werden. Es ist sinnvoll, zu einem solchen Termin bereits ein Landschaftsplanungsbüro hinzuzuziehen, das später für die Erstellung genauer Pläne und Profile (die für die Beantragung von Genehmigungen unbedingt vorliegen müssen) ohnehin gebraucht wird.

Um bei einem Feuchtgebietskomplex zu bleiben: Bei einem solchen Lokaltermin werden auch Plätze bestimmt, an denen Bodenschürfen vorzunehmen sind, um die Bodenverhältnisse zu ermitteln im Hinblick auf die Wasserführung, wasserdurch- und -undurchlässige Schichten, die Bodenbeschaffenheit und die damit zusammenhängende Fragen der Entsorgung von Aushub. Weiterhin werden Stellen vereinbart, an denen Pegel zu setzen sind (senkrecht tief in den Boden eingelassene Rohre), in denen regelmäßig der Wasserstand abgelesen werden kann. Das sollte etwa ein Jahr lang alle 14 Tage geschehen, so dass Hydrologen (die mit Planungsbüros zusammenarbeiten) die »Gretchenfrage« für einen Feuchtgebietskomplex mit Weiher beantworten können: Wird das in der Region anfallende Wasser aus Niederschlag, Staunässe und Grundwasser ausreichen, in einer ausgehobenen Grube einen Weiher entstehen zu lassen? Und wie würde dessen maximaler und minimaler Wasserstand (zum Beispiel in längeren Trockenperioden) ausfallen?

Bodenprofile und Pegelmessungen erlauben in der Regel sehr genaue Vorhersagen der Wasserstände für prospektive Weiher. Eine wichtige Anmerkung dazu: Unser Wasserrecht erlaubt in vielen Fällen die Anlage sogenannter Himmelsteiche (gefüllt durch Niederschlag) und Grundwasser-Weiher (wie sie beispielsweise häufig in Kiesgruben entstehen); nur sehr bedingt erlaubt es hingegen Stillgewässer durch Aufstau von Fließgewässern (Bächen, kleinen Flüssen). Früher wurde dies oft etwa in Kaskaden von Teichen für die Forellenzucht praktiziert, heute ist man jedoch davon abgekommen, weil durch den Aufstau auch mit nur einem Weiher die Durchgängigkeit für wandernde Arten wie etwa Fische unterbunden wird und damit ein ganzes aquatisches Ökosystem zerstört werden kann. Bedingt genehmigungsfähig ist ein sogenannter Seitenschluss: die Abzweigung des Teiles eines Fließgewässers oberhalb eines Weihers, um ihn zu befüllen, mit anschließender Führung des Überlaufs unterhalb des Weihers zurück in das angezapfte Gewässer. Um schwierigen, oft langwierigen Genehmigungsverfahren für derartig komplizierte Verhältnisse aus dem Wege zu gehen, empfehle ich sehr, für Feuchtgebietskomplexe nasse, sumpfige Wiesen auszusuchen, die bereits bei mäßig tiefem Aushub von etwa ein bis zwei Metern im Randbereich und drei bis vier Metern im zentralen Bereich volle Weiher für Jahrzehnte garantieren.

Hat man mit den zuständigen Abteilungen alle für eine Antragstellung erforderlichen Punkte zusammengestellt und erörtert, dann kann der Antrag für die nötigen Genehmigungen zur Einrichtung eines neuen Biotops formuliert werden. Das sollte am besten durch ein Planungsbüro erfolgen, denn dort hat man mit derartigen Anträgen Erfahrung, und es kann dabei mit den genehmigungsgebenden Behörden wie üblich eng zusammenarbeiten.

Von nun an ist Geld im Spiel, und damit kommen wir zum nächsten Punkt.

Finanzierung und Trägerschaft

Als Erstes braucht man Geld fürs Bodenschürfen und für das Setzen von Pegeln. Nach unseren Erfahrungen sind dafür etwa 4000 Euro zu veranschlagen. Dann bedeutet die Antragstellung durch ein Planungsbüro erheblichen Aufwand. Dafür sind detaillierte Pläne erforderlich, wofür meist auch Vermessungen vor Ort durchgeführt werden müssen. Im Antrag muss man auch die genaue Abwicklung der gesamten Maßnahme darstellen: das Anlegen von Baustraßen, den Einsatz von Baggern (oft speziellen Moorbaggern), die Logistik des Aushebens der Weihergrube, den Abtransport des Aushubmaterials, dessen Versorgung (je nach Bodenbeschaffenheit unter Umständen teilweise auf Äckern, zum Auffüllen alter Gruben oder, bei hohem Torfanteil, als Depot in Gärtnereien), Rückbau von Baustraßen, die eventuell erforderliche Sanierung von Zufahrtswegen – und anderes mehr. All diese Maßnahmen müssen später vom Landratsamt Schritt für Schritt mit verfolgt werden können, um das Projekt schließlich vollständig abzunehmen. Nach unseren Erfahrungen berechnet ein Planungsbüro für ein Objekt im Umfang des Heinz-Sielmann-Weihers rund 40 000 Euro.

Die Frage der Mittelbeschaffung behandele ich hier aus pragmatischen Gründen zunächst in Verbindung mit der Projektträgerschaft und den Besitzverhältnissen eines neugeschaffenen Biotops. Stellt eine Gemeinde für eine Biotopgestaltung eine gemeindeeigene Fläche zur Verfügung, ist es sinnvoll, wenn sie für die Schaffung des Biotops auch als Projektträger auftritt und anschließend auch Besitzer des neuen Biotops auf der Gemeindefläche ist, damit später, zum Beispiel unter dem Regiment eines neuen Bürgermeisters, ein Biotop nicht zweckentfremdet werden kann (also etwa ein vor allem für wildlebende Tiere und Pflanzen geschaffener Weiher nicht an Angler verpachtet oder für Bootsverkehr freigegeben wird). Zu diesem Zweck werden in diesem Fall die wichtigsten Ge- und Verbote, die über einen Gemeinderatsbeschluss herbeigeführt werden (siehe unten), ins Grundbuch eingetragen. Solche Einträge, die zeitlich unbegrenzt bindend sind, müssen natürlich auch erfolgen, wenn Biotopmaßnahmen mit externen Mitteln auf Grund und Boden von Privatbesitzern eingerichtet werden.

Aber auch sonst – etwa wenn eine Fläche für ein neues Biotop von einem Landwirt erworben wird – ist es sinnvoll, die zuständige Gemeinde sowohl als Projektträger als auch als späteren Besitzer zu gewinnen, und zwar aus einer Reihe von Gründen. Zunächst einmal kann die Gemeinde als Projektträger Zuschussmittel für das Vorhaben aus verschiedenen Töpfen von Kreis und Land beantragen, die Privatpersonen und auch Verbänden gar nicht zugänglich sind. Neugeschaffene Biotope erreichen nach unseren Erfahrungen in der Öffentlichkeit die größte Akzeptanz, wenn sie sich im Gemeindebesitz befinden – so kann sich leicht die gesamte Kommune vom Bürgermeister bis zum Neubürger mit »ihrem« Biotop identifizieren. Weiterhin lässt sich für gemeindeeigene Biotope der größtmögliche Schutzstatus erreichen. Man kann mit der Gemeinde Wegegebote für Besucher und begleitende Hunde, Verbote für Angeln, Bootsverkehr, Schwimmen, eventuell Eislaufen, die Ausweisung von Sperrzonen und anderes mehr vereinbaren; diese Verbote können für Gemeindeeigentum vom Gemeinderat beschlossen werden und sind dann rechtsverbindlich. Diese Ge- und Verbote können auf gut sichtbaren Tafeln an den Zugängen zu Biotopen angebracht werden, und ihre Einhaltung kann jedermann aus der Gemeinde überwachen. Diese

Art von Schutz übertrifft nach unseren Erfahrungen jeden Schutzstatus, den Naturschutzgebiete eigentlich genießen sollten. Denn Naturschutzgebiete werden oft – da von fernen Behörden eingerichtet – eher als Fremdkörper auf der Gemarkung angesehen, ihre Schutzbestimmungen sind vielfach vor Ort gar nicht ersichtlich, Überwachung und Kontrolle fehlen meist fast völlig, und so werden Übertretungen, wenn sie überhaupt als solche erkannt werden, von der Bevölkerung häufig als Kavaliersdelikt betrachtet.

Einen weiteren großen Vorteil bringen neue Biotope als Gemeindebesitz mit sich: In der Regel lassen sich kleinere Pflege- und Routinemaßnahmen ohne Extraaufwand mit Hilfe des Bauhofs abwickeln, so zum Beispiel bei unseren Biotopen im Biotopverbund Bodensee. Das gilt zum Beispiel für gelegentliche Reinigungsschnitte an Weg- und Bachrändern, unterhalb von Aussichtsplattformen und Sitzbänken, der jährliche Auf- und Abbau von Krötenzäunen oder die Instandhaltung von Wegen.

In Verbindung mit der Gemeinde lässt sich auch die folgende sinnvolle Aufteilung gut durchführen.

Ruhezonen und Mitnahmebereiche

Die Grundidee des Biotopverbunds besteht darin, mit den neugeschaffenen Oasen aus Menschenhand völlig neue Lebensräume für vielfach heimatlos gewordene freilebende Tier- und Pflanzenarten zu schaffen. Doch soll dies nicht in streng abgeriegelten Schutzgebieten nach Vorgabe des oft verpönten »Käseglocken«-Naturschutzprinzips geschehen, sondern naturverbundenen Menschen die Gelegenheit geben, sich an den wiederauflebenden Naturwundern zu erfreuen und eigene Beobachtungen zu machen. Das gelingt nach unseren Erfahrungen ausgezeichnet durch eine Aufteilung in Ruhezonen für die Natur mit absolutem Betretungsverbot und Bereiche für Besucher, in denen Wege zu Aussichtsplattformen, begehbaren Uferbereichen oder auch in Schilferlebniszonen führen. Verwirklichen lässt sich diese Aufteilung zum einen durch Ge- und Verbotstafeln. Zum anderen sind aber für sensible Bereiche (wie leicht erreichbare Uferzonen) wegen unbelehrbarer Zeitgenossen und oft frei herumstöbernden Hunden Barrieren erforderlich. Sie lassen sich leicht einrichten durch Schutzgräben und undurchdringliche Hecken. Absolut dichte Hecken werden durch die Anpflanzung von bestimmten Sträuchern erreicht oder auch durch Einbau von Verschnittmaterial von Büschen aller Art kreuz und quer zwischen die aufwachsenden Sträucher.

Was Ruhezonen und begehbare Bereiche für Naturgenuss und Erholung angeht, so sollte in dieser Hinsicht von Anfang an eine optimale Gestaltung der Biotope sorgfältig eingeplant und mit der Gemeinde abgestimmt werden. Dazu gehört auch die Überlegung, ob ein neugeschaffener Weiher im Winter für Schlittschuhläufer zugänglich sein sollte. Im Hinblick auf Fische bestehen keine Bedenken, wohl aber in Bezug auf Biber. Und fast alle Gemeinden im Bodenseebereich versehen neugeschaffene Weiher mit Verbotstafeln für das Betreten der Uferzonen, für das Schwimmen im Weiher und auch für das Betreten der Eisflächen, da im Falle von Unfällen die Haftungs- und Rechtslage selbst bei Beschilderung »auf eigene Gefahr« zu unsicher ist.

Nun zu den Finanzen. Geld ist sicher nicht alles im Hinblick auf neu zu schaffende Biotope, aber ohne entsprechende Mittel lässt sich von all dem, was ich bisher als Anleitung dargestellt habe, so gut wie nichts umsetzen.

Mittelbeschaffung

Ein völlig neues, in der ausgeräumten Kulturlandschaft erschaffenes Biotop wie z. B. der Heinz-Sielmann-Weiher erfordert Mittel in Höhe von 250 000 bis 500 000 Euro, je nach Kosten für den Grunderwerb, den Bau (Aushubmenge, Transportwege) und die Nebenkosten (Baustraßen, Wegesanierung, Hochwasserdämme etc.). Die Summe erscheint zunächst hoch, vielleicht sogar abschreckend, aber wenn man eine so faszinierende Oase aus Menschenhand mit unglaublich viel neuem pulsierenden Leben von herrlichen Tieren und Pflanzen in Hülle und Fülle erschaffen will, bringt man nach unseren Erfahrungen immer auch das Geld dafür zusammen! Das wird zwar in der Regel ein paar Jahre dauern, aber die sonstigen Maßnahmen wie Planungen, Vorarbeiten und Genehmigungen nehmen ohnehin längere Zeit in Anspruch – in dieser Wartezeit kann man sich dann auch um die Finanzierung kümmern.

Vorweg eine dringende Empfehlung und auch Warnung. Angesichts der genannten Summen kann man leicht in Versuchung geraten oder auch von anderen dahingehend gedrängt werden, doch bescheidener zu planen, also vielleicht nur einen Weiher von einigen hundert Quadratmetern Fläche und nicht unbedingt von einem Hektar und mehr.

Davon ist absolut abzuraten, wenn es sich um ein Pionier-
vorhaben in der Region und nicht um eines von weiteren
Projekten in einem bereits heranwachsenden Biotopverbund
handelt, und zwar aus mehreren Gründen:

Weiher mit ca. 1,5 Hektar Wasserfläche, mehreren Inseln,
weiteren Tümpeln und Gräben im Umfeld (wie bei den Sielmann-Weihern) bieten vielen Arten Lebensraum und Brutplätze, vor allem auch Arten mit höheren Raumansprüchen,
also verschiedenen Enten- und Gänsearten, Tauchern, Rallen, Reihern, Rohrdommeln sowie beträchtlichen Populationen von Rohrsängern. Bei kleineren Weihern sinken die
Artenzahl und die Individuendichte zumindest an Brutvögeln rasch ab, Raritäten sind dann kaum zu erwarten. Damit
kommt es schließlich leicht, wie es kommen muss: Man ist
irgendwann enttäuscht und ärgert sich schwarz, dass man
nicht größer geplant und sich nicht mehr Zeit genommen
hat, um das dafür erforderliche Geld zu beschaffen.

Wir hatten das große Glück, dass unser Erstlingswerk in
seiner Ausgangsform weitgehend von der Heinz Sielmann
Stiftung finanziert wurde, aber für alle Folgeprojekte und
auch für Nachbesserungen an den Sielmann-Weihern waren
immer Mischfinanzierungen erforderlich. Sie sind die Regel;
auf sie sollte man zusteuern, wenn es nicht gelingt, einen
Hauptsponsor zu finden, der ein geplantes Projekt unter
Umständen sogar im Alleingang finanziert. In größeren
Gemeinden, in denen viele potentielle Spender und Unterstützer ansässig sind, empfiehlt es sich, ein konzipiertes Projekt in öffentlichen Vorträgen und eventuell auch in einer
Bürgerversammlung vorzustellen. Das kann in geeigneter
Form durch Initiatoren des Vorhabens oder durch ein bereits eingeschaltetes Planungsbüro erfolgen. Auf diese Weise
lassen sich vielleicht schon erste kleinere Spendenbeiträge

gewinnen. Dabei könnte auch eine Möglichkeit ins Auge gefasst werden, die uns schon seit einiger Zeit vorschwebt, die
wir aber noch nicht getestet haben: die Suche nach einem al-
leinigen Sponsor, der für seine Großtat mit der Verwendung
seines Namens für das mit seinen Mitteln erschaffene Objekt belohnt würde.

Alle weiteren Beschaffungsmaßnahmen sollten in enger
Zusammenarbeit mit der Gemeinde erfolgen. Dabei ist das
Augenmerk vor allem auf die Ökopunkte sowie auf mögliche
Zuschüsse von Kreis und Land zu richten. Ökopunkte sind
eine Art neuer »Ökowährung«. Sie werden seit einigen Jahren in vielen Regionen und zunehmend von Kommunen und
Regionalverbänden aufgekauft, um damit gesetzlich vorgeschriebene Ausgleichsmaßnahmen vor allem für Bauvor-
haben abzugelten. Festgelegt werden sie auch für die Anlage
neuer Biotope von der zuständigen Naturschutzbehörde,
und zwar im Hinblick darauf, welche Wertigkeit ein Biotop
in etwa 25 Jahren erreicht haben wird.

Wird also zum Beispiel in einem Niedermoorbereich ein
feuchter Maisacker, unter Umständen zusätzlich mit Auf-
füllmaterial belastet, aus der Nutzung genommen und in
ein Feuchtgebietsmosaik aus Stillgewässern, Schilf- und
Hochstaudenfluren sowie Heckengürteln mit vielen seltenen
Tier- und Pflanzenarten umgewandelt, bedeutet das sehr
viele Ökopunkte. Wird hingegen für einen Weiher ein hochwertiger unberührter Moorboden ausgehoben, bringt das
wegen des erheblichen Eingriffs in den Boden weit weniger
Ökopunkte, auch wenn in dem Gebiet später viele gefährdete Tiere und Pflanzen Heimat finden. Wenn also für neue
Biotope verschiedene Flächen zur Auswahl stehen, lohnt es
sich, diejenigen auszuwählen, die im Hinblick auf zu erzie-
lende Ökopunkte am günstigsten sind.

Die genannten Ökopunkte basieren auf einer Eingriffs-Ausgleichs-Regelung, die mit dem Bundesnaturschutzgesetz 1976 zur Pflicht wurde. Im Januar 1998 wurden die Regelungen für Ausgleichsmaßnahmen flexibilisiert; seitdem können derartige Maßnahmen bereits vor geplanten Eingriffen realisiert, auf einem Ökokonto einer Kommune verbucht und bei Bedarf abgerufen werden. Neben baurechtlichen Ökokonten ermöglicht die Ökokonto-Verordnung von Baden-Württemberg seit 2011 auch die Einrichtung naturschutzrechtlicher Ökokonten, die für die hier behandelten Biotopvorhaben relevant sind.

Leider wird von den vielseitigen und hilfreichen Möglichkeiten der neuen »Ökowährung« in vielen Regionen bisher nur sehr zögerlich Gebrauch gemacht. Da muss bei geplanten Projekten unter Umständen Anschubhilfe geleistet werden.

Stehen Ökopunkte nicht zur Diskussion, sollte als Nächstes mit der Gemeinde und dem Landratsamt ausgelotet werden, welche Zuschüsse auf Kreis- oder Landesebene für ein angedachtes Projekt in Frage kommen und wo und wann sie beantragt werden können. In Baden-Württemberg zum Beispiel kommt dafür regional PLENUM in Frage – ein (regional befristetes) Förderprogramm für naturschutzorientierte Regionalentwicklung – und überregional die Stiftung Naturschutzfonds. Mit beiden konnten wir in Mischfinanzierung eine Reihe von Vorhaben umsetzen.[15] Schließlich lohnt es sich, gegebenenfalls über den Stifterverband festzustellen, welche auf Natur- und Tierschutz ausgerichteten Stiftungen in der Region oder im Land existieren, die man um Unterstützung ersuchen kann. Bisweilen ist es auch möglich, von örtlich tätigen Natur- und Umweltschutzverbänden wie NABU oder BUND Zuschüsse zu bekommen, auch wenn die in der Regel vorwiegend auf eigene Projekte fixiert sind.

Nach unseren Erfahrungen hat sich gezeigt, dass sich für ein aussichtsreiches großartiges Projekt das nötige Geld immer beschaffen lässt. Was man braucht, sind viel Geduld und etwas Biss!

Ideale Biotopgestaltung

Im Laufe der letzten Jahrzehnte sind landauf, landab viele neue Biotope geschaffen worden – von Naturfreunden, von Naturschutzverbänden oder auch von Behörden als Ausgleichsmaßnahmen. Viele davon erfüllen ihren Zweck, aber leider sind nicht wenige alles andere als optimal angelegt und helfen bedrohten Arten nur in bescheidenem Umfang. Bei den wichtigsten Biotopen, den Feuchtgebieten mit Stillgewässern, werden häufig viel zu kleine Tümpel und Wasserflächen angelegt, die kaum von Wasservögeln angenommen werden und ebenso wenig überlebensfähige Amphibien- und Fischpopulationen beherbergen können. Oftmals entstehen ungeschützte Ufer, die für Menschen, Hunde sowie Beutegreifer (zum Beispiel Füchse) leicht zugänglich sind und folglich als Brutplätze weitgehend ausscheiden. Manche Biotope haben auch zu kleine Röhricht- und Hochstaudenfluren, die ebenfalls als Siedlungsräume für viele wildlebende Tiere und Pflanzen wenig tauglich sind. Das ist natürlich bei der Flächenknappheit in unserem Lande jammerschade. Dabei würden oft ein paar wenige oder ergänzende Maßnahmen auch derartig mangelhafte Habitate erheblich verbessern oder optimieren.

Um Fehlplanungen künftig vermeiden zu können, stelle

ich im Folgenden ein paar ideale Feuchtgebietskonzepte für größtmögliche Artenvielfalt vor. Das erste bezieht sich auf den bereits erwähnten »Heinz-Sielmann-Weiher und angrenzende Feuchtgebiete«, etwa zehn Hektar groß, der sich als sehr erfolgreich erwiesen hat.[16]

Stehen mehrere Hektar an feuchtem Land zur Neugestaltung von Biotopen zur Verfügung, sollte als Kernstück ein Weiher in der Größe von ein bis zwei Hektar geplant werden – und nicht kleiner, wenn irgend möglich. In einem Gewässer dieser Größe lassen sich nämlich mehrere überaus wichtige Inseln unterbringen, ohne dass die freie Wasserfläche zu sehr eingeengt wird. Außerdem bietet es auch Arten, die größere Wasserflächen bevorzugen (wie Schwäne, Gänse, größere Taucher oder Möwen), ausreichend Platz zum Landen, zur Nahrungssuche und vor allem auch zum Brüten.

Im Heinz-Sielmann-Weiher wurden drei Inseln angelegt, ebenso im Inge-Sielmann-Weiher.[17] Im Weiher im Nesselwanger Ried waren es sogar sechs, unter anderem, um wertvollen Moorboden teilweise erhalten zu können. Derartige Inseln sind aus folgenden Gründen besonders wichtig: Sie bieten nahezu völlig ungestörte Brutplätze für viele Arten wie Schwäne, Gänse, Enten, Rallen, Reiher, Greifvögel (wie Weihen). Ebenso sind sie Rastplätze für Durchzügler und Nahrungsgäste. Mehrere kleinere Inseln sind besser als eine Insel oder zwei größere, denn so wird zum einen die verfügbare, besonders beliebte Uferzone länger, zum anderen können Brutpaare streitbarer Arten wie Grau-, Nilgänse oder Blässhühner jeweils ihre eigene Insel beziehen – es werden also viele Kämpfereien unter Nachbarn von vornherein vermieden. Ist ein Weiher nur von einer Seite her für Menschen zugänglich (zu einer Aussichtsplattform beispielsweise), bieten Inseln immer auch eine nicht einsehbare abgewandte

Inge-Sielmann-Weiher

Seite, auf die sich empfindliche Arten oder Individuen, die zum Beispiel anderswo bejagt wurden, zurückziehen können.

Der wichtigste Lebensraum für viele Tiere und Pflanzen ist der Ufersaumbereich. Er sollte deshalb sorgsam gestaltet und geschützt werden.

Zunächst ein paar Worte zum Schutz. Mit Ausnahme ausgewiesener Besucherplattformen, Hochständen oder Ruheplätzen mit Sitzbänken sollte der gesamte restliche Uferbereich vor der Begehung durch Menschen und Hunde absolut geschützt werden. Oft kann nämlich schon eine einzige Störung durch einen stöbernden Hund am Gewässerrand brütende Vögel zur Aufgabe eines potentiellen Nistplatzes oder gar ihres fertigen Nestes veranlassen. Eine ähnliche Wirkung haben unter Umständen dort auftauchende Leute, weshalb auch die Duldung von Anglern an neuangelegten Biotopen zumindest zur Brutzeit gänzlich ausscheidet.

Grundsätzlich erreicht man den Schutz des Uferbereichs

durch Schilder mit Wegegeboten oder einem Betretungsverbot, wodurch die meisten Störenfriede abgehalten werden.
Aber leider gibt es nicht wenige, die sich durch derartige Beschilderung nicht abhalten lassen. Unter ihnen sind häufig
auch ausgewiesene Naturfreunde, die sich auf Fotopirsch
oder Jagd nach Seltenheiten befinden, vor allem, wenn sie sich
in der Dämmerung oder bei Schlechtwetter unbeobachtet
fühlen. Sie lassen sich jedoch – ebenso wie die meisten Nest-
räuber wie unter anderem Fuchs, Dachs und Marder – durch
weitere Schutzmaßnahmen von empfindlichen Uferbereichen fast vollständig fernhalten: durch vorgelagerte Gräben
und besonders dichte Vegetation. Den Heinz-Sielmann-
Weiher haben wir äußerst wirksam durch einen 800 Meter
langen Ringgraben befriedet, der wie ein Schutzzaun wirkt.
Er schließt neben dem Weiher auch noch ein größeres Areal
mit ein, in dem sich zwei Flachwassermulden befinden und
auf dem die Wasserbüffel zeitweilig weiden können.

Dieser Feuchtwiesen-Hochstaudenbereich dient vor allem
auch Gänsen als Äsungsfläche, in der sie ihre Gössel völlig
ungestört an Land führen können. Vier weitere Gräben im
Weihergebiet schützen zusammen mit zwei natürlichen
Bachläufen andere sensible Bereiche mit Froschtümpeln,
Flachwassermulden und Storchenhorsten vor unliebsamen
Besuchern. Entlang der Gräben bilden Rohrkolben Knick-
zonen und Schilf dichte Röhrichtbestände, in denen vor allem Rallen, Enten und Rohrsänger ideale sichere Brutplätze
finden und Tausende von Amphibien und Libellen einen optimalen Lebensraum haben. Zwischen zwei parallel laufen-
den Gräben wurde ein Schilferlebnispfad angelegt. Das den
Weg beiderseits säumende Schilf wird durch Spanndrähte
am Umfallen gehindert. Besucher können im Schilfdickicht
Rohrsänger und Rallen aus nächster Nähe, zum Teil sogar

aus weniger als einem Meter Entfernung beobachten und belauschen.

Ein Ringgraben wie am Heinz-Sielmann-Weiher stellt natürlich ein aufwendiges, kostenträchtiges Gebilde dar – aber eben auch ein sehr wertvolles eigenständiges Biotop neben dem Weiher. Da in ihm keine größeren Raubfische (Hechte) leben wie im Weiher, ist er bevorzugtes Aufzuchtgebiet für junge Enten und Rallen, für Erdkröten sowie viele Gras-, Wasser- und Laubfrösche. Aufgrund seiner relativ hohen Wassertemperaturen bietet er zudem einen bevorzugten Lebensraum für wärmeliebende Tiere und Pflanzen. In anderen Biotopen des Biotopverbunds Bodensee wurden anstelle aufwendiger Ringgräben U-förmige, winkelartige oder ähnliche Gräben angelegt, wenn sie ausreichen, um Besucher von Weihern, Tümpel und Feuchtwiesen sicher fernzuhalten.

Hervorragenden Schutz können Hecken bieten, auch wenn sie in erster Linie als eigenständige Biotope gedacht sind, vor allem in ihrer Funktion als Brutgebiete für Singvögel und Nahrungsraum für Beeren verzehrende Arten. Um ihre Doppelfunktion als Schutz-»Zaun« und Lebensraum optimal erfüllen zu können, müssen sie richtig angelegt und sinnvoll bewirtschaftet werden. Viele Hecken an Straßen und Feldrainen kranken hauptsächlich an zweierlei: Sie sind häufig zu schmal angelegt und nach Jahren stark in die Höhe geschossen, wodurch sie im bodennahen Bereich so durchsichtig werden, dass entlangpirschenden Füchsen, Mardern und anderen Nesträubern praktisch jedes Vogelnest förmlich ins Auge springt.

Nach unseren Erfahrungen sollte eine ideale Hecke mit möglichst vielen Funktionen fünfreihig angelegt werden, wobei die Reihenabstände sowie die Zwischenräume benachbarter Sträucher in den Reihen am besten jeweils anderthalb Meter betragen. Eine solche, nach etwa zehn Jahren ordentlich herangewachsene Hecke weist eine Gesamtbreite von etwa zehn Metern auf. Um sie möglichst schnell, also schon nach etwa drei bis fünf Jahren, recht dicht zu bekommen, sollte so verfahren werden: Die Sträucher benachbarter Reihen werden nicht parallel, sondern auf Lücke gepflanzt, so dass keine Quergassen entstehen. Für die inneren Reihen verwendet man hoch aufwachsende Arten, für die äußeren niedrig bleibende und vor allem auch dornige und stachelige Büsche, die schon bald ein Eindringen in die Hecke sehr erschweren.

Im Biotopverbund Bodensee verwenden wir in der Regel folgende rund 30 einheimischen Straucharten: Brombeere, Faulbaum, Hartriegel, Heckenkirsche, Heckenrose, Johannisbeere (rot und schwarz, Wildformen), Kornelkirsche, Kreuzdorn, Liguster, Pfaffenhütchen, Roten und Schwarzen Holunder, Sanddorn, Schlehe, Schneeball, Traubenkirsche, Wacholder, etwa fünf Weidenarten, Weißdorn und Wolligen Schneeball. Hinzu kommen vereinzelt Formen, die Baumhöhe erreichen können, etwa Feldahorn, Hainbuche (als Nahrungsbaum für Kernbeißer und weil sie in Strauchform im Winter ihr dürres Laub behalten) sowie Eberesche und Vogelkirsche. Verzichtet wird meist auf Hasel, da sie rasch enorm hoch aufwächst. Vereinzelt werden auch einige Exoten eingestreut, etwa Apfelrose und Felsenbirne, da deren Früchte bei einer Reihe von Vogelarten sehr beliebt sind. Meist ist es sinnvoll, die am besten im Herbst frisch gepflanzten Sträucher auch bei ausreichend tiefer Pflanzung im Frühjahr mit einer Mischung aus Kompost und Hackschnitzeln zu mulchen, damit sie etwaige Trockenperioden gut überstehen und bestens anwachsen.

Leider wachsen Hecken auf guten und ausreichend feuch-

ten Böden meist rasch stark in die Höhe, wodurch der be-
absichtigte Zweck beeinträchtigt werden kann. Das ist immer dann der Fall, wenn bodennahe Bereiche von höheren
Formen zunehmend beschattet werden und auslichten, bis
sie weitgehend durchsichtig werden. Damit geht Tieren, die
sich am Boden oder im unteren Heckenbereich aufhalten,
die Deckung verloren. Da die meisten in Hecken brütenden
Vogelarten von Bodennähe bis zu etwa einem Meter Höhe
und wenig darüber nisten, büßen sie dann auch das Brut-
biotop ein. Dagegen hilft wenig. Auch, wenn aus Hecken da
und dort einige höhere Sträucher herausgenommen werden,
werden sie nicht wieder von Grund auf richtig dicht. Das
Mittel der Wahl ist eine Radikalkur: Die Hecke auf den Stock
setzen, das heißt, alle Sträucher bis zum Erdboden absägen
oder abhacken. Viele unkundige Naturfreunde schlagen ob
solchem »Waldfrevel« die Hände über dem Kopf zusammen
oder erstatten gar Anzeige, aber sie verkennen eben die optimale Wirkung dieser Verjüngungskur. Bei längeren Hecken
empfiehlt es sich, sie über Jahre hinweg abschnittsweise auf
den Stock zu setzen, damit in einem bestimmten Gebiet immer Heckenbereiche zur Verfügung stehen. Als Faustregel
gilt, dass eine Heckenverjüngung nach etwa 15 Jahren fäl-
lig wird. Je nach Standort und Wüchsigkeit gibt es freilich
große Abweichungen.

Wird eine Hecke auf den Stock gesetzt, können die dicke-
ren Stamm- und Aststücke – etwa ab fünf Zentimeter Durch-
messer aufwärts – idealerweise als Brennmaterial verwendet
werden; alle strauchigen Anteile sollten jedoch vor Ort verbleiben. Sie werden am besten im ursprünglichen Bereich
der Hecke flach ausgelegt, durchaus hüft- bis brusthoch, am
besten mit den Triebspitzen nach außen und den abgesäg-
ten Enden zum Zentrum der Hecke. Durch diese erweiterte

Form der sogenannten »Benjes-Hecke« entsteht ein nahezu undurchdringliches Dickicht, das noch mehr verdichtet, sobald in den nächsten Jahren die jungen Triebe der wieder ausschlagenden Strauchstümpfe durch das ausgelegte Totholz hochwachsen. Dadurch erhöht sich der Bruterfolg von Singvögeln signifikant.[18]

Nochmals zurück zum Ufer des angelegten Weihers oder Tümpels. Wie oben beschrieben, stellt er neben den Ufersäumen von Inseln für viele Tiere und Pflanzen einen besonders wichtigen Lebensraum dar, der entsprechend gestaltet werden sollte. In unseren Breiten sind Rohrkolben und Schilf der ideale Bewuchs, unter Umständen angereichert mit Binsen, großblättrigen Ampferarten, Zungenhahnenfuß, Nässe liebenden Distelarten und ähnlichen Pflanzen. Wenn Schilf nicht leicht aus Nachbarbereichen in frisch angelegte Uferbereiche vorrücken kann, sollte man Jungpflanzen aus heimischen Beständen setzen, die von Gärtnereien mit speziellem Sortiment angeboten werden. Leider dauert es Jahre, bis ein Schilfbestand so herangewachsen ist, dass in ihm Rohrsänger oder Rallen nisten können. Schon deshalb empfiehlt es sich, die schnell Bestände bildenden Rohrkolben anzusiedeln. Außerdem bilden ihre im Herbst absterbenden Blätter eine dichte Knickzone, die weit bis ins kommende Jahr hinein stehen bleibt und Rallen, Enten sowie Tauchern hervorragende Verstecke und Brutplätze bietet.

Die Ansiedlung der beiden bei uns häufigen Arten Breit- und Schmalblättriger Rohrkolben geht schnell und ist leicht durchzuführen: Man sammelt im Winter, noch bevor sie aufgehen und aussamen, Rohrkolben an Teichen, Tümpeln oder Gräben ein und bewahrt sie in gut verschließbaren Behältern im Freien auf, so dass sie bei Frost Minusgraden ausgesetzt sind. Durch diese »Vernalisierung« wird die Keimfähigkeit der Samen gewährleistet. Mit Beginn der Wassererwärmung, meist im April oder Mai, bringt man die Samen aus. Dafür zerpflückt man die Kolben mit der Hand und verteilt die wie Wattebäusche aussehenden Teile bei leichtem, möglichst aus verschiedenen Richtungen wehendem Wind vom Ufer oder Boot aus auf der Wasserfläche. Bei richtigem Vorgehen sieht der Weiher nach einiger Zeit aus wie mit Flöckchen garniert. Später säumen die Bäusche alle Uferränder. Die absinkenden Samen keimen dann in den flacheren Uferbereichen, und im Sommer wächst ein mehr oder weniger geschlossener Rohrkolbensaum heran, der im zweiten Jahr bereits neue Rohrkolben ausbildet.

Wenn man Weiher deutlich unter einem Hektar Größe anlegt – etwa zusätzlich zu größeren Gewässern oder auf Grundstücken, die nur kleinere Biotope ermöglichen –, dann empfiehlt sich als ideale Form die einer Brille oder eines Hundeknochens. Wir haben solche Gewässer im Biotopverbund Bodensee mehrfach gestaltet, zum Beispiel bei Frickingen, Seelfingen und Bonndorf.[19] Dafür werden zwei nahe beieinanderliegende Tümpel mit je einem Achtel bis einem Viertel Hektar Wasserfläche und je einer Insel in der Mitte durch einen etwa zehn Meter langen und fünf Meter breiten Graben miteinander verbunden, so dass ein gemeinsamer Wasserkörper entsteht. Der Vorteil eines solchen Gebildes gegenüber einem einfachen elliptischen oder rechteckigen Weiher mit einer Insel in der Mitte liegt auf der Hand: Auch hier finden wenig verträgliche Arten wie Gänse oder Rallen relativ gut voneinander getrennte Wohnbereiche auf. Man kann sich das wie zwei aneinandergereihte »Einfamilienhäuser« anstatt eines Mehrfamilienhauses vorstellen, das bekanntlich auch im menschlichen Bereich vielerlei Probleme mit sich bringt. (Der sehr empfehlenswerten Gestaltung des

Umfeldes neuer Biotope mit Viehweiden zur Erhöhung der Artenvielfalt widmen wir uns weiter unten.)

Auf die Gestaltung anderer Biotope wie Streuobstanlagen, Trockenrasen mit überhandnehmender Verbuschung oder Waldbiotope gehe ich hier nicht näher ein. Stehen sie an, sollte man lokale Fachleute wie Obstbaumwarte, Landschaftspfleger oder Forstleute hinzuziehen, für die derartige Arbeiten Routine sind.

Aussichtsplattform am Heinz-Sielmann-Weiher.

Optimale Biotoperhaltung

Gut angelegte Feuchtgebietskomplexe bedürfen jahrelang nahezu keiner Pflegemaßnahmen; insgesamt halten sie sich sehr in Grenzen und sind leicht zu bewältigen.

Am Heinz-Sielmann-Weiher wurde der erste größere Arbeitseinsatz nach sechs Jahren (2011) erforderlich, als eine Erdkrötenpopulation wie aus dem Nichts so kopfstark herangewachsen war, dass auf einer benachbarten Landstraße viele Tiere überfahren wurden und die Kröten nunmehr Hilfe bei der Laichwanderung im Frühjahr brauchten. Das bedeutet inzwischen, dass wir im März/April einen Krötenzaun für die Dauer von etwa drei Wochen aufstellen und in dieser Zeit täglich morgens erst die sich in eingegrabenen Eimern ansammelnden Kröten, Frösche und Molche einsammeln und diese dann über die Straße transportieren. Ein etwa ein Kilometer langer Krötenzaun wurde mit Hilfe von Spendenmitteln von Tierfreunden finanziert. Aufgestellt wird er von einem Trupp von drei Mitarbeitern vom Bauhof der Gemeinde Owingen. Das ist eine der Routine-Dienstleistungen der Gemeinde an »ihrem« Weiher. Eingesammelt und gezählt werden die Amphibien von einer Gruppe von rund zehn freiwilligen Helfern – den »Krottewiebern« (da ganz überwiegend weiblich) –, die sich über einen Aufruf im

Mitteilungsblatt der Gemeinde zusammengefunden haben und Jahr für Jahr begeistert diesen durchaus beglückenden Dienst für die Natur verrichten. Fröhlicher Abschluss dieser Arbeit ist jeweils im Sommer ein Krottewieber-»Hock«, ein abendliches Treffen bei Bier und Vesper mit Rückblick auf die gerade abgeschlossene und Vorschau auf die kommende Amphibienwanderung.

Damit kommen wir zu einer interessanten Idee und einem entsprechenden Vorschlag: Ist irgendwo im Lande auf Initiative einiger Schrittmacher in Verbindung mit Gleichgesinnten, Kommunenvertretern und einer Reihe von Behörden ein neues Biotop aus der Taufe gehoben worden, dann ist es sehr hilfreich, wenn sich aus dem Kreise dieser Arbeitsgruppe eine Art von Biotop-Betreuer-Gruppe bildet, die sich künftig für den guten Fortgang des neuentstandenen Lebensraumes zuständig fühlt. Allein die Existenz einer solchen Betreuergruppe hat schon ihr Gutes, denn sie hält sicher manchen potentiellen Übeltäter davon ab, da und dort dann und wann das eine oder andere Ge- oder Verbot zu missachten. Und für eventuelle Vorkommnisse gäbe es Ansprechpartner.

Wir haben mit solchen Betreuergruppen beste Erfahrungen gemacht. Sie können ganz unterschiedlicher Natur sein: ein Landwirt, der auch als Landschaftspfleger und für uns mit seinen Mitarbeitern am Inge-Sielmann-Weiher als Teichwart fungiert; eine Gruppe von Anglern und Mitgliedern der Feuerwehr der Gemeinde Herdwangen-Schönach, die jährlich Pflegemaßnahmen im Projekt »Tonpark« durchführt; Mitarbeiter vom BUND der Gemeinde Uhldingen-Mühlhofen, die regelmäßig Vogelbestände am Olsen-Weiher erfassen und dabei auch allgemein nach dem Rechten sehen.[20]

An unserem ältesten, nun 13-jährigen Biotop, dem Heinz-

Sielmann-Weiher, fällt neben der Kontrolle der Krötenwanderung jährlich eine weitere Routinearbeit an: das winterliche Mähen eines Wiesenstreifens entlang eines Baches, der dem ortsansässigen Wasser- und Bodenverband gehört, der sich früher vor allem um die Trockenlegung der Talwiesen gekümmert hat. Auch diese festgelegte Offenhaltung eines Fließgewässers wird von Mitarbeitern des Gemeinde-Bauhofs durchgeführt. Dafür spart die Gemeinde das Ausmähen der Randbereiche entlang des Hauptweges im Weiherbereich ein, da der Weg jetzt zum Biotop mit seinem Wildwuchs gehört.

Am Heinz-Sielmann-Weiher wurde es bereits ab Winter 2015/2016 erforderlich, die ausgedehnten Hecken vor allem im Bereich des Hauptweges Stück für Stück auf den Stock zu setzen. Das wird von freiwilligen Helfern durchgeführt, die für ihre Arbeit das anfallende dickere Verschnittmaterial als Brennholz mitnehmen können. In anderen Fällen waren auch Holzverwerter bereit, hoch aufgewachsene Hecken, die mit einzelnen Bäumen durchsetzt waren, zu häckseln und als Arbeitslohn die anfallenden Hackschnitzel zu akzeptieren.

Eine spezielle Pflegemaßnahme betrifft den Fischbestand am Heinz-Sielmann-Weiher. Der Fischbesatz wurde auf ein typisches Hecht-Schleien-Gewässer ausgerichtet und mit über zehn weiteren Fischarten besiedelt, darunter vor allem Moderlieschen, Rotauge, Rotfeder, Barsch, Bitterling und Brachsen. Die vielen Kleinfische sind vor allem für fischfressende Vogelarten wie Eisvogel, Zwergtaucher, Reiher, aber auch durchziehende und rastende Kormorane oder Säger als Nahrung gedacht, größere Arten wie Hecht, Schleie und Brachsen besonders auch für durchziehende Fischadler. In den paradiesähnlichen Weiherverhältnissen wachsen besonders Hechte rasch stark heran und erreichen schon nach wenigen Jahren Längen von über einem Meter. Vertreter dieser Größe wurden mehrfach beim Fang von Blässhuhn- und Entenküken beobachtet, während Gänse zumindest weitgehend unbehelligt bleiben, da die Eltern kleine Gössel in ganz dichtem Pulk zwischen sich führen, wo sie kaum von Hechten angegriffen werden.

Durch den Kükenverzehr der Hechte werden immer wieder Blässhühner und Enten von der Weiherfläche als Brutvögel vertrieben; nur manche Arten wie Rallen und Stockenten können dann teilweise auf benachbarte Gräben ausweichen. Um die Brutbedingungen auf dem Weiher für möglichst viele Wasservögel optimal zu erhalten, ist es deshalb sinnvoll, die großen Hechte etwa alle zwei Jahre zu entfernen. Da Elektrobefischung teuer, nur mäßig effizient und jedes Mal genehmigungspflichtig ist, lösen wir das Problem jeweils mit einer konzertierten Angelaktion. Dazu werden mehrere Angler aus bekanntermaßen naturfreundlichen Kreisen eingeladen, die dann in wenigen Halbtagen mit eifrigem Blinkern den Weiher von unliebsamen großen Hechten befreien. In anderen Gewässern wie dem Inge-Sielmann-Weiher oder dem Weiher im Nesselwanger Ried wurden als Raubfische Zander eingesetzt, die keine Wasservogelküken verzehren. Aber auch dort können natürlich im Laufe der Zeit Hechte hingelangen, wenn sie in Form von Laich oder als winzige Kleinfische im Gefieder von Wasservögeln dorthin transportiert werden.

Im Hinblick auf neueingerichtete Biotope wird immer wieder nachgefragt, ob sich ihre »teure« Einrichtung überhaupt lohnt, welchen Sinn und Zweck sie erfüllen und ob sie denn im ganz speziellen Fall auch wirklich etwas »gebracht« haben. Meistens sind die Haupterfolge schon bald und praktisch für jedermann augenfällig, etwa durch die vielen Wasservögel, die sich auf der Wasserfläche mit ihren zahlreichen Jungen tummeln, oder auch durch das rasche Anwachsen von Amphibien-Populationen, besonders, wenn sie die Einrichtung von Krötenzäunen erforderlich machen. Oft aber sind vor allem die weniger ins Auge fallenden Erscheinungen sehr wertvoll, zum Beispiel das Auftauchen seltener und hochgradig gefährdeter Vögel, die recht versteckt leben (wie Rallen oder Rohrsänger), oder der Anstieg seltener Insekten, etwa Libellen, Heuschrecken und Käfer, die nur Spezialisten sicher erkennen können.

Um interessante Entwicklungen nicht zu verpassen, lohnt es sich, gezielt ein paar Fachkundige in die Betreuergruppe mit aufzunehmen, die sich um eine möglichst quantitative Erfassung der Bestandsentwicklung wichtiger Tier- und Pflanzenarten kümmern können. Ein solches Bestandsmonitoring liefert praktisch die Visitenkarte für ein bestimmtes Gebiet. Es sollte spätestens mit Abschluss der Bauarbeiten (Erdaushub, Flutung usw.) eines Projektes beginnen, da meist schon während der Erdarbeiten erste »Interessenten« wie Schwarzkehlchen, Watvögel oder Libellen auftauchen. Noch mehr empfiehlt es sich, eine mindestens ein- oder besser noch mehrjährige Bestandserhebung in einem prospektiven Biotopbereich schon vor der Erschaffung eines neuen Lebensraumes durchzuführen. Dies ermöglicht einem später den Vorher-nachher-Vergleich, dessen Bilanz in aller Regel verblüffend positiv und frappierend überzeugend ist.

Oft ist es ärgerlich, mit ansehen zu müssen, wie ein neuerschaffenes Biotop blüht, wächst und gedeiht, aber praktisch wie eine Oase nicht nur in der Wüste einer rundum ausgeräumten Kulturlandschaft liegt, sondern fast wie in »Feindesland«. Versuchen etwa die vielen inzwischen brütenden Enten, Gänse, Schwäne und Rallen mit ihren Jungen im

Umland Nahrung zu suchen, tauchen nicht selten Spaziergänger, Freizeitsportler und vor allem »Tierfreunde« mit unangeleinten Hunden auf, so dass die Wildtiere rasch wieder in ihr Biotop zurückflüchten müssen. Da es heutzutage in Deutschland kaum noch wirksame Betretungsverbote für Feldfluren gibt, bieten auch Felder und Wiesen selbst mit hohem Aufwuchs kaum noch Schutz für angrenzende Biotope. Der aber lässt sich schaffen durch hochwertige landwirtschaftlich genutzte Umfeld-Areale: Viehweiden!

Wir haben solche Weiden im Bereich einer ganzen Reihe unserer Biotope eingerichtet: in Randzonen des Heinz-Sielmann-Weihers ganzjährig für Wasserbüffel (rund zehn Hektar) sowie für Galloway-Rinder (knapp zehn Hektar); als halbringförmigen Schutzgürtel um den Weiher im Nesselwanger Ried, zeitweilig bestückt mit Hinterwälder-Rindern; in den Feuchtwiesen und um die Weiher und Tümpel in den Gebieten »Weiher am Aubach« bei Frickingen sowie im Beweidungsprojekt »Storch und Stier« bei Buggensegel (Salem), zeitweise besetzt mit Fleckvieh bzw. ganzjährig mit Heck- und Hinterwälder-Rindern. Ebenso sind große Teile unserer Hauptstreuobst-Projektgebiete wie die Konstantinhalde bei Nußdorf und der Kulturlandschaft Hödingen als Dauerweiden für Rinder bzw. Schafe eingerichtet und Teile der Steiluferlandschaft bei Sipplingen als Jahresweide für Schafe und Ziegen.[21]

Alle diese Weidegebiete bringen enorme Vorteile mit sich. Zum einen sind sie permanent mit Elektro-Weidezäunen befriedet, wodurch jegliche Besucher und vor allem frei herumstreunende Hunde abgehalten werden, während Wildtiere wie Hasen, Rehe und Wildschweine rasch lernen, unter den unteren Drähten hindurchzuschlüpfen. Durch diese Befriedung werden die Weiden zu Ruhezonen, in denen sich

Wasservögel vor allem auch mit ihren flugunfähigen Jungen ungestört auf Nahrungssuche begeben können.

Weiterhin schaffen die Weidetiere ein ganzes Mosaik von Kleinbiotopen, die vielfach genutzt werden. Im Gegensatz zu Mähwiesen, auf denen Kreiselmäher meistens fünfmal im Jahr alle Halme bis zur Grasnarbe »abhobeln«, entstehen in Weiden nebeneinander Bereiche ganz unterschiedlichen Aufwuchses, in denen sich viele neue Pflanzenarten ansiedeln können. Dies gilt besonders für Umtriebsweiden (mit abgetrennten Bereichen für partielle Beweidung), aber selbst für Standweiden, auf denen Vieh das ganze Jahr auf derselben Fläche grasen kann. Auch in solchen Weiden gibt es Zonen mit ganz bodennahem Verbiss (da, wo beliebte Futterpflanzen wachsen) bis hin zu fast überständigem Aufwuchs (da, wo weniger attraktive Pflanzen gedeihen). Und dann entstehen interessante »Inseln« mit besonders hohem Aufwuchs, sogenannte Geilstellen. Das sind Plätze, an denen Dunghaufen verrotten und die von Weidetieren oft monatelang gemieden werden, um die Aufnahme von Parasiten zu umgehen.

Dieses so entstehende Nebeneinander von Aufwuchs unterschiedlicher Höhen bietet wichtige Kleinlebensräume für viele verschiedene Tierarten. In kurz verbissenen Bereichen können etwa Stare, Stelzen und Pieper Nahrung finden, was anderswo in der Kulturlandschaft kaum noch möglich ist – in Mähwiesen selbst unmittelbar nach dem Schnitt meist deshalb nicht, weil sie in der Regel bald nach der Mahd den »Schwedentrunk« in Form von Gülle erhalten. Durch den Wegfall der Gülledüngung können sich in Weiden auch wieder reichhaltige Gesellschaften von Bodenlebewesen wie Würmer, Schnecken und Insekten entwickeln, die Staren und anderen sich davon ernährenden Vögeln ausreichend Nahrung bieten. Bringt man im Umfeld derartiger Weiden auch noch Nistkästen an, kann man das Wiederentstehen bzw. Anwachsen lokaler Populationen von etwa Staren, Stelzen und Hausrotschwänzen schon in wenigen Jahren erleben. Augenfällig in solchen Viehweiden ist auch das Wiederaufleben von Mistkäferpopulationen, vorausgesetzt, das Weidevieh wird naturnah gehalten und nicht stark mit Arzneimitteln etwa zur Parasitenbekämpfung traktiert. Ganz besonders kommen Weiden um neuerschaffene Biotope herum den Hunderttausenden jungen Amphibien zugute, wenn sie sich nach ihrer Larvenzeit (etwa als Kaulquappe) als winzige Fröschchen in die benachbarten Wiesen ihrer Laichgewässer begeben. Gelangen sie in Mähwiesen, werden über 90 Prozent von ihnen von Kreiselmähern zerhackt oder von den Monsterreifen riesiger Landmaschinen plattgefahren. In Viehweiden werden zwar viele von ihnen von nahrungssuchenden Störchen und Reihern abgesammelt, aber im vielgestaltigen Mosaik von Grasbüscheln und Binsen finden auch ebenso viele gute Verstecke, so dass sie unbeschadet heranwachsen können.

Viehweiden im Umfeld neuer Biotope bringen weitere Vorteile. In Nasswiesen produzieren Weidetiere, ganz besonders Wasserbüffel, eine Fülle von verschieden großen offenen Wasserstellen von mit Wasser gefüllten Trittsiegeln über Pfützen bis zu Suhlen mit größeren Tümpeln, die meist von morastigen Kahlstellen umgeben sind. Diese kleinräumigen Feuchtgebiete sind in der Regel ein Eldorado für eine Fülle von Insekten, Amphibien sowie einer Vielzahl von Vogelarten wie Enten, Gänsen, Watvögeln, Piepern, Stelzen, aber auch Staren, Rotschwänzen und Drosseln. Im Umfeld des Heinz-Sielmann-Weihers können an derartigen Biotopen in den Wasserbüffelweiden bisweilen Hunderte von Wasservögeln und Kleinvögeln gleichzeitig beobachtet werden. Dafür sind

Der Fischbestand des Heinz-Sielmann-Weihers bietet zum Beispiel durchziehenden Fischadlern Nahrung.

nicht nur die Feuchtbiotope per se verantwortlich, sondern besonders auch der Insektenreichtum, der um große Weidetiere herum herrscht und der viele Vögel anlockt. Als die neuen Weiden am HSW mit Wasserbüffeln besetzt wurden, waren bereits nach wenigen Stunden die ersten Gruppen von Staren hinzugeflogen, die sich auf den Rücken der Tiere niederließen und begannen, als einheimische »Madenhacker« Insekten vom Fell abzusammeln und aus der Luft zu erhaschen. Bekanntlich sind große Weidetiere wie Büffel und Rinder auch in unseren Breiten nicht nur an heißen Sommertagen oft von Insektenwolken umgeben, sondern auch in beträchtlichem Maße bei kühlem Wetter. Ebenso steht es um die frischen Dunghaufen der Tiere. Dieses Nahrungsangebot, zum Teil ergänzt durch Hautparasiten wie Zecken, macht die ohnehin schon für viele Tiere einladenden Sumpf- und Wasserstellen besonders attraktiv.

Fazit: Die Einrichtung von Weiden im Umland neuer Biotope ist für Betreuergruppen eine besonders lohnende Aufgabe.[22] Und nebenbei sind Wasserbüffel eine ideale Kost für Jung und Alt. Sie liefern außergewöhnlich schmackhaftes, fett- und cholesterinarmes Fleisch, das auch älteren Herrschaften sehr zu empfehlen ist. Ähnliches gilt auch für Rinder und Schafe, wenn sie von naturnaher, artgerechter Haltung von Weiden zum Verzehr gelangen.

TEIL 3

Was jeder sofort tun kann

Naturschutzgesinnung statt Umweltbewusstsein

Seit einigen Jahrzehnten ist die Welt voller Appelle, wir sollen unbedingt auf »unsere« Umwelt achten, sie nicht weiter verschmutzen, gar zerstören oder vernichten, damit sie auch für »unsere« Nachkommen ein Überleben ermöglicht, lebenswert bleibt und »uns« Lebensqualität bietet. Mit diesen Appellen verbinden sich vor allem Vorstellungen von »sauber« – saubere Luft, sauberes Trinkwasser, Lebensmittel ohne Rückstände, gewachsen auf nicht verunreinigten Böden und produziert aus Tieren nicht verseuchter Bestände, saubere Strände (statt mit Plastikabfällen verunreinigte Meeresküsten) sowie möglichst moskito- und ungezieferfreie Unterkünfte zumindest für einen Urlaub unter für uns gewohnt »sauberen« Verhältnissen. Und nicht zuletzt gehören dazu die immer lauteren Aufrufe, Abfälle »sauber« zu trennen in Recyclebares (zur Schonung »unserer« Rohstoffreserven) und in Restmüll.

So gut und berechtigt alle diese Appelle auch sein mögen, sie leiden in der Regel unter einem Kardinalfehler: Sie sind allesamt zu kurz gedacht. Sie implizieren nämlich nahezu durchweg, dass unser Überleben – auch das der kommenden

Generationen – garantiert ist, wenn wir nur Luft, Grundwasser, Flüsse, Seen und Meere sowie die Böden und damit unsere Lebensmittel »rein« halten. Das Ökosystem, das mit diesen Appellen in Betracht gezogen wird, besteht praktisch nur aus uns Menschen und »unserer« – also der eng auf uns bezogenen – Umwelt, und die gesamte »restliche« Biodiversität kommt darin fast gar nicht vor.

Diese Sichtweise ist nicht nur brutal egoistisch und entsetzlich, sondern vor allem lebensgefährlich. Sie nimmt uns den Blick dafür, dass Artenvielfalt allüberall einschließlich in Luft und Wasser, Böden und selbst Lebensmitteln für unser Überleben genauso wichtig ist wie ein aus unserer Sicht »sauberer« Zustand. Die genannten egoistischen Appelle führen dann zum Beispiel dazu, dass viele unserer Mitbürger glauben, sie hätten schon viel für »die Umwelt« getan, wenn sie etwa ein »sauberes« (also relativ abgasarmes) Auto fahren, ab und an das Fahrrad nutzen und ihren Müll einigermaßen nach Vorschrift trennen. Wenn sich »die anderen« nur auch so verhalten würden, müsste »die Welt« eigentlich in Ordnung bleiben oder wieder ins Gleichgewicht kommen, zumindest aber »unsere« Umwelt und damit auch »die Natur«, die ja irgendwie zur Umwelt gehört – jedenfalls in dieser Sichtweise.

Damit beginnt das abgrundtiefe Dilemma, in dem sich der größte Teil unserer heutigen Gesellschaft befindet. Mit der Erfüllung der oben genannten Appelle wird zwar manches Positive für »unsere« (engere) Umwelt erreicht, und dabei fällt sogar auch manch Gutes für andere Mitlebewesen ab – aber damit retten wir nicht die grandiose Artenvielfalt, auf die wir auf Dauer genauso angewiesen sind wie auf saubere Luft und sauberes Wasser. Um Biodiversität zu erhalten oder wenigstens schon ihren derzeit galoppierenden Rückgang zu stoppen, reichen die allgemeinen Umweltappelle nie und nimmer aus. Dazu bedarf es weit mehr. Dafür muss an allererster Stelle eine Naturschutzgesinnung stehen, die deutlich über das enge »ich«- oder »uns«-bezogene Umweltbewusstsein hinausgeht. Die Maxime dafür könnte in etwa lauten: Mir ist klar, dass es für das Überleben der Menschheit nicht ausreicht, wenn wir nur in einem für uns eng abgesteckten Rahmen Umweltfaktoren wie Luft, Wasser, Böden und Energiequellen in einem für uns günstigen Zustand halten. Vielmehr ist es für uns geradezu eine Überlebens-Pflichtversicherung, dass wir neben den Menschen möglichst auch allen derzeit auf der Erde vorkommenden wildlebenden Tier- und Pflanzenarten ihr Überleben sichern.

Wer das begriffen hat (was nach all den bisherigen Ausführungen, vor allem im Kapitel »Brauchen wir überhaupt Artenvielfalt?«, nicht schwerfallen sollte), wird sich alsbald drei Gretchenfragen stellen: Erstens: Ist das überhaupt möglich? Zweitens: Wenn ja, wer kann und soll das bewerkstelligen? Und drittens: Bin ich dabei auch persönlich gefragt?

Auf die erste Frage habe ich versucht, im Kapitel »Können wir Artenvielfalt erhalten?« eine vorsichtige – positive – Antwort zu geben. Auch wenn der Rückgang der Artenvielfalt derzeit in weiten Teilen der Welt Ausmaße einer galoppierenden Schwindsucht angenommen hat, bleibt Hoffnung auf Besserung. Ein neues Naturschutzkonzept mit Renaturierungsmaßnahmen, die engmaschig in einem Biotopverbund vernetzt sind, macht, wenn auch reichlich spät, Hoffnung auf Besserung.

Die Antwort auf die zweite Frage ist leicht zu geben: Wir, die Bürger im Lande, sind hier gefragt, und zwar in einer Art Volksbewegung, die heute gern unter Schlagworten wie »Citizen Science« – »Bürgerwissenschaft« – zusammengefasst wird.[1] Die Geschichte des Natur- und Artenschutzes lehrt uns, dass die Maßnahmen von Staat und Politik zur Rettung der Artenvielfalt über feuerwehrartige Ansätze selbst in Zeiten, in denen es uns vergleichsweise gutging, nie hinausgekommen sind. Und jetzt, wo die Rettung der Biodiversität allein in Deutschland Milliarden erfordert, das Land aber hoch verschuldet ist und den Politikern durch »unsere« Probleme wie Flüchtlings-Völkerwanderungen, Rettung der EU, Vergreisung unseres Volkes und vieles mehr das Wasser ständig bis zum Halse steht, bleibt kein Spielraum für »nebensächliche« Probleme wie Artenvielfalt. So hat etwa unsere Bundeskanzlerin Angela Merkel, obwohl sie von 1994 bis 1998 als Umweltministerin tätig und damit für Arten- und Naturschutz im Lande zuständig war, selbst im Jahr der Biodiversität 2010 meines Wissens nach keine Zeit gefunden, auch nur in einer einzigen öffentlichen Stellungnahme einmal die Problematik von Arten- und Naturschutz in unserem Lande anzusprechen. Unsere wildlebenden Tiere und Pflanzen haben in ihr keine »Mutti«.

Vom jetzigen Umweltministerium hören wir zwar immerhin gelegentlich etwas über Wärmedämmung von Gebäuden, Feinstaubbekämpfung in Städten oder über Probleme der Massentierhaltung, aber so gut wie nichts über Artenvielfalt. Eine Ausnahme bildet der »Hilferuf« vom Oktober 2015 in Form der schon erwähnten »Naturschutz-Offensive 2020«.

In Baden-Württemberg, seit einigen Jahren geführt von einer Regierung eigentlicher Hoffnungsträger, nämlich den Grünen, spricht man zwar viel von Umwelt-, aber wenig von Naturschutz – und, noch weit schlimmer, sogar von Umwelt- auf Kosten von Naturschutz. So wird von den führenden Köpfen durchaus laut darüber nachgedacht, ob man Windkraftanlagen künftig nicht auch in Naturschutzgebieten bauen könne – da sie dort vom Aussehen her eigentlich nicht stören –, zudem auch näher als bisher vereinbart an Rotmilanhorste heran, weil die zahlreichen Milane im Land sonst zu viele Anlagen vereiteln würden. Auch unser früherer Bundespräsident Joachim Gauck äußert sich zwar bei jeder bietenden Gelegenheit zu der hochgepriesenen Freiheit des Menschen, aber mit keinem Wort zu den Freiräumen, die unsere zum Teil bis zum Verschwinden eingeengten Mitlebewesen bitter nötig hätten. Der einzige führende Kopf, der sich in jüngster Zeit dazu mahnend zu Wort gemeldet hat, ist Papst Franziskus in seiner *Laudato si* (in Kapitel I.III »Der Verlust der biologischen Vielfalt« sowie in II.IV »Die Botschaft eines jeden Geschöpfes in der Harmonie der gesamten Schöpfung«).

Also: Wenn wir Artenvielfalt doch noch retten wollen, als Überlebensgrundlage auf lange Sicht oder auch aus anderen, etwa religiösen Gründen, dann können wir dazu nicht auf »Einsicht«, »Aufklärung« und entsprechende »Maßnahmen« von Politik und Staat hoffen, denn das haben wir 150 Jahre lang vergeblich getan. Nein, wir müssen selber aktiv werden.

Damit beantwortet sich die dritte oben gestellte Frage eigentlich von selbst: Jeder, der sich angesprochen fühlt und die Zusammenhänge zwischen Artenvielfalt und den Überlebenschancen von uns Menschen begreift, sollte prüfen, wie er sich aktiv an der Rettung der Artenvielfalt beteiligen kann. Es wäre natürlich hirnrissig anzunehmen, mit Appellen wie etwa in diesem Buch, über die Medien oder auf Führungen im Feld ließe sich im Laufe der Zeit ein Großteil der Bevölkerung zum Mitmachen gewinnen. Aber das braucht es auch gar nicht. Eine beachtliche effektive Volksbewegung ist schon mit einigen Hunderttausenden zu erreichen, das hat

unsere Kampagne zur Einführung der Ganzjahresfütterung
von Vögeln gezeigt. Und das sollte eigentlich auch im Hinblick auf den Erhalt und die Wiederbelebung von Biodiversität gelingen. Dazu folgen in den nächsten fünf Abschnit-
ten Anregungen und Vorschläge in Hülle und Fülle.[2]

Zu diesem Abschnitt ist noch interessant anzumerken,
dass im Oktober/November 2013 die dritte bundesweite
Befragung zum Naturschutzbewusstsein in Deutschland
durchgeführt wurde (in Form einer repräsentativen Stich-
probe von über 2000 Personen ab 18 Jahren; Bundesamt für
Naturschutz). Die wichtigsten Ergebnisse sind, dass fast alle
Bürgerinnen und Bürger, über 95 Prozent (!), der Meinung
sind, dass »die Natur für die nachkommenden Generationen erhalten bleiben soll«; zwei Drittel der Befragten fürch-
ten, dass es für die kommenden Generationen kaum noch
intakte Natur geben wird; nur 18 Prozent (!) jedoch fühlen
sich persönlich dafür verantwortlich, die Natur zu erhalten.[3]
Da bleibt also für *Homo irrationalis* noch sehr viel zu tun im
Hinblick auf eine zielführende Naturschutzgesinnung.

Gartengestaltung:
so naturnah wie möglich

In Deutschland gibt es über 15 Millionen Haus- und Schrebergärten, die die Besitzer in der Regel nach eigenem Gutdünken gestalten können. All diese Gärten umfassen in Deutschland derzeit knapp 15 000 Quadratkilometer und machen somit rund vier Prozent der Landesfläche aus. Wäre nur ein Zehntel dieser Gärten sinnvoll in Bezug auf Artenvielfalt bepflanzt und bewirtschaftet, könnten darin schätzungsweise 30 Millionen Singvögel-Paare brüten und ihre Jungen aufziehen. Auch würden in großer Zahl Igel, Spitz- und Fledermäuse dort leben können, ebenso Eidechsen, Schmetterlinge und andere Augenweiden. Wie ich sagte: Schon das vorhandene bescheidene Grün bewirkt, dass viele größere Städte heute mehr Biodiversität aufweisen als die sie umgebende ausgeräumte Kultursteppe.

Zurzeit sind aber nur weit unter zehn Prozent der Gärten so angelegt, dass sie relativ viele Arten beherbergen können. Die meisten bestehen im Wesentlichen aus einem »Psychopathen-Rasen«,[4] »einer heruntergehobelten Grünfläche, auf der von Frühjahr bis Herbst etwa wöchentlich einmal ein wie irre Anmutender hinter einer lärmenden und stinkenden

Maschine herläuft, um anschließend das, wovon in Indien oder der Sahel-Zone ganze Familien mit ihren Ziegen und Hühnern das ganze Jahr über gut leben könnten, in eine Abfalltonne zu stopfen und danach die Grasnarbenplantage mit Kraftdünger und Herbiziden gegen Gänseblümchen und Löwenzahn auf ordnungsgemäßen Wiederaufwuchs zu trimmen, bis zum nächsten Radikalverschnitt«.

Ganz ähnlich sieht es mit vielen Stadtparks aus. Auf all diesen Flächen mit exzessiven abartigen Fortschrittsentgleisungen verschiedenster Art bieten sich großartige Möglichkeiten, »Oasen in der zugepflasterten Zivilisationswüste« zu schaffen,[5] in der sich Heerscharen von Tieren und Pflanzen ansiedeln und leben könnten.

Wie man einen möglichst naturnahen Nutz- oder Ziergarten am sinnvollsten entwickelt und unterhält, zeigen die folgenden Empfehlungen – und zwar direkt aus unserer Praxis heraus. Dafür möchte ich vorab bemerken, dass ich seit meiner Kindheit mit Freude gärtnere. Zurzeit hege und

Die Schweizerhose ist eine alte lokale Birnensorte.

pflege ich mit meiner Frau am Bodensee einen etwa 500 Quadratmeter großen Hausgarten, der sowohl dem Anbau von Gemüse, Kartoffeln und anderen essbaren Pflanzen dient als auch als Lebensraum für vielerlei Getier. Vor allem haben wir rund 15 Vogelbrutpaare – meistens je zwei Paare Amseln, Stare, Kohlmeisen, Haus- und Feldsperlinge sowie ein Paar Mönchsgrasmücken, Rotkehlchen, Blau- und/oder Sumpfmeisen, Kleiber, Zilpzalpe, Zaunkönige, Ringeltauben oder Sommergoldhähnchen. In seiner besten Zeit wuchsen bei uns über 1000 einheimische Wildpflanzenarten, deren Eigenheiten sich so aus nächster Nähe erkunden ließen. Weiterhin betreiben wir auf rund drei Hektar Wiesen und Wald eine kleine Nebenerwerbslandwirtschaft mit einem Streuobstbestand von etwa 100 Hochstämmen, einer kleinen Schafherde, Hühnern und zeitweise anderen Haustieren. Das alles entspricht weitgehend einem kleinbäuerlichen Betrieb aus der Zeit vor etwa 100 Jahren, in dem wir rund ums Jahr mit vielen freilebenden Tieren und Pflanzen zusammenleben und tagtäglich Erfahrungen sammeln können.[6]

Als erste Grundregel für einen Naturgarten gilt: Es gibt vier für unsere Landschaften typische Vegetationsschichten: Bäume, Sträucher, Stauden (mehrjährige Pflanzen wie etwa Disteln) und Kräuter (einjährige Pflanzen, zum Beispiel Kamille). Je strukturreicher ein Naturgarten durch das Nebeneinander dieser verschiedenen Vegetationsschichten ist, desto mehr Arten von Tieren und Pflanzen können ihn besiedeln.

Die zweite Grundregel besagt: Es sollten vorzugsweise einheimische und standortgemäße Pflanzen angesiedelt werden. Sie bringen zum einen eine angepasste Begleitfauna mit – vor allem Insekten, die sie bestäuben oder auf ihnen leben, Vögel, die ihre Beeren verzehren und ihre Samen verbreiten. Zum anderen sind sie meist relativ robust und pflegeleicht. Wer etwa Rosen liebt, der sollte sich besser in speziellen Gärtnereien ein paar der über 30 einheimischen Wildrosenarten besorgen, etwa die attraktive Essig-, Wein-, Zimt- oder Bibernell-Rose. Die hochgezüchteten Sorten sind weniger zu empfehlen, da sie oft vor sich hin kümmern oder ständig gegen Mehltau und andere Krankheiten behandelt werden müssen. Es gibt jedoch sinnvolle Ausnahmen von dieser Grundregel. So lockt etwa ein Schmetterlingsstrauch (Buddleja) oft mehr Schmetterlinge und andere Insekten an als ein Staudenbeet. Ein paar Nadelbäume oder eine Bambusecke bieten häufig ideale Schlafplätze auch im Winter und Nistplätze schon im zeitigen Frühjahr. Ein Wacholderstrauch kann die inzwischen sehr seltenen Hänflinge und Klappergrasmücken zum Brüten beherbergen. Und auch bei den Kletterpflanzen bieten einige Exoten große Vorteile (siehe unten). Vermieden werden sollten jedoch in unseren Breiten Pflanzen, die fast wie sterile Plastikgebilde aussehen und auch so wirken, so vor allem Kirschlorbeer und verschiedene Thujasorten.

Grundregel drei lautet: Ein Nutzgarten und ein naturnah »verwilderter« Restgarten müssen nicht penibel voneinander getrennt werden. Statt mühevoll sauber gehaltener Gartenwege, für deren Offenhaltung eigentlich die Zeit zu schade ist, empfiehlt es sich, zwischen die Reihen von Möhren, Buschbohnen, Zwiebeln, Kohl und ähnlichen Pflanzen einjährige Kräuter zu säen wie Klatschmohn, Kamille, Gauchheil, Wilde Stiefmütterchen oder Orant. Sie beleben nicht nur den Garten, so wie vor Jahrzehnten die »Unkräuter« unsere Feldfluren, sondern bereichern ihn auch durch viele Insekten. Zudem bieten sie Feinsamen-Spezialisten wie dem Girlitz und Stieglitz willkommene Nahrung, verhindern das

Aufkommen unerwünschter Wildkräuter (»richtiger« Unkräuter) wie Ackerschachtelhalm, Quecke oder Knopfkraut und schützen vor allem auch unsere Nutzpflanzen als Abstandhalter vor mancher übertragbaren Krankheit.

Ist das Gemüse stärker herangewachsen und sind die Kräuter dazwischen weitgehend abgeblüht, rupft man sie aus und legt sie in die Wege und um die Nutzpflanzen herum. Dort halten sie als Bodendeckung (Mulch) die Erde feucht, bieten Vögeln vielerlei Samen als Futter an und samen zudem aus, wodurch das Wiederaufkommen dieser Einjährigen im nächsten Jahr gesichert ist. Genauso hat man es auch früher in unserer Landwirtschaft gemacht, bevor man anfing, Herbizide einzusetzen.

Noch einmal zu den vier Vegetationsschichten. An Bäumen muss man im Hausgarten oft übernehmen, was schon steht. Wer neu pflanzen kann, sollte mancherlei beachten. Die Bäume sollten nicht zu dicht ans Haus und nur so nahe an Nachbars Grenze, wie es die lokalen Vorschriften erlauben. Auch »Riesen« sollte man nicht wählen, denn deren unvermeidbares Fällen kostet später ein Vermögen. Eine gute Wahl sind in der Regel Obstbäume. Selbst Hochstämme, wie vor allem im Streuobstanbau verwendet, werden nur mäßig hoch. Und egal, ob Kirsche, Pflaume, Apfel oder Birne, alle locken im Frühjahr mit ihrer duftenden Blütenpracht Scharen von Insekten an und erfreuen uns und viele Mitesser später mit ihren Früchten. Wer am Haus kein Obst pflanzen möchte, der kann nach anderen für Insekten, Vögel und Eichhörnchen attraktiven Bäumen Ausschau halten wie Linde, Ahorn, Baumhasel, auch Robinie oder Bienenbaum (Duftesche). Von diesen gibt es spezielle Züchtungen, die nur mäßig hoch und ausladend werden.

Für die Strauchschicht eignen sich von den fast durchweg

Schwarzer Holunder zählt zu den beeren-tragenden Straucharten, die für Vögel und Insekten gleichermaßen attraktiv sind.

beerentragenden Arten vor allem solche, die für Vögel und Insekten gleichermaßen attraktiv sind. Unter den sehr früh fruchtenden Arten sind das ganz besonders der Schwarze Holunder (auch für uns auf mehrfache Weise nutzbar) oder die Heckenkirsche. Von Arten mit später reifenden Früchten bieten sich vor allem Faulbaum, Hartriegel, Kreuzdorn, Pfaffenhütchen, Schlehe, Schneeball, Traubenkirsche oder Felsenbirne an. In eine bunte Hecke, die auch gute Verstecke und Nistplätze für allerlei Getier bietet, lassen sich natürlich sehr gut Nutzsträucher mit einbringen wie Johannis- und Stachelbeere und, bei ausreichend Platz, auch rankende Brombeeren, die eine herrliche Wildnis schaffen können.

Wichtig ist ein reichhaltiges Angebot an Stauden. Sie sind die Langzeitanbieter von Blüten für Insekten und von Samen für Vögel. Besonders lohnend sind viele Disteln (etwa Acker-, Esels-, Gewöhnliche Kratz-, Kugel-, Sumpfkratz-, Wollkratz-Distel), Karden (vornehmlich die Behaarte – Dipsacus pilosus, fast überall ein Garant für Stieglitze im Garten), Engelwurz, Flockenblumen, Königskerzen, Mädesüß, Natternkopf und Steinklee. Irgendwo im Garten sollten auch Brennnesseln geduldet werden, da sie Wirtspflanzen für Schmetterlinge und Futterspender (zum Beispiel für Gimpel) sind. Und in keinem Garten sollten Wegwarten fehlen, denn sie erfreuen uns monatelang tagtäglich mit ihren himmelblauen Blüten, bieten Körnerfressern Samen bis weit ins Frühjahr hinein und vertragen es sogar, wenn sie auf Wegen bisweilen betreten oder befahren werden.

Von der Vielzahl an Kräutern, also einjährigen Sommerblumen, eignen sich besonders ehemalige Acker-»Unkräuter«, die früher vielfach von den Vogelarten der Feldfluren wie Ammern, Girlitz, Hänflingen und Lerchen eingeschleppt wurden. Viele von ihnen, etwa Klatschmohn, Kornblume,

Kornrade und Kamille-Arten, können dem Garten zeitweilig ein farbenfrohes Blütenmeer voller Insekten bescheren und anschließend den Vögeln Samen in Hülle und Fülle bieten. In meinem Buch über das Vögelfüttern[7] gibt es zudem Hinweise auf viele spezielle »Futterpflanzen für unsere Gefiederten«, mit denen sich ein naturnaher Garten sehr bereichern lässt.

Kommen wir nun zu den Kletterpflanzen. Wie viele Hausbesitzer plagen sich mit der Reinhaltung der Fassaden, so als gälte es, damit Gott und aller Welt seine »weiße Weste« zu demonstrieren. Dieser Einsatz kostet meist viel Geld, Zeit und auch noch Ärger, wenn etwa wieder ein Schwalben- oder Starenschiss die Galle überlaufen lässt. Dabei kann man mit Kletterpflanzen leicht um sich herum ein Paradies schaffen. Zum Beispiel kann man nach ordentlicher Wärmedämmung das Haus mit (naturbelassenem) Holz verkleiden, das dann, wie früher etwa an unseren Feldscheunen oder Almhütten, oberflächlich verwittert und so mehrere Generationen lang aushält. Anschließend grünt man das Ganze einfach mit Kletterpflanzen ein. Für große Höhen eignen sich vor allem Anemonenwaldrebe, Efeu, Klettertrompete, Schlingknöterich, Wilder Wein, für mittlere Höhen auch Klettergurke, Zaunrübe und Kriechrose.

Efeu ist zudem ein Allround-Helfer im Garten. Immer grün bietet er Verstecke und Schlafplätze rund ums Jahr und Brutplätze schon zeitig im Frühjahr. Als Herbstblüher stellt er vielen Insekten letztes Futter vor der Winterruhe zur Verfügung. Und vom Spätwinter bis in den Sommer bietet er über 50 Vogelarten lebenserhaltendes Zusatzfutter mit seinen blauen Beeren. Anfang November 2016 konnte ich auf einem Quadratmeter blühenden Efeus noch an die 100 Insekten beobachten.

Oder sehen wir uns die Kriechrose an: Ein einziger Trieb, der nur ein paar Euro kostet, kann eine ganze Garage einkleiden, Scharen von Spatzen und anderen Vögeln einen sicheren Aufenthalt bieten und mit über 5000 Blüten wochenlang Hunderte von Hummeln und Wildbienen ernähren. In einem richtig eingegrünten Haus leben auch wir in gewisser Weise wie in der Wildnis, vor allem aber in einem sehr angenehmen Mikroklima.

Wer auf Dauer einen naturnahen artenreichen Garten haben will, der sollte Mut zu gepflegter Wildnis entwickeln, also viel wachsen, aber auch stehen und liegen lassen. Restliche Früchte, die an Beerensträuchern und Obstbäumen hängen, oder Fallobst, das liegen gelassen wurde, bieten ein willkommenes Zufutter für etwa Amseln und Wacholderdrosseln bis weit in den Winter hinein und locken unter Umständen sogar einmal Seidenschwänze bis ans Haus. Unter Laubstreu wie in Laubhaufen überwintern erfolgreich viele Insekten und Spinnen, und ähnlich bereichert auch ein Komposthaufen jeden Naturgarten und beherbergt Spitzmäuse, Blindschleichen und andere selten gewordene Tiere. Ein Muss ist, viele Stauden und auch Samen tragende Kräuter bis ins Frühjahr hinein stehen zu lassen. Erstens samen viele erst im Winter oder Frühjahr aus. Zweitens können sie so Girlitzen, Stieglitzen und anderen Vögeln sogar noch nach der Rückkehr aus dem Winterquartier Futter bieten. Und drittens überwintern in ihren Stängeln vielerlei Insekten und Spinnen, zum Beispiel die attraktive Wespenspinne.

Wer Artenreichtum im Garten fördern will, sollte natürlich die Anwendung von Chemikalien, vor allem von »Schädlings«-Bekämpfungsmitteln, auf ein Minimum beschränken oder am besten ganz unterlassen, da ihre Nebenwirkungen

Eine Kriechrose kann eine ganze Garage einkleiden.

meist nicht absehbar sind. Mittel der Wahl sind robuste standortgemäße Pflanzenarten, eine Ganzjahresfütterung, die vor allem Meisen als natürliche Schädlingsbekämpfer in den Garten (und in dort bereitgestellte Nisthilfen) lockt, oder natürliche Abwehrmittel, über die Bücher über ökologisches Gärtnern informieren.[8]

Schließlich sollte ein Naturgarten auch möglichst viele Strukturen aufweisen, die natürlichen Lebensräumen entsprechen. Dazu gehören Steinmauern und -haufen, in denen zum Beispiel Eidechsen leben können, Natursteinplatten auf Wegen, unter denen sich gerne Blindschleichen verstecken oder Insektenhotels, die Totholz und sandige Wegböschungen ersetzen können. Ideal sind auch große Holzstapel (Holzbeigen) aus Brennholz, in denen Sperlinge Unterschlupf finden, Hausrotschwänze oder Bachstelzen brüten sowie Spitzmäuse und Wiesel hausen. Ebenso gut sind Baumstammstücke, die man über Jahre verrotten lässt und die vielen Insektenlarven Lebensraum geben. Aufgeschichteter

Baum- und Heckenverschnitt dient etwa Zaunkönig und Heckenbraunelle, und, wenn möglich, bereichert natürlich ein selbst noch so kleiner Gartenteich die Artenvielfalt ums Haus ganz erheblich.

Bei dieser Gelegenheit möchte ich noch ein Wort an Häuslebauer in der Planungsphase richten. Es lohnt sich in vielfacher Hinsicht, ein kleines Haus zu konzipieren und viel Platz für reichlich Garten ums Haus herum zu belassen. Das minimiert nicht nur Kosten und Aufwand für Bau, Unterhalt, Heizung, ständiges Sauberhalten von Räumen und anderes mehr, sondern erhöht vor allem ganz wunderbar die Lebensqualität durch viel Aufenthalt nicht im Haus, sondern drum herum im üppigen Grün voller Leben. Ich weiß, wovon ich rede: Unser Häuschen hat rund 70 Quadratmeter Wohnfläche und ist völlig eingegrünt in einem fast zehnmal so großen Garten. Diese naturnahe Wildnis beschert uns auch nach vielen Jahren noch nahezu täglich neue interessante Beobachtungen und immer wieder neue Tierarten als Besucher oder Mitbewohner. Wie armselig wäre dagegen ein Leben bloß innerhalb der vier Wände, im schlimmsten Fall vor dem Fernseher – da helfen dann auch keine sieben Zimmer!

Zum Schluss noch ein paar Bemerkungen an alle diejenigen, die diesen Abschnitt vielleicht mit einem tiefen Seufzer beschließen und denken, ja, wenn ich nur ein Häuschen mit Garten hätte! Es muss ja gar nicht unbedingt ein Garten und auch nicht notwendigerweise ein eigener sein. Viele verfügen über recht geräumige Balkone. Auch die lassen sich mit einiger Phantasie mit üppig grünenden und blühenden Pflanzen in Kästen und Kübeln sommers wie winters als vogel- und allgemein tierfreundliche Oasen gestalten. Gleiches gilt natürlich für einen Dachgarten, selbst auf dem Dach einer Garage

oder Werkstatt. Wir haben auf unserem Garagendach hinter
der großen Kriechrose sogar einen kleinen Folienteich eingerichtet, an dessen Rändern höchst seltene Pflanzen gedeihen
und sogar zugewanderte Laubfrösche quaken.

In Balkon-Paradiesgärtchen nisten häufig verschiedene
Vogelarten wie Amsel, Hausrotschwanz, Rotkehlchen, Grauschnäpper, Grünling oder bisweilen sogar Stockenten. Wer
keinen Balkon besitzt, der sollte darüber nachdenken, ob
nicht ein kleiner Schrebergarten Lebensträume erfüllen
könnte. Ein paar ganz neue Ideen: ein Vogelschutz-Garten,
eingerichtet und betrieben von einer Gruppe von Vogel- und
Naturfreunden auf einer Fläche, die sicher die meisten Gemeinden für einen derartigen guten Zweck bereitwillig zur
Verfügung stellen werden. Oder zusammen mit Gleichgesinnten ein Stück ehrenamtlich betriebener Naturgarten in
einem Stadtpark, etwa in Verbindung mit einer Stadtgärtnerei.

Wenn es gelingt, in einem richtig naturnah angelegten
Hausgarten zehn Vogelbrutpaare anzusiedeln, dann entspricht das dem 100fachen der heutzutage in Deutschland
normalen Vogeldichte von durchschnittlich drei bis vier Vögeln pro Hektar! Würden nur zehn Prozent der Hausgärten
Deutschlands vogelfreundlich naturnah gestaltet – sowohl
im Bewuchs als auch durch eine Ganzjahresfutterstelle und
mit ausreichend Nisthilfen –, dann könnten in ihnen mindestens 60 Millionen Vögel nisten. Das ist etwa die Hälfte
der Anzahl der derzeit bei uns noch vorkommenden Individuen!

Das Fazit lautet: Jeder wieder als Tierparadies gestalte-
te Garten lohnt alle Mühe und stellt einen bedeutenden
Beitrag zum Erhalt der Artenvielfalt dar. Jeder »Psycho-
pathengarten« hingegen ist ein Armutszeugnis für unsere

Einstellung zu unseren Mitlebewesen. Hier gilt der früher gegenüber unseren Adeligen oft bemühte Satz: »Grundbesitz verpflichtet.«

Vögel füttern – rund ums Jahr

Immer wieder hört oder liest man von einem Märchen, das auch durch noch so viele Wiederholungen nicht wahr wird: Ein naturnah betriebener Garten böte vielen Vögeln ausreichend Nahrung, deshalb erübrige sich dort jegliches Zufüttern.

Das ist leider eine irrige Behauptung von unbedarften Schreibtisch-Ökologen oder von Ideologen, die aus welchen Gründen auch immer eine Fütterung wildlebender Vögel voreingenommen ablehnen oder verhindern möchten. In unserem Buch *Vögel füttern – aber richtig*[9] haben wir berechnet, dass selbst ein optimal naturnah geführter Garten von etwa 500 Quadratmetern Fläche nur ein paar wenige Singvögel rund ums Jahr ernähren kann. Selbst Zentner von Früchten oder Beeren stellen immer nur Zusatznahrung dar, zu der vor allem Eiweiß und Fett aus anderen Quellen hinzukommen müssen. Für die ausreichende Ernährung vieler Vögel sind weit größere Flächen mit optimalem Bewuchs erforderlich. Und selbst ein Auwald mit zig meterhohen Bäumen, der das nahrungsreichste Biotop in unseren Breiten darstellt, kann auf einer solchen Fläche nur wenige Vogelbrutpaare versorgen, und auch das nur im Sommerhalbjahr. Im Winterhalbjahr ist es noch weniger.

Trotzdem kann man in einen naturnah gestalteten Garten eine ganze Menge Vögel locken und sogar auch als Brutvögel ansiedeln: durch eine Ganzjahresfütterung und eine ausreichende Anzahl geeigneter Nisthilfen. Das Wichtigste, was dabei zu beachten ist, folgt hier in Kurzform. (Wer vorhat, seinen Hausgarten mit einer Ganzjahresfütterung und Nisthilfen zu einem richtigen Vogelparadies zu gestalten, sollte unbedingt unser oben genanntes Buch als ausgereiften Ratgeber zu Hilfe nehmen.)

In Deutschland ist das Zufüttern freilebender Vögel schon in der ersten Hälfte des 19. Jahrhunderts populär geworden, als unsere Vögel eigentlich noch weitgehend mit der in der freien Natur verfügbaren Nahrung auskommen konnten. Aber mit der Fütterung wurde Vögeln nicht nur geholfen, sondern man bekam sie mit der Einrichtung einer Futterstelle vor allem auch nahe ans Haus und konnte sie dadurch sozusagen vom Platz am warmen Ofen aus und trotzdem aus nächster Nähe beobachten – und war fasziniert. Das ist heute noch so. Aber die Bedeutung des Zufütterns hat inzwischen enorm zugenommen. Vor allem durch unsere überaus intensive Landwirtschaft, die vielfach Raubbau an der Natur betreibt, haben wir den größten Teil der Freiflächen unseres Landes so ausgeräumt, dass für die meisten Vogelarten der Feldfluren kaum noch Nahrung übrig bleibt. Durch Biozide sowie flächendeckende Lichtverschmutzung sind die Insektenvorkommen nahezu überall so stark geschrumpft, dass immer mehr Vogelarten die Nahrungsgrundlage vor allem für die Aufzucht ihrer Jungvögel verlorengeht.

Wir haben deshalb in unserem oben genannten Buch formuliert: »Daher ist die Zufütterung freilebender Vögel eine logische Konsequenz und moralische Verpflichtung (...). Durch Zufütterung können wir wildlebenden Vögeln wenigstens einen Teil dessen, was wir ihnen durch rigorose Landwirtschaftspraxis mehr und mehr genommen haben, sozusagen ›zurückgeben‹.«[10]

So ähnlich hat das auch der früher dem Vogelfüttern durchweg zugetane »Bund für Vogelschutz« gesehen, bevor er als heutiger NABU – jedenfalls laut immer wieder vorgetragenen Äußerungen einiger seiner Funktionäre – meint, das Zufüttern von Vögeln sei sinnlos oder gar schädlich und moderner Vogelschutz verlange andere Maßnahmen, etwa Biotopschutz.

Die wichtigsten Erkenntnisse über die heutzutage enorme Bedeutung einer Ganzjahresfütterung für den Artenschutz kamen zunächst aus dem überaus vogelfreundlichen Großbritannien. Inzwischen gibt es aber auch viele Untersuchungen in unserem Land. Auf den wintermilden britischen Inseln wäre eigentlich schon eine Winterfütterung von Vögeln kaum zu erwarten gewesen, geschweige denn zusätzlich eine Sommer- und damit Ganzjahresfütterung. Dass man sie dort schon vor fast 50 Jahren eingeführt hat und sie fortlaufend weiterentwickelt, hat gewichtige Gründe. Sie wurde von Anfang an durch sorgfältige wissenschaftliche Studien begleitet, und die haben eine erstaunlich große Palette von positiven Auswirkungen aufgezeigt. Dadurch ist die Ganzjahresfütterung inzwischen zu einer hervorragenden Vogelschutzmaßnahme für jedermann geworden.

Mit der Ganzjahresfütterung lassen sich zum Beispiel gebietsweise als Brutvögel völlig verschwundene Arten wie Haus- und Feldsperling oder Stieglitz in lokalen Populationen wieder ansiedeln. Und bei den genannten sowie einer ganzen Reihe weiterer Arten kann die Ganzjahresfütterung die Siedlungsdichte deutlich bis stark erhöhen, so etwa bei Meisen, Ammern und Staren. Für viele Arten ist ein ganzes

Wirkungsgefüge positiver Einflüsse auf das Brutgeschäft nachgewiesen. So wurde ein früherer Brutbeginn festgestellt, der einen Zeitgewinn für Folge- und Ersatzbruten sowie für die Entwicklung überlebensfähiger Jungvögel bringt. Zudem finden sich mehr Eier pro Gelege und größere Eier von höherer Qualität, was die Vitalität der Nestlinge begünstigt. Außerdem führt sie zu einem höheren Bruterfolg (Ausfliegerate) und zu einer größeren Überlebenschance ausgeflogener Jungvögel.

Wenn die Ganzjahresfütterung die Siedlungsdichte erhöht, führt das nicht zwangsläufig zu mehr Auseinandersetzungen. Es zeigte sich vielmehr, dass das erhöhte Nahrungsangebot auch die inner- und zwischenartliche Aggressivität reduziert. Man weiß schon seit langem, dass das Zufüttern die Wintersterblichkeit vieler Arten vermindert; besonders wichtige Effekte der Frühlings- und Frühsommerfütterung sind freilich erst in neuester Zeit bekannt geworden. Neben den bereits genannten positiven Einflüssen auf die Brut helfen sie vielen infolge der Klimaerwärmung immer früher ins Brutgebiet zurückkehrenden Zugvögeln dabei, Nachwintereinbrüche gut zu überstehen. Ebenso werden die Vögel bei Hungerzeiten unterstützt, die durch Schlechtwetterperioden während früher Bruten auftreten, in denen dann die wenige verfügbare Insektennahrung komplett an die Jungvögel verfüttert werden kann.

Der Fülle an positiven Effekten einer Ganzjahresfütterung stehen so gut wie keine Nachteile gegenüber. Eine gelegentlich an einer Futterstelle übertragene Infektion kann ebenso an einem anderen Ort erfolgen, vor allem bei Ansammlungen im natürlichen Lebensraum (zum Beispiel am Schlafplatz im Schilf oder an einem zeitweiligen Fressplatz an einem Getreidesilo).

Mit der Ganzjahresfütterung lassen sich verschwundene Arten wie der Stieglitz wieder ansiedeln.

Wer heutzutage ganzjähriges Zufüttern noch ablehnt, ist somit entweder unwissend beziehungsweise nicht auf dem Stand heutigen Wissens, voreingenommen oder hat ideologische Gründe (möchte also etwa das für Futter aufgewendete Geld lieber für »besseren« Vogelschutz ausgegeben sehen). Er ist auf alle Fälle kein wahrer Vogelfreund, weil er unseren Gefiederten das vorenthält, was wir ihnen in ihrem Lebensraum durch Raubbau am stärksten reduziert haben: Nahrung!

Wer sich für eine Ganzjahresfütterung entschieden hat, möchte und sollte natürlich wissen, was man am besten wann, wo und wie füttert. Hierzu wiederum aus unserem Vogelfütterbuch die wichtigsten Anhaltspunkte.

Futterstellen und -geräte

Vögel lieben Futterhäuser, am meisten geräumige, mäusesicher und frei aufgestellt, mit guter Sicht auf eventuell lauernde oder nahende Feinde wie etwa Katzen. Daneben eignen sich gut Futterspender verschiedener Art wie Futtersilos, die es in Kasten- oder Röhrenform gibt und auch zur längerfristigen Fütterung mit Vorratshaltung, auch Spiralen, Metallfederringe oder Gittergefäße zum Anbieten von Meisenknödeln und Fettfutterblöcken sowie spezielle Gittersilos als Erdnuss-Feeder.

Futtermittel

Ein minimales Futterangebot sollte zwei bis vier Sorten Futter bereitstellen, nämlich ein Körner-Streufutter mit hohem Anteil an (möglichst schwarzen) Sonnenblumenkernen, Hanf, Feinsämereien, aber mit wenig Getreide (das oft kaum gefressen wird) sowie ein Fettfutter, in der Regel Meisenknödel oder ein selbst hergestelltes Fettfutter aus Rindertalg. Sehr empfehlenswert ist die Erweiterung des Streufutters durch Hafer- und Weizenflocken, am besten angereichert mit geeignetem Fett oder Öl als Fettfutter, das bei vielen Arten von der Amsel bis zum Wintergoldhähnchen, Zaunkönig oder Zilpzalp sehr beliebt ist.

Übrigens: Unsere Vögel sind im Sommerhalbjahr am aktivsten, bedingt unter anderem durch Revierverteidigung, Jungenaufzucht und Nahrungssuche. Deshalb fliegen sie in dieser Zeit am meisten, was etwa 20- bis 25-mal so viel Energie verbraucht wie Hüpfen am Boden oder im Gezweig. Der »Flugmotor« – die Brustmuskeln – verbrennt beim Flie-

gen Fett, das eine ähnliche Funktion hat wie das Kerosin im
Flugzeug. Daher ist für Vögel das Angebot von Fettfutter im
Sommer besonders wichtig. Aus diesem Grund ist es nicht
verwunderlich, dass der Verbrauch von Meisenknödeln an
einer ganzjährig bestückten Futterstelle im Mai und Juni
20- bis 30-mal höher sein kann als in den Wintermonaten.
Im Winter werden hingegen meist auch Apfelstücke gern angenommen, vor allem von Drosseln.

Dieses hier skizzierte minimale Angebot von Futtermit-
teln, das sich etwa mit der »gutbürgerlichen Küche« in unserem menschlichen Bereich vergleichen lässt, kann in man-
nigfacher Weise erweitert und vor allem auf die speziellen
Bedürfnisse einzelner Vogelarten ausgerichtet werden. Dabei sind der Phantasie und den Möglichkeiten nahezu keine
Grenzen gesetzt. Auch diesem Bereich haben wir in unserem
Vogelfütterbuch ein eigenes Kapitel gewidmet, deshalb hier
nur einige Hinweise.

Wer Vögel gern allgemein optimal versorgen möchte,
kann natürlich wie für die eigene Küche auch Bioprodukte
für die Futterstellen verwenden, also Futtermittel aus öko-
logisch-umweltverträglichem Anbau. Die sind relativ teuer
und meist eher in Spezialgeschäften erhältlich. Viele Fut-
termittelhersteller bieten auch besonders wertvolle Vogel-
nahrung als Premium- oder Vollwertprodukte an. Überaus
beliebt für zig Vogelarten von Großvögeln bis zu kleinsten
Arten (wie Schwanzmeise, Goldhähnchen, Zaunkönig oder
Zilpzalp) sind Erdnuss-(Energie-)Kuchen auf der Basis von
Erdnussfett, die in Block- oder Walzenform angeboten werden und zum Teil mit getrockneten Insekten, Feinsämereien
und Früchten angereichert sind. Diese Energie- und Voll-
wert-Kuchen locken auch viele Weichfresser an, etwa Rotkehlchen, Braunellen und Grasmücken. Körnerfresser pro-

fitieren von einer möglichst breiten Palette grober und feiner Sämereien, also von Nussbruch aus Hasel- oder Walnüssen bis hin zu feinsten Distel-, Salat- oder Mohnsamen.

Eine gute Zusammenstellung vieler Sämereien erhält man in speziellen Futtermischungen für Waldvögel, Kanarien oder Sittiche, die beispielsweise Zoofachgeschäfte bereithalten und die sich auch für viele Wildvögel-Futterstellen gut eignen. Wer etwa im Hinblick auf kritische Nachbarn darauf achten sollte, dass durch Futterstellen möglichst wenig Verunreinigung entsteht, füttert am besten geschälte Sonnenblumenkerne – sogenannte »Herzen«; damit entfallen die sonst weit verstreuten Schalen der Sonnenblumensamen. Ein ganz spezielles Futtermittel eignet sich zum Anlocken von Stieglitzen, und zwar die schwarzen Samen des Ramtil (Nigersaat, Gingellikraut), die man am besten in einem Futtersilo anbietet. Sie stammen von einem afrikanischen Korbblütler, sind stark ölhaltig und wirken auf Stieglitze ähnlich anziehend wie die schon genannten Pflanzen Behaarte Karde und Wegwarte.

Wie bereits dargestellt, bereitet heute vielen Arten der enorme Rückgang an Insekten große Probleme, ihre Jungen erfolgreich aufzuziehen. Leider können wir an Futterstellen dafür keinen vollwertigen Ersatz bieten, aber immerhin können wir Hilfe leisten durch spezielle Zufütterung. Gern angenommen wird Lebendfutter in Form von sogenannten Mehlwürmern (Mehlkäferlarven), Wachsmotten und Grillen (Heimchen), die im Zoofachhandel erhältlich, aber relativ teuer sind. Sie werden von vielen Arten wie Meisen, Sperlingen, Rotkehlchen, Zaunkönig, Star und Drosseln mit an die Jungen verfüttert und können vor allem bei schlechtem Wetter mit wenig verfügbaren Futtertieren mancher Brut zum Überleben verhelfen. Ein sehr gutes Zufutter stellen außerdem Bienenlarven dar, und von vielen Imkern können auch Drohnenlarven bezogen werden, die meist ohnehin aus den Bienenstöcken entfernt werden. Schließlich eignen sich für viele Arten in gewissem Umfang Fleischstückchen.

Damit kommen wir in den Bereich der speziellen Fütterung von Greifvögeln und Eulen zum Beispiel mit Fleisch, Mäusen und Fallwild. Dabei sind allerdings besondere Vorschriften zu beachten, die auch im Buch übers Vogelfüttern behandelt werden. Dort wird auch auf die vor allem in vielen Städten problematische, weil vielfach verbotene Fütterung verwilderter Haustauben sowie von Wasservögeln eingegangen.

Schließlich sind noch einige Nahrungsmittel zu nennen, die keinesfalls an Wildvögel verfüttert werden sollten. Das sind einmal alle möglichen Küchenabfälle, die eventuell sogar schon mehr oder weniger verdorben sind, altes Brot wegen vielleicht schon eingesetzter Schimmelbildung und verschiedener zugefügter Zusatzmittel, Braten-, Wurst- und Käsereste – vor allem wegen der darin enthaltenen Gewürze, aber auch wegen der Konservierungsstoffe. Auch Butter oder Schweineschmalz sind zu vermeiden, da beide bei Wärme rasch verlaufen und zudem schnell ranzig werden können. Auch das Sammeln und Trocknen von Beeren sollte unterbleiben, denn getrocknete Beeren werden kaum gefressen und verbleiben besser in frischem Zustand an Ort und Stelle (wo sie sich viele Vögel holen). Auch die bisweilen angebotenen getrockneten Insekten sind nicht zu empfehlen, da sie recht teuer sind und größtenteils verschmäht werden. Für dasselbe Geld kauft man besser Lebendfutter.

Auch hier ergibt sich, wie schon beim vorherigen Abschnitt über Gärten, unter Umständen die Frage: Wie soll ich im Bereich meiner Mietwohnung – vielleicht ohne Balkon – Vögel füttern? Da könnte sich folgender Ausweg anbieten: Mit Gleichgesinnten auf einem Stückchen Land, das sicher jede Gemeinde etwa im Bereich einer Kläranlage oder einer Stadtgärtnerei zur Verfügung stellt, eine größere, gemeinsam betriebene Futterstelle einrichten. Ein Paradebeispiel dafür ist eine Großfutterstelle mit Vogelbeobachtungshaus, das eine ganze Schulklasse aufnehmen kann, in Sindelfingen am Rande des Schönbuchs (»Juwel im Stadtwald«). Die Fütterungseinrichtung als Teil des städtischen Forsthofes und eines Waldlehrpfades hat schon etliche Nachahmer gefunden und könnte Schrittmacher für Schulen, Rehaeinrichtungen und andere Stätten werden.

Nisthilfen

In diesem Abschnitt soll kein Überblick gegeben werden über all das, was der Markt heute an Nisthilfen für Vögel anbietet. Vielmehr wird kurz gezeigt, was an Nistgeräten für die optimale Einrichtung eines vogelfreundlichen Gartens sinnvoll ist. Ich kriege nämlich oft von Leuten Fragen gestellt wie: Wir haben in unserem Garten vor ein paar Jahren zwei Nistkästen aufgehängt, und bisher hat darin kein Vogel gebrütet – woran kann das liegen?

Das kann vielerlei Ursachen haben. Vielleicht hängen die Kästen an einem unruhigen Platz mit zu vielen Störungen, zum Beispiel durch Menschen und Katzen. Oder es liegt an einer schlechten Anbringung im Hinblick etwa auf Niederschläge, Wind und Anflugmöglichkeiten. Auch der Befall durch Parasiten (Vogelflöhe, Milben) sowie der Bezug durch andere Bewohner wie Wespen oder Mäuse können der Grund sein.

Wir empfehlen deshalb aufgrund eigener Erfahrungen, in einem Garten von etwa 500 Quadratmetern Fläche rund 10 bis 20 Nistkästen aufzuhängen. Es sollten möglichst unterschiedliche Bautypen sein, die für viele verschiedene Arten geeignet sind, wie zum Beispiel Star, Mauersegler, Meisen, Sperlinge, Rotschwänze, Bachstelze und Rotkehlchen, even-

In einem Garten von etwa 500 Quadratmetern sollten 10 bis 20 Nistkästen hängen – im Idealfall allerdings nicht, wie hier auf dem Foto, aus Holz.

tuell auch speziell für Mehlschwalben. Aus so einem breiten Angebot können dann die Vögel auswählen, was ihnen günstig erscheint, und man selbst kann damit rechnen, dass ein Gutteil (durchaus etwa die Hälfte) dieser Nisthilfen auch bezogen wird. Wir sind normalerweise ja auch nicht bereit, einfach in eine einzige uns angebotene Wohnung zu ziehen, die unter Umständen vielerlei Nachteile hat. Für Kleinvögel ist bei ihrer kurzen Lebensdauer von im Durchschnitt nur eineinhalb Jahren die gewählte Nisthilfe oft die einzige, die ihnen die Chance bietet, sich fortzupflanzen. Da ist eine sorgfältige Auswahl schon angebracht.

Werden Nistkästen aufgehängt, müssen sie im Herbst (Oktober, November) gereinigt werden. Dabei werden vor allem die alten Nester entfernt und eventuell in großer Anzahl angetroffene Vogelflöhe mit einer Lötlampe oder dergleichen abgeflämmt. Die Reinigung ist sehr wichtig, weil ohne sie die Kästen schon nach einer Brutperiode bis zum Dach mit alten Nestern gefüllt sein können und dann unter Umständen in den Folgejahren nicht mehr bezogen werden. Früher, als Höhlenbrüter ausschließlich in natürlichen Höhlen genistet haben, wurden fortlaufend neue Höhlen bezogen, was bei Nistkästen praktisch ausscheidet.

Übrigens räumen Stare und Mehlschwalben ihre Nisthilfen selber aus. Man kann sie, da man sie nicht zur jährlichen Reinigung gut erreichen muss, recht hoch aufhängen, was beide Arten lieben. Bei allen sonstigen Nistkästen empfiehlt sich überall da, wo keine Störenfriede auftauchen können, eine Aufhängung in Kopfhöhe, was den meisten Arten zusagt und die Kastenkontrolle begünstigt.

Im Hinblick auf die Ausrichtung des Einflugloches sind Brutvögel meist wenig wählerisch, was die Himmelsrichtungen betrifft. Aber Osten und Süden sind zu empfehlen wegen der günstigen Sonneneinstrahlung und der Vermeidung von regelmäßig einfallendem Niederschlag.

Schließlich noch ein paar Hinweise zur Qualität von Nisthilfen: Mit Abstand die besten Nistkästen sind die aus Holzbeton, wie sie die Firma Schwegler in Haubersbronn (bei Stuttgart) herstellt. Sie sind jahrzehntelang haltbar, geräumig, bilden ein für die Jungvögel sehr günstiges Mikroklima und bieten guten Schutz vor Nesträubern. Kästen aus Holz haben hingegen den Nachteil, dass die Wände oft schon nach kurzer Zeit Risse bekommen und die Nisthilfen dann von Vögeln gemieden werden. Häufig hacken auch Spechte sie im unteren Bereich auf, um Nestlinge herauszuzerren, die sie fressen oder an ihre eigenen Jungen verfüttern. Bei selbstgebauten oder gekauften Nisthilfen ist sorgsam darauf zu achten, dass sie eine ausreichend große Grundfläche besitzen. Sehr enge Kästen werden zum Teil zwar notgedrungenermaßen bezogen, aber in die dann sehr kleinen Nester legen Vögel oft weniger Eier als normal, was den erforderlichen Bruterfolg nachteilig mindert. Gänzlich ungeeignet sind Nisthilfen aus Blech oder Plastik, wie sie zum Teil von

Verschiedene Nisthilfen.

Billigherstellern angepriesen werden. In ihnen können Jung-vögel durch Überhitzung oder Schwitzwasser leicht zu Tode kommen.

Wer Mehlschwalben und Mauersegler besonders för-dern möchte, kann außer Kunstnestern, die unter Dachvor-sprüngen angebracht werden, ein sogenanntes Schwalben- und Mauerseglerhaus aufstellen, wie es die Firma Junker in Bennwil in der Schweiz anbietet. Für Gebüschbrüter wurden schon besonders geeignete Sträucher und Kletterpflanzen sowie günstige Strukturen durch beispielsweise aufgeschich-teten Verschnitt von Bäumen und Sträuchern genannt, für Halbhöhlenbrüter wurde das Aufstellen von Holzbeigen empfohlen.

Abwehr von Katzen

Bis vor einigen Jahrzehnten wurden überzählige lästige Katzen nicht nur in der Feldflur, sondern auch im Hausgartenbereich mit Kleinkalibergewehren abgeschossen, in Fallen gefangen und dann oft getötet oder von Tierfängern für Versuchszwecke abgesammelt. Dabei wurde vielen Katzen großes Leid zugefügt, ohne das Problem zu lösen, da sich dennoch viele Katzen ständig stark vermehrten. Außerdem wurde das Hauptübel nicht einbezogen: Katzenhalter ohne Verantwortungsbewusstsein.

Heute ist das Abschießen, Töten und zumeist auch das Wegfangen von Katzen im Siedlungsbereich durch neue Waffen- und Tierschutzgesetze verboten. Dafür beginnen andere Maßnahmen allmählich wirksam zu werden. Dazu berichtet Laura Horn: »Mit der Begründung, dass eine Akzeptanz des Populationsanstiegs von Katzen über das bereits erreichte, kaum noch erträgliche und offensichtlich nicht mehr beherrschbare Maß gegen §1 des Tierschutzgesetzes verstößt, stellten die GRÜNEN einen Antrag zur bundeseinheitlichen Kastrationspflicht von Katzen, die Zugang ins Freie haben und geschlechtsreif sind. Am 1.12.2010 lehnten die Regierungsfraktionen mit den Stimmen von CDU/CSU und FDP diesen Antrag ab mit dem Verweis auf die Zustän-

digkeit der Länder und die Wahrung der Verhältnismäßig-
keit (= bürokratischer Aufwand).«[11]

Mittlerweile gibt jedoch der neue Paragraph 13b, der mit
der letzten Änderung des Tierschutzgesetzes eingeführt
wurde, den Landesregierungen die rechtliche Grundlage
dafür, Verordnungen für ein ganzes Bündel von Maßnahmen zu erlassen, wie etwa Kastration, Freilaufbeschränkun-
gen oder -verbote, Kennzeichnungspflicht (mit Chips oder
Steuermarke) und speziellen Steuern. Nach dieser (für unser
Land typischen) halbherzigen Regelung für den Artenschutz
bleibt die Durchführung von Verordnungen, sofern sie vor-
handen sind, eine kommunale Angelegenheit.

Immerhin ist einiges in Gang gekommen. Vorreiter war
die Stadt Paderborn im Jahr 2008. Das »Paderborner Mo-
dell« verpflichtet die Halter und Fütterer von Freigängerkat-
zen zur Kastration und Kennzeichnung. Bis 2013 haben in
der Hälfte unserer Bundesländer einzelne Gemeinden die
Kastrationspflicht eingeführt.[12] Ihre Anzahl summierte sich
bis 2015 auf rund 300 von insgesamt 15 000.[13]

Bisher sind die Maßnahmen also noch lange nicht erfolgreich, aber immerhin angestoßen worden. Damit ist jetzt
auf alle Fälle jedem Naturfreund ein Werkzeug an die Hand
gegeben, mit dem sich weiteres bewirken lässt. Zunächst
wäre dies, Ortschafts- und Stadträte, Ortsvorsteher und
Bürgermeister, Landräte und Abgeordnete der Parlamente,
insbesondere auch im Hinblick auf Wahlen, unablässig und
unnachgiebig dahingehend zu bearbeiten, dass säumige Gemeinden zügig die Kastrations- und Kennzeichnungspflicht
einführen und umsetzen, zumal sie auch von Tierschutzver-
bänden wie PETA »als wichtige Maßnahme gegen die Katzenüberpopulation« eingestuft werden. Diese positive Einstellung hat gute Gründe, denn die Sterilisierung reduziert

die Läufigkeit von Katzen und damit die Gefahr, überfahren zu werden, und ebenso die Gefahr, sich Verletzungen durch Kämpfe zuzuziehen; auch Gebärmutter- und Gesäugeerkrankungen treten seltener auf.

Kastration und Kennzeichnung könnten, sofern sie flächendeckend durchgeführt würden, zweifellos die Katzenflut erheblich eindämmen. Aber zur Rettung der Artenvielfalt im grünen Siedlungsbereich sind sicher weitere Maßnahmen erforderlich. Einige bieten sich besonders an.

Man stelle sich vor, ein Großkatzenfreund führt ab und zu einen Tiger aus, und der macht dann da und dort ein Kalb, ein Schaf oder einen großen Hund zu seiner Beute. Das wäre ein Skandal und hätte den Einzug des Tigers sowie eine Gefängnisstrafe für den Halter zur Folge. Verfährt ein Hundehalter entsprechend, sprich, sein Hund holt sich immer mal wieder ein Reh, einen Hasen oder einen Fasan, gäbe es eine klare Regelung: Bestrafung des Halters, notfalls – selbst im tierliberalen »grünen« Baden-Württemberg – Abschuss des »wildernden« Hundes. Streicht hingegen ein Schmusetiger täglich durch die Gärten, darunter auch durch welche von Tierfreunden, die wildlebende Tiere mit viel Aufwand extra fördern, und holt sich laufend mal hier einen seltenen, gesetzlich hochgradig geschützten Vogel, mal dort ein ebenso hochgradig geschütztes Reptil oder Insekt, bleibt uns praktisch nur entsetztes Zusehen. Dabei stellt das Töten geschützter Arten durch Hauskatzen an sich eine Straftat des Halters dar und müsste, wie im Falle des wildernden Hundes, eine Ahndung nach sich ziehen.[14]

In der Praxis ist das kaum umzusetzen. Zur Beweisführung, dass eine Katze einen bestimmten Vogel tatsächlich getötet und nicht etwa bereits tot aufgefunden hat, müssten Filmdokumente erstellt oder glaubwürdige Zeugen bemüht werden, und dann bleibt fraglich, welche Polizeidienststelle entsprechende Anzeigen überhaupt entgegennimmt und welches Gericht sie danach nicht wegen Geringfügigkeit wieder fallen lässt.[15]

Sinnvolle weitere Maßnahmen, die mit Nachdruck eingeführt werden sollten, sind eine Katzensteuer, eine Reduktion des Freigangs und das Tragen von sogenannten Piepsern (elektronischen Lauterzeugern). Eine Katzensteuer sollte nicht einfach helfen, die Gemeindekassen zu füllen (in ähnlich unverständlicher Weise wie die Hundesteuer, die vielfach ohne jegliche Gegenleistung für Hundehalter entrichtet wird). Vielmehr könnte sie als eine Art ökologische Ausgleichssteuer schon mit etwa 30 Euro im Jahr pro Katze drei wichtige Funktionen erfüllen: den Einzug herrenloser Katzen und deren Übergabe an Tierheime, die Bereitstellung von Mitteln für Tierheime und Mitarbeiter der Katzenhilfeorganisationen zur Aufnahme und Kastration herrenloser Katzen, den Ausgleich der von Katzen verursachten Schäden durch Anbringen von katzensicheren Nisthilfen oder Futterstellen für Vögel und manches mehr.

Viele Katzenhalter behaupten, der bei uns verbreitete Hauskatzentyp könne nur mit viel Freigang gehalten werden. Dem widersprechen Biologen und Verhaltensfachleute, die Katzen gut kennen, vehement, ebenso Tierärzte und Tierschutzeinrichtungen.[16] In den USA werden inzwischen rund die Hälfte aller nicht streunenden Hauskatzen »indoor« gehalten. Dabei ist wichtig, dass die Katzen, schon wenn sie noch ganz jung sind, an das überwiegende oder vollständige Leben im Haus gewöhnt werden. Sinnvoll ist mittelfristig sicher auch eine Verschiebung hin zu Katzenrassen, die praktisch ausschließlich als Stubentiger leben wie beispielsweise viele Angora- und Siamkatzen.

Oft ist die Meinung von Katzenhaltern, ihre Mieze müsse Freigang haben, nur eine faule Ausrede, weil sie sich nicht die Zeit nehmen, ihrer Katze kontrolliert unter Aufsicht Ausgang zu gewähren. Und die hanebüchene, wohl in jeder Gemeinde vorkommende Unsitte, Katzen während des Urlaubs einfach auszusperren und ihnen allenfalls von Nachbarn ab und zu Futter hinstellen zu lassen, sollte eigentlich immer wegen Tierquälerei zur Anzeige gebracht werden.

Höchst sinnvoll wäre auch eine vorgeschriebene Ausstattung von Katzen mit elektronischen Piepsern. Nach umfangreichen Untersuchungen der Royal Society for the Protection of Birds in England verringert sich dadurch die Anzahl von Katzen getöteter Tiere um rund die Hälfte! Ähnlich positive Ergebnisse liegen aus Australien vor von Katzen, die mit farbigen Halsbändern für Vögel und andere Tiere besser sichtbar gemacht wurden.[17]

Bis die Ausstattung mit Piepsern oder auch nur ein beschränkter Freigang für Katzen erreicht werden (wie er früher zum Beispiel für Baden-Württemberg für die Brutzeit der Vögel vorgeschrieben war), dürfte es sicher noch ein weiter Weg sein. Zum Glück bleibt für jedermann eine Fülle von Möglichkeiten, seinen Garten oder zumindest wichtige Teile davon (weitgehend) katzenfrei zu halten. Jürgen Dämmgen führt für den »vogelfreundlichen Garten« eine Reihe von möglichen Maßnahmen auf:[18] abwehrende Duftstoffe, Wasser (Dusche mit dem Gartenschlauch), Ultraschall (zum Teil mit erheblicher Wirkung), mechanischer Schutz von Nistbäumen, Nistkästen und Futterstellen zum Beispiel mit sogenannten Katzen-Abwehrgürteln oder Abwehrmanschetten, und gartenbauliche Gestaltung mit extrem stacheligen Pflanzen.

Seit wir unseren Hausgarten ab 1995 immer vogelfreundlicher gestalteten,[19] wurde er zum Magneten für Katzen aus der gesamten Nachbarschaft, wobei allein eine benachbarte Bauersfrau 25 (!) von ihnen hielt. Sie durcheilten geradezu die öden Gärten der Nachbarschaft mit »Psychopathenrasen«, um in unserem Eldorado für wildlebende Tiere und Pflanzen auf Pirsch zu gehen. Heute ist unser Garten weitgehend katzenfrei durch folgende vier legale Maßnahmen: 1) einen Knotengitterzaun ums gesamte Grundstück, der oben nach außen umgebogen ist, so dass ihn Katzen kaum überklettern können; 2) an den Pfosten – kritische Stellen zum Hochspringen – dornige Pflanzen wie Kriechrosen, Berberitze, entweder gepflanzt oder als Büschel befestigt; 3) an Lieblingspfaden zu Vogelfutterstellen oder Tränken quergestellte grobmaschige Netze (zum Beispiel einen Meter hohe »Lachsfangnetze«, die Katzen nicht überklettern können); 4) als Wächter im Garten einen wieselflinken Hund (früher einen Jack-Russell-Terrier, zurzeit einen Podenco).

Trotz dieser Maßnahmen haben es einige Vogeljäger über den First des Hauses bis aufs Dach des Starenkastens am Hausgiebel und ebenso bis ins Vogelfutterhaus und in einen Rotschwanznistkasten auf dem Balkon geschafft. Aber das blieben üble Ausnahmen.

Schließlich empfiehlt Johann-Christoph von Bronsart noch eine weitere, sehr wirksame und erlaubte Abwehrmethode, zum Beispiel um sensible Vogelfutterstellen herum:[20] Netzweidezaungeräte, die heute preisgünstig zu erwerben und für die der erforderliche Strom über Solargeräte nahezu kostenfrei erzeugt werden kann.

Zusammenarbeit mit bestehenden Naturschutzeinrichtungen

Oft werde ich gefragt: Warum kümmern Sie sich mit einer speziellen Arbeitsgruppe und einem eigens dafür eingerichteten Kuratorium um den Biotopverbund Bodensee? Warum wird das nicht von schon länger bestehenden Naturschutzeinrichtungen übernommen? Und wenn Sie schon diese Aufgabe wahrnehmen, besteht dann wenigstens eine enge Zusammenarbeit mit seit langem aktiven Naturschutzeinrichtungen und -verbänden?

Diese Fragen sind folgendermaßen zu beantworten: Bestehende amtliche Naturschutzeinrichtungen wie die Unteren Naturschutzbehörden der Landratsämter und die Höheren Naturschutzbehörden der Regierungspräsidien sind vor allem für die Einrichtung und Betreuung von Natur- und Landschaftsschutzgebieten zuständig, für die Genehmigung von Eingriffen in die Natur (vor allem durch Baumaßnahmen) sowie für entsprechende Ausgleichsmaßnahmen (vorwiegend bei Schäden durch Eingriffe). Die Einrichtung eines Biotopverbundes auf der Basis vieler neu zu schaffender Biotope gehört weder zu den Aufgaben dieser Behörden, noch hätten sie die dafür erforderlichen Mittel zur Verfügung.

Private Naturschutzeinrichtungen wie NABU oder BUND kämen dafür eher in Betracht, zumal beide durch Ankauf von Flächen, Gestaltungs- und Pflegemaßnahmen in vielen Regionen wertvolle Biotope sicherstellen, verbessern oder zum Teil auch neu schaffen. Aber dabei ist kein überregionales Konzept für einen größeren Biotopverbund im Sinne von »Jeder Gemeinde ihr Biotop« oder dergleichen entwickelt worden. Ein wesentlicher Grund dafür ist die stark dezentrale Aktionsweise der genannten Verbände, die wesentlich auf den sehr unterschiedlichen Tätigkeiten von Ortsgruppen beruht. Viele Gemeinden besitzen gar keine Ortsgruppen, andere solche mit Schwerpunkt auf Jugendbildung, Exkursionen oder Bildungsreisen. Wieder andere Gruppen zeigen ihr Engagement durch eine vielfältige praktische Naturschutzarbeit vor Ort oder in der Umgebung. Aus dieser vielschichtigen Wirkungsweise ergeben sich ganz unterschiedliche Voraussetzungen für Kooperationen, die zudem wesentlich von der persönlichen Einstellung der Ortsgruppenleiter abhängen.

Für unsere Praxis bedeutet das, dass wir mit manchen Ortsgruppen von NABU und BUND für bestimmte Projekte ausgezeichnet zusammenarbeiten können und bisweilen auch finanzielle Unterstützung erhalten, in anderen Fällen fehlen Ortsgruppen ganz oder sind zu klein, komplett auf andere Aufgaben fixiert oder zeigen zuweilen kein Interesse an einer Zusammenarbeit. Bisweilen kommt eine Zusammenarbeit auch aus unserer Sicht grundsätzlich nicht in Frage, und zwar dann, wenn sie unserer gedeihlichen Arbeit abträglich wäre. Das ist vor allem der Fall, wenn sich bestimmte Gruppen durch ihren Aktionismus bei Gemeinden und Ämtern in der Region unbeliebt gemacht haben, weil sie etwa ständig ihrer Meinung nach sinnlose oder für die Umwelt schädliche Maßnahmen oder deren Vertreter kritisieren, Protestaktionen organisieren und anderes mehr. Im schlimmsten Fall lehnen es Kommunen und Ämter dann gänzlich ab, mit derartig allzu streitbaren Naturschützern überhaupt noch zu verhandeln. Solchermaßen auf Ablehnung stoßende Vertreter sind natürlich keine hilfreichen Partner für Projekte, für die unter anderem das Wohlwollen von Gemeinden und Behörden gefragt ist.

Im Biotopverbund Bodensee arbeiten wir deshalb ganz nach der Maxime von Heinz Sielmann und seiner Stiftung – unserem Hauptpartner: Gutes tun für die Natur und auch für deren Freunde, und zwar so viel wie möglich, aber keine Zeit verplempern mit Anklagen, Protesten oder sonstigem Aktionismus, was meistens Gegner und Feinde schafft und in der Regel nur wenig für die in Not geratene Natur bewirkt. Nach Heinz Sielmanns Leitsatz »Naturschutz als positive Lebensphilosophie« richten wir lieber mit viel Energie und letztlich großer Freude zwei völlig neue Biotope ein, als dass wir uns etwa um eines infolge einer »wichtigen« Baumaßnahme (ohnehin) verlorengehendes verkämpfen würden. Auf diese Weise ergibt sich: Wo wir gemeinsam auftreten, geschieht immer etwas Positives, für die Natur und ihre Freunde Beglückendes und nichts Negatives oder gar Provozierendes. So sind wir im Biotopverbund Bodensee stets sehr gut vorangekommen.

Fazit: Für die Neueinrichtung von Biotopen sind Partner eigentlich unerlässlich und oft auch ideal, und häufig findet man sie auch unter ähnlich Gesinnten beim NABU, BUND und anderen Verbänden. Aber nicht jeder »Naturschützer« ist aufgrund seiner Tätigkeit und Einstellung als Partner für die Einrichtung neuer Biotope geeignet und hilfreich. Da heißt es wie überall im Leben: mit Augenmaß und Fingerspitzengefühl aussuchen!

Viele Ortsgruppen von Naturschutzverbänden engagieren sich in speziellen Artenschutzprogrammen, für Vögel oft in Verbindung mit der Betreuung vieler Nisthilfen wie etwa für Schwalben, Steinkauz, Wiedehopf, Wendehals und Gartenrotschwanz. Da bieten sich im Hinblick auf die Neuerschaffung von Biotopen gute Kooperationsmöglichkeiten an. Entsprechendes ist denkbar im Hinblick auf die Rettung unserer allerletzten Restbestände des Rebhuhns. Im Landkreis Göttingen ist es gelungen, seit 2004 durch das Anlegen von Blühstreifen entlang von Ackerrändern kleinere Bestände der Feldhühner wieder zu stabilisieren und sogar anzuheben. Ein Beispiel, das hoffen lässt, dass wir die Art vielleicht in Deutschland noch vor dem völligen Aussterben bewahren können.[21]

Immer wieder eine gute Tat für die Natur

Wenn wir es geschafft haben, uns nicht nur eine positive Einstellung zu unserer eigenen Umwelt, sondern auch zur Natur, zur Artenvielfalt und deren Erhalt zu erarbeiten, und wenn wir darüber hinaus vielleicht auch schon einen naturnahen vogelfreundlichen Garten oder wenigstens Balkon betreiben, dann sind wir auf einem guten Weg in Richtung einer nachhaltigen Lebensweise auf unserer Erde. Diese ist aber sicher bei fast allen von uns Menschen weltweit (bis auf wenige Mitglieder ganz ursprünglich lebender Völker) weiterhin sehr verbesserungsbedürftig. Diese Veränderung geht unter den heutigen Zwängen, denen die meisten von uns ausgesetzt sind, sicher nicht von heute auf morgen und meistens auch nur ein Stück weit. Aber vieles in die richtige Richtung ist machbar, und zwar am besten Schritt für Schritt, so oft wie möglich. Daraus kann durchaus ein neuer Lebensweg resultieren, der rasch Erfolge zeigen, dadurch belohnen und beglücken, vielleicht sogar beschleunigen und auf alle Fälle in immer neue Erkenntnis- und Betätigungsbereiche führen kann.

Die Möglichkeiten dafür sind unbegrenzt. Anfangen

kann jedermann jederzeit mit vielem. Wollte ich hier auch nur einen Bruchteil der möglichen Einstiege und Marschrichtungen skizzieren, würde mit Sicherheit ein neues Buch daraus. Aber das braucht es gar nicht, denn es gibt schon genug Bücher darüber, etwa das 2016 erschienene Werk *Natur schaffen. Ein praktischer Ratgeber zur Förderung der Biodiversität in der Schweiz* von Gregor Klaus und Nicolas Gattlen.[22] Ebenso zu nennen ist das 2016 publizierte Buch *Biodiversität in der Landwirtschaft*, herausgegeben vom Forschungsinstitut für biologischen Landbau[23] sowie *Förderung der Biodiversität im Siedlungsgebiet.*[24] An dieser Stelle sollen vielmehr ein paar wenige Anregungen aus dem Alltagsleben zum Nachdenken und eventuellen Einstieg verhelfen.

Nehmen wir das Autofahren. Viele von uns müssen allmorgendlich auf diese Weise zur Arbeit gelangen. Nicht wenige springen dafür nach viel zu spätem Aufstehen auf den letzten Drücker in ihre Blechkiste und rasen dann regelrecht durch die Landschaft, um möglichst noch rechtzeitig ihren Arbeitsplatz zu erreichen. Vor allem bei Fahrten durch Wald und Flur, aber selbst auf der eingezäunten Autobahn droht dadurch oft genug ein erheblicher Wildschaden – der zwar das Auto, zum Glück jedoch nicht die Artenvielfalt beeinträchtigt. Weit schlimmer ist, dass die notorische Raserei regelmäßig Vögel, Kleinsäuger und auch Großinsekten das Leben kostet.

Dagegen gibt es denkbar einfach Abhilfe: Eine halbe Stunde früher aufstehen, um gemächlicher zur Arbeit fahren zu können und so mancherlei Kleingetier passieren zu lassen, ohne dass man dafür abrupt bremsen müsste (was bei uns für Kleintiere wie Eichhörnchen und Igel ohnehin verboten ist oder zumindest bei Auffahrunfällen Versicherungsschutz ausschließen kann).

Bei vielen »sportlichen« Autofahrern summieren sich die Kollisionsopfer allein an Vögeln und Kleinsäugern rasch auf Hunderte pro Jahr. Wie viele Tiere man durch eine an unsere Mitlebewesen aus dem Tierreich angepasste Fahrweise am Leben erhalten kann, zeigt sich, wenn man anfängt zu zählen, was bei mäßigem Tempo gerade noch alles davonkommt, das man schon bei etwas mehr Tempo sicher »erlegt« hätte. Eine solche angepasste Fahrweise bewirkt besonders viel Gutes bei der Umstellung auf die Sommerzeit, wenn viele Tiere von dem eine Stunde früher einsetzenden morgendlichen Verkehr schlagartig überrascht werden.

Bleiben wir beim Autofahren. Selbst durchs Land schleichende Sonntagsfahrer vernichten auf ihren vermeintlich harmlosen Spazierfahrten bei jeder größeren Tour Tausende von Tieren – sicher weniger Vögel und Kleinsäuger als Raser, aber eben doch Insekten wie Schmetterlinge, Libellen, Laufkäfer und Schnecken, ebenso Amphibien, Spitzmäuse und anderes mehr. Aus Sicht unserer Artenvielfalt und ihrer Erhaltung ist somit – da gibt es kein Wenn und Aber – jede Autofahrt eine Fahrt zu viel.

Damit kommen wir zu einem gewichtigen Punkt vor allem für Naturfreunde: Im Hinblick auf den Artenvielfalt-Vernichtungsfeldzug, den wir mit jeder Autofahrt durchs Land begehen, muss es für einen darüber ernsthaft nachdenkenden »Naturfreund« geradezu eine Wahnsinnstat sein, etwa mal eben mit dem Auto 100, 200 Kilometer abzuspulen, nur um irgendwo geschwind eine soeben in der Ornithologen-Hotline angezeigte gefiederte Seltenheit zur Verlängerung der persönlichen Artenliste anzuschauen. Oder, noch weit schlimmer, etwa in den wenigen Tagen der Oster- oder Pfingstferien zum Beispiel bis nach Griechenland zu fahren, um dort kreuz und quer umherzubrettern, um so vielleicht zehn neue Arten zu »erobern«. Man stelle sich vor, die auf einer solchen Fahrt getöteten Tiere ließen sich nach Rückkehr alle in einem mitgeführten Anhänger betrachten. Es wäre ein Bild des Grauens.

Also: Schon beim Autofahren gibt es für die meisten von uns viele Möglichkeiten, aktiv auf Natur- und Artenschutz zuzuarbeiten. Übrigens sollte man sich hin und wieder einmal das verblüffende Erlebnis gönnen, bei Touren zu Fuß oder per Rad im Heimatbereich faszinierenden Raritäten zu begegnen, für die man sonst, vielleicht sogar vergeblich, bis weiß Gott wohin gefahren wäre. Häufig sind die seltenen Arten nämlich gar nicht weit entfernt.

Wenn wir uns vornehmen, mehr und mehr Natur schonend zu leben, dann sollten wir auch versuchen, möglichst viele unserer Verwandten, Freunde und Bekannten auf diesen Weg mitzunehmen oder ihnen zumindest Sinn und Notwendigkeit nachhaltiger Lebensweise aufzuzeigen. Das geht sehr leicht bei einer anderen für uns überaus wichtigen Tätigkeit, dem Essen. Tagtäglich wird uns angepriesen, wo wir Fleisch, Milch, Eier, Gemüse, Obst und vieles mehr zu möglichst noch günstigeren Niedrigpreisen bekommen können, so dass uns unser Lebensunterhalt möglichst noch weniger finanziell belastet. Dabei müssen wir uns zunächst einmal Folgendes richtig klarmachen: Wässrig-schwammiges, mit Antibiotika oder anderen Zusatzstoffen belastetes Billig-Schweine- oder Geflügelfleisch aus der Massentierhaltung stammt nicht nur von tierquälerisch und abartig gehaltenen Kreaturen und stellt nicht nur für uns höchst minderwertige und vielfach sogar lebensbedrohliche Nahrung dar, sondern vernichtet auch große Bereiche unserer Artenvielfalt vor allem in der Feldflur. Mit jedem Bissen massenweise produzierten Billigfleischs, für den höchst intensiver Feld-

bau erforderlich ist, verbunden mit unter anderem großen
Mengen von Dünger, Bioziden, Entsorgung von Exkremen-
ten und Massentransporten, essen wir, bildlich gesprochen,
praktisch immer auch ein Stück Feldlerche, Rebhuhn, Feld-
hase oder Kiebitz-Gelege mit.

Auch hier ist Abhilfe denkbar einfach. Weniger Fleisch
essen, und wenn, dann nur aus nachhaltiger Produktion, die
die Artenvielfalt erhält – auch wenn das relativ teuer ist. Bei
einer vernünftigen Lebensführung, in der Lebensmittel wieder eine angemessene Wertschätzung erfahren, können sich
fast alle bei uns, zumindest bis in den Bereich der Hartz-IV-
Empfänger und Leiharbeiter hinein, Fleisch aus nachhaltiger Produktion in Maßen und auch durchaus ausreichender
Menge leisten. Das führen uns selbst Spitzenköche mit Blick
auf gesunde Ernährung mit Lebensmitteln aus ökologisch
ausgerichtetem Landbau vor, beispielsweise Tim Mälzer und
Sarah Wiener.

Wie schön wäre es, wenn in nicht allzu ferner Zukunft
die modernen Schweinebarone und Geflügelfürsten unserer
Massentierhaltung auf den Bergen ihrer minderwertigen
Tiergewebeprodukte sitzenblieben und dafür rund um ihre
sich langsam wieder normalisierenden»Bauernhöfe« wieder
Lerchen singen, Schwalben zwitschern sowie Bienen und
Hummeln summen würden!

Wer noch mehr Anregungen benötigt, findet fast in jeder
einschlägigen Zeitschrift und in mehr und mehr Büchern
Tipps beispielsweise zum »Urban Gardening« (»Stadtgärt-
nern«) mit nachhaltigem Gemüseanbau selbst zwischen
Wolkenkratzern; zum Imkern in der Stadt, etwa von be-
grünten Hausdächern aus; zum »Guerilla Gardening«, »die
freche Form des Stadtgärtnerns«, bei dem »Samenbom-
ben« (Kugeln aus Erde, Ton und Pflanzensamen) zu Über-

raschungspflanzungen und Bienenweiden etwa in Stadt-parks und Ackerrändern führen.[25] Manchmal werden auch ganze Vorschlagslisten angeboten, zum Beispiel »450 Ideen für die Natur«.[26]

Fazit: Praktisch keiner von uns kann behaupten, er könne nichts für die Natur und den Erhalt der Artenvielfalt tun, da er viel zu weit weg von jeglicher Natur lebe. Schon die we-nigen aufgeführten Beispiele zeigen, dass jeder sich für den Erhalt unserer restlichen Natur und ihre Wiederbelebung einsetzen kann, wenn er will und die Notwendigkeit dafür begriffen hat – jedermann, jederzeit und an jedwedem Ort, der eine mehr, der andere weniger, und meist auch mehr und mehr, wenn man erst einmal auf dem richtigen Weg ist. Vielleicht schaffen wir es damit noch, unsere Rest-Natur zu erhalten und wieder aufzufrischen.

TEIL 4

Das Leben der Vögel und die Schönheit der Natur

Ein Jahr und ein Tag am Heinz-Sielmann-Weiher

Den Streifzug durchs Jahr möchte ich im Winter 2004/2005 beginnen, das ist das Jahr, in dem der Weiher erschaffen wurde. Die Schilderung folgt durchweg meinen umfangreichen Tagebuchaufzeichnungen.

Um der Landschaft so wenige hässliche Wunden wie möglich zuzufügen, ließen wir die Bagger im Mittwinter anrollen. So konnte auch der anfallende Aushub an Boden, Torf, Kies und Schluff mit schier endlosen Ketten von Lastwagen über tiefgründig matschige Baustraßen in die verschiedenen Deponien zu der Zeit abgefahren werden, in der kein Grün zerstört wurde. In dieser wie biologisch tot wirkenden Jahreszeit ließen sich Weiher, Tümpel und Gräben gestalten, ohne dass jemand über zerfahrene Wiesen oder zerquetschte Blumen jammern musste. Und auch ins Umland dieser Großbaustelle mit ihren im Spätherbst durch Kreiselmäher bis auf wenige Zentimeter heruntergehobelten Grasnarben-Fluren lenkte in dieser Jahreszeit kaum jemand seine Schritte, zumal in der Talaue häufig ein Kaltlufttrog den Raureif den ganzen Tag über nicht abtauen ließ. Diese ausgeräumte Kulturlandschaft mit ihrer winterlichen Grabesöde wurde selbst von Hundeausführern meist gemieden. Nur ein paar Krähen oder ein einzelner Bussard flogen hin und wieder drüber hinweg.

Das änderte sich fast Schlag auf Schlag mit den Bauarbeiten und den von allen Seiten in die Weihergrube eindringenden Sickerwässern, auch wenn die zunächst größtenteils in den nahe vorbeifließenden Talgraben abgepumpt werden mussten. Schon am ersten Tag nach Beginn der Erdarbeiten Mitte Januar entdeckte ein Trupp von fünf Wiesenpiepern die offenen Schürfstellen, und fortan rannten die Vögelchen täglich emsig zwischen den Baumaschinen umher und suchten nach allerlei Kleintieren, die durch die Erdbewegungen aufgedeckt wurden.

Dann ereignete sich das erste Highlight: Zehn Tage später tauchte unter den Wiesenpiepern ein leicht abweichender Verwandter auf, etwas größer, mit deutlich weißen äußeren Schwanzfedern und einem etwas kräftigeren »Ziehp«-Ruf – ein Bergpieper. Sicher ein Wintergast aus dem nahen Alpenraum, der im Bodenseeraum regelmäßig überwintert. Aber für das neue Biotop, in dem der Weiher gerade mal im Werden begriffen war, war es bereits die erste neue Vogelart, die wir in 30 Jahren sorgfältiger Vogelbestandsaufnahmen in dieser Region nicht gesehen hatten.

Auch der Baggerführer war stolz auf diesen Neuzugang (Vogelart Nummer 116 in der Region) und hielt manchmal mit der Schaufel inne, bis der Gast aus den Bergen eine Insektenlarve oder dergleichen erbeutet hatte. Dem Wasserpieper folgten weitere zur Inspektion, und nach wenigen Tagen waren ein Grau- und bald darauf ein Silberreiher da, die zweite neue Vogelart im Gebiet seit drei Jahrzehnten.

Mitte Februar war es dann so weit: Die Pumpen konnten entfernt werden, und von allen Seiten sickerte und gluckerte

Schon am ersten Tag nach Beginn der Erdarbeiten am Heinz-Sielmann-Weiher entdeckten Wiesenpieper die offenen Schürfstellen.

Wasser in die riesige Baugrube. Nach zusätzlichen 25 Litern
Niederschlag in Form von Regen und Schnee war der neue
Weiher Mitte Februar binnen einer Woche randvoll und lief
an seinem südwestlichen Ende sogar über in den Bach, der
die Talaue entwässert. Seither plätschert dieser Überlauf Tag
und Nacht, rund ums Jahr, nun schon elf Jahre lang, und
macht damit unseren Weiher zu einem Durchlaufgewässer,
in dem etwa wöchentlich das Wasser erneuert wird.

Nunmehr randvoll, ein neues blinkendes Auge in der
Landschaft, stellte sich rasch weiteres Leben ein. Hatten
erste Stockenten schon die entstehenden Wasserlachen zwischen den Schlickflächen aufgesucht, schwammen sie nun
tagtäglich auf ihrem neuen Weiher. Ende Februar wurde er
dann von einem Trupp von 26 Lachmöwen entdeckt. Ihnen
folgten alsbald eine erste Mittelmeermöwe und eine Sturmmöwe – die nächsten beiden neuen Vogelarten für das Gebiet.

Ab März waren es dann nicht mehr nur Einzelvögel oder kleinere Vogelgruppen, die sich Vogelfreunden und immer mehr zum Weiher pilgernden Neugierigen offenbarten, sondern es etablierte sich zunehmend ein reiches Vogelleben. Neben bis zu 15 Stockenten waren nun Graureiher und auch Silberreiher bald ständige Gäste. Dann stocherte eine erste Bekassine im Uferbereich, die einst in der Talaue gebrütet hatte und seit Jahrzehnten als Brutvogel verschwunden war.

Noch im März folgten als weitere neue Vogelarten Waldwasserläufer und ein paar prächtig leuchtende, tüchtig lärmende Rostgänse. Im Uferbereich trippelten Trupps von durchziehenden Bachstelzen, suchten rastende Rohrammern, Finken und Drosseln nach Nahrung, auch in den ersten 200 am Hauptweg gepflanzten, noch kahlen Sträuchern hüpften einige Rotkehlchen und Zilpzalpe herum, und über der Wasserfläche jagten rückkehrende Rauchschwalben.

Dann war es schon April. Für die inzwischen zahlreichen Weiher-Freunde sozusagen ein vorgezogener Wonnemonat mit gleich sechs neuen Vogelarten. Am 7. April kam ein herrliches, eifrig singendes Schwarzkehlchen-Männchen geflogen, der Vorbote von später bis zu drei Brutpaaren, die fortan jedes Jahr im Weihergebiet nisteten. Inzwischen ist das Schwarzkehlchen der Wappenvogel des Biotops. Am 10. April war ein Fischadler zu Gast, der sicher – noch – die Fische vermisste, denn die setzten wir erst Mitte April und im November ein, doch dann sollten es rund 28 000 werden, die sich im Weiher tummelten. Zwei Tage später kam ein Schwarzstorch hinzu, Mitte des Monats trillerte ein Zwergtaucher auf dem Weiher, ebenfalls als Vorbote einer neuen Brutvogelart, und eine Woche später landete ein Schwarzmilan am Wasser, der inzwischen auch regelmäßig in der Nähe brütet. Zu Ende des Monats sang schließlich eine auf dem

Im April war ein Schwarzstorch zu Gast.

Durchzug rastende Nachtigall in einem Busch am Rande der neuen Gräben.

Obwohl der Weiher trotz über 5000 einheimischer Pflanzen, die wir bis Mitte Mai im Uferbereich, an den Gräben und Wegen gepflanzt hatten, noch immer recht nackt wirkte und etwas an eine ehemalige, unter Wasser gesetzte Kies- oder Kohleabbaugrube erinnerte, schafften es bis Juni bereits eine Reihe von Wasservögeln, dort erfolgreich zu brüten. So führten drei der vier inzwischen Reviere besitzenden Blässhuhnpaare und mindestens fünf Stockenten-Weibchen fünf bzw. bis zu sieben Junge, und auch bei den Singvögeln gab es erste Erfolge. Das Schwarzkehlchen konnte ein Weibchen erobern, und das Paar brütete erfolgreich, so dass wir am 11. Juli nach geglückter Nestersuche drei etwa zehntägige Jungvögel beringen konnten. In sich rasch entwickelnden Hochstaudenfluren nisteten Gold- und Rohrammern, Mönchs- und Gartengrasmücken und mehrere Paare Sumpfrohrsänger. Auch in der näheren Umgebung zeigten sich rund 40 Arten, die das neue Weihergebiet als hochwillkommenes Gelände vor allem zur Nahrungssuche nutzten.

Bis zum Jahresende folgten noch weitere elf für das Gebiet neue Vogelarten, Kormoran, Krick-, Tafel- und Reiherente, Wasserralle und Teichhuhn, Grünschenkel und Bruchwasserläufer, Eisvogel, Beutelmeise und Schilfrohrsänger. Damit waren es für 2005 insgesamt 23 neue und für die Region nunmehr insgesamt 138 registrierte Vogelarten. Die auftauchenden Trupps wurden außerdem zusehends größer. Als im Spätherbst Tausende der nun nicht mehr gemähten Stauden und Kräuter in ihren Fruchtständen reichlich Samen gebildet hatten, fielen an einzelnen Tagen bis zu 50 Feldsperlinge, 80 Hänflinge und 80 Grünlinge im Gebiet ein. An manchem dieser Tage konnte man bis zu 200 Kleinvögel von bis zu 27 verschiedenen Arten beobachten, dazu kamen über 100 Wasservögel und an den Flachwassermulden bis zu neun Bekassinen. Es hatte sich offenbar herumgesprochen, dass in der Talaue bei Billafingen ein neues Paradies entstanden war, und viele der anderswo Vertriebenen fanden hier eine neue Heimat oder zumindest eine neue Raststätte im Überlebenskampf in ihrer von uns Menschen gebeutelten Umwelt.

Auch die sonst tote Winterzeit bekam nun ein anderes Gesicht. Bereits gegen Ende November wurde es ordentlich kalt. Bei minus sieben Grad Celsius und fünf Zentimetern Schnee fror zwar der Weiher zu, aber auf den offen gebliebenen Gräben tummelten sich weiterhin Blässhühner und Stockenten, aus einem Rohrkolbendickicht rief eine Wasserralle, und im Weidengebüsch am Froschtümpel hatte sich ein neuer Wintergast eingestellt, ein Raubwürger. Als dann auch die Gräben bis auf den Talbach zufroren, wurde es im neuen Biotop recht still – aber nicht leblos wie früher und wie im ausgeräumten Umfeld der neuen Anlage. Spuren im Schnee zeigten an, dass nicht nur Rehe in die Ruhezonen eingezogen waren, sondern auch Bisam, Hermelin und viele kleine Nagetiere. An windstillen Tagen mit klirrendem Frost verriet leises Rascheln und Hämmern im Schilf Blaumeisen, die die Halme nach ruhenden Larven absuchten.

Dann gab es am 13. Dezember einen vielversprechenden vorweihnachtlichen Besuch: ein Storchenpaar! Das war uns Ansporn genug, gleich im Januar des nächsten Jahres in der großen Feuchtwiese an den Froschtümpeln und nahe am Weiher auf einem ausgedienten Leitungsmast, den uns das Elektrizitätswerk zur Verfügung stellte, eine Storchen-Nistplattform zu errichten. Sie wurde 2006 und 2007 vielfach von Störchen angeflogen und begutachtet. 2008 war es dann so weit: Der Weißstorch brütete im Billafinger Tal erstmals seit Menschengedenken und zog erfolgreich drei Junge groß. Was hatte sich die Gemeinde seit Jahrzehnten bemüht, Störche im Dorf anzusiedeln, vor allem durch das Anbringen von Rädern auf Dächern – vergebens. Und nun, mit dem neuen Biotop, stellt sich Adebar ein und brütet seither jedes Jahr mit Erfolg. Ein großartiges Ergebnis.

Für den Tagesstreifzug wähle ich einen Tag Mitte Juni in den letzten Jahren. Die Anzahl der im Weihergebiet insgesamt beobachteten Vogelarten ist inzwischen auf über 170 angestiegen, die der jährlich im Gebiet beobachteten sowie der pro Jahr brütenden Arten hat sich ungefähr verdoppelt, von 55 auf über 120 bzw. von 39 auf rund 70. Bei einer ganzen Reihe von Brutvogelarten ist die Anzahl der Brutpaare deutlich angestiegen, bei einigen immer seltener werdenden wie dem Neuntöter und dem Feldschwirl ist sie jedoch wieder zurückgegangen. Insgesamt ist die Bilanz aber stark positiv.

Wir beginnen unsere Tagesexkursion frühmorgens kurz

vor Beginn der bürgerlichen Dämmerung – Mitte Juni also gegen halb fünf Uhr –, um das erwachende Vogel- und sonstige Tierleben von Anfang an mitzubekommen. Obwohl es noch vollkommen dunkel ist, hört man vom Unterstand der Wasserbüffel bereits eine kurze Tonreihe, gefolgt von wie Kratzen und Schleifen klingenden Lauten, die Strophe des Hausrotschwanzes, der dort in einem Nistkasten brütet. Auch schon im Dunkeln flötet aus einer Erle am Grabenrand eine Amsel, weitere hört man aus der Ferne, und vom Waldrand schallt der ähnliche, aber deutlich lautere Gesang einer Misteldrossel herüber. Sie fliegt später beim Storchenhorst auf, wo sie in der großen Feuchtwiese auf Nahrungssuche unterwegs war, und verrät sich durch ihren Ruf: ein hölzern klingendes Schnarren.

Sowie wir den Röhrichtgürtel am Talgraben erreichen, wird es richtig laut, obwohl sich die Dämmerung erst zart bemerkbar macht. Dicht vor uns, etwas weiter dahinter und zudem in größerer Entfernung offenbar an mehreren Stellen, erklingt unablässig ein aneinandergereihtes »djäg-djäg-djäg-trrk-trrk-trrk-tschirk-tschirk«. Als es so hell wird, dass sich die Konturen allmählich gut erkennen lassen, wird auch einer dieser Sänger sichtbar: ein meisengroßer, oberseits brauner und unten bräunlich weißer Kleinvogel mit flachem Kopf und spitzem Schnabel, der fast senkrecht an einem Schilfhalm hängt – ein Teichrohrsänger. Kaum ein paar Schritte weiter ertönen aus dem Ringgraben erregte, sehr laute »pix«-Rufe, die fast durch Mark und Bein gehen. Sie stammen von Bläßhühnern, die eilig kleine Junge ins schützende Röhricht führen.

Am Schilferlebnisweg singt wieder ein Rohrsänger, diesmal nur etwa zwei Meter vor uns in den dicht stehenden Halmen. Sein Gesang erinnert aber nur teilweise an den

Teichrohrsänger

der eingangs vernommenen Teichrohrsänger. Neben recht
harten, rauen »tschirk«- und »tschak«-Lauten trägt er, rasch
aneinandergereiht, bald flötend-pfeifende, dann wieder fast
klagende Strophen vor, alles sehr melodisch, meist mehrfach
wiederholt. Er hat ein schier endlos erscheinendes Repertoire.
All das verrät den Sumpfrohrsänger, einen Virtuosen unter
unseren gefiederten Sängern, der bis an die 200 verschiedene
Strophen zu beherrschen vermag, die zu einem Gutteil abge-
kupfert sind von vielerlei Arten vor allem im Winterquartier,
das bis in die Südspitze Afrikas reicht. Von diesem »Sänger
von Gottes Gnaden«, wie ihn mein väterlicher Freund Pater
Agnellus Schneider im Wurzacher Ried zu nennen pflegte,
ist der Bestand in den letzten Jahrzehnten stark zurückgegangen. Jetzt brüten, ähnlich wie beim Teichrohrsänger,
immerhin gut zehn Paare im neuen Biotop.

Sieben Uhr – Zeit für einen speziellen Service. In einem
kleinen Eimer werden 50 frisch aufgetaute Eintagsküken

und zwei Handvoll kleine Fische (Stinte) transportiert und zur westlichen Flachwassermulde inmitten einer Streuwiese gebracht. Sie sind eine wichtige Zusatznahrung für die Störche und ihre mühsame Jungenaufzucht, erfreuen aber auch andere. Schon wenn meine Frau oder ich mit dem Eimer am Parkplatz vor dem Weihergebiet an der Landstraße auftauchen, kommt Bewegung ins Land. Der nicht hudernde (also den Nachwuchs schützende) Storch, meistens das Männchen, startet am Horst oder irgendwo in der Talaue, fliegt uns häufig entgegen und bezieht dann Posten unweit der Futterstelle an der Mulde. Aus den großen Pappeln schwebt ein Graureiher ein und platziert sich in respektvollem Abstand zum Storch, und aus der weiteren Umgebung fliegen bis zu vier Milane herbei, zwei Rote und zwei Schwarze. Bisweilen schwebt auch ein Bussard und meistens noch ein Krähenpaar herbei.

Sind Küken und Fischchen ausgeschüttet, eilt Adebar zur Stelle und füllt seinen Kropf. Das sind maximal etwas über 20 Küken! Spätestens wenn er zum Horst fliegt, sausen die Milane herunter und greifen sich, ohne zu landen, vor dem Wiederaufsteigen ein Küken, das sie bisweilen in der Luft kröpfen oder auch auf einer der Pappeln verzehren. Mit einem zweiten fliegen sie dann zielstrebig ihrem Horst zu. Während der Storch seine Jungen versorgt und bis der abgelöste Partnerstorch ebenfalls zur Futterstelle kommt, kann sich der Graureiher gütlich tun. In dieser Zeit kommt auch das Rabenkrähenpaar aus der Nachbarschaft zu seinen Küken. Und manchmal trauen sich auch ein paar Jungfüchse aus dem nahen Schilfstreifen an einem der Gräben heraus, um sich einen Happen zu schnappen, oder die Fähe erscheint und füllt ihren Fang mit einer ganzen Reihe von Küken. Dieses bunte Stelldichein am Futterplatz ist übrigens wunderschön dokumentiert im bereits ewähnten Film vom BR über den Biotopverbund Bodensee.

Während der Fütterung ist die Sonne ordentlich hochgestiegen und wärmt schon spürbar. Dementsprechend macht sich mehr und mehr Leben im Weihergebiet bemerkbar. Auch die ersten Besucher parken ihr Auto am Stellplatz an der Landstraße. Das haben aufmerksame Ganter in den Talwiesen sofort bemerkt und führen nun zusammen mit ihren Gänseweibchen die Gruppen von Gösseln, die seit dem Morgengrauen zum Weiden unterwegs sind, zurück in den sicheren Ringgraben und später auch in den Weiher.

Nun lohnt es sich, die Wasserfläche von der Aussichtsplattform aus zu inspizieren. Dort tummeln sich inzwischen an die 30 Graugänse. Drei Paare davon führen bis zu sieben Junge, und unter ihnen fällt eine durch eine markante Schwarzweißzeichnung auf: eine Weißwangengans. Sie ist ein Gast vom Bodensee, offenbar verpaart mit einem Graugans-Ganter.

An dem mit Korbweiden überdachten Ausguck könnte man den Rest des Tages verbringen. Man weiß kaum, wo man überall hinschauen soll, um nichts zu versäumen. Vor der linken Insel füttern Blässhühner kleine kohlschwarze Junge, deren rotgelbe Kopffärbung an kleine Punks erinnert. Auf der mittleren Insel putzt sich eine Stockentenmutter, um die herum wohl an die zehn offenbar erst vor kurzem geschlüpfte Junge wuseln. Vor der großen Insel taucht eine prächtige Ente nach Wasserpflanzen. Sie hat einen fuchsrot leuchtenden Kopf, einen lackroten Schnabel und weiße Bauchseiten. Es ist eine Kolbenente, das Schmuckstück der Bodenseeregion, die nun auch in manchen Jahren am Weiher brütet. Wie auf Kommando ertönt plötzlich lautes Froschgequake. Es stammt von Wasserfröschen, die Reviere besitzen und von Zeit zu Zeit wie im Chor rufen, um ihren Nachbarn damit kundzutun, wo sie Besitzanspruch erheben. Es sind mehrere Hundert, die oft gemeinsam vom Weiher, vom Ringgraben und von den Tümpeln aus rufen. Ein herrliches Froschkonzert, aber noch nicht das lauteste, wie wir sehen werden.

So spannend es am Ausguck auf den Weiher auch ist – hinter uns ertönen so viele Stimmen, dass sie uns auf den Hauptweg zurücklocken. Dort ist vor allem in den Gebüschstreifen inzwischen ein derartiges Vogelkonzert in Gang gekommen, dass man schon sehr genau hinhören muss, um alle Sänger wirklich erkennen zu können. Einfach machen es uns ein paar, die direkt vor uns zu hören sind: »Zilp, zalp, zalp-zilp«. Es ist der Zilpzalp, ein kleiner, grünlichweißlicher Laubsänger, der fast seinen Namen singt und vor uns im Gebüsch Insekten jagt. Auch Gold- und Rohrammer lassen sich mit ihren einfachen Strophen heraushören und zudem leicht auf ihren Sitzwarten ausmachen, von denen aus sie immer wieder vortragen.

Für andere brauchen wir ein gutes Ohr und solide Kenntnisse oder aber einen sachkundigen Führer. So etwa, um den mehr flötenden Gesang der über zehn im Gebiet singenden Mönchsgrasmücken-Männchen von den mehr verhalten vorgetragenen, aber sehr abwechslungsreichen und langen Strophen der vier Gartengrasmücken zu unterscheiden. Oder um die ab und zu eingestreuten kurzen Strophen der Dorngrasmücke nicht zu überhören, die trotz ihres enormen Rückgangs im Land seit ein paar Jahren wieder hier brütet – dafür braucht es volle Konzentration. Das gilt auch für den recht leisen Gesang des Fitis, der etwas an die Strophe eines Buchfinken erinnert. Aber heute haben wir Glück, er singt fast über uns in einer hoch aufgeschossenen Traubenkirsche.

Zilpzalp

Dann erreichen unser Ohr zwei recht eigenartige Geräusche: zum einen ein gleichförmiges Schwirren eines recht hohen Tones, das an die Lautäußerungen einer Laubheuschrecke erinnert. Es ist aber der Gesang des Feldschwirls, der dadurch auch Heuschreckenschwirl genannt wird. Zum anderen aus der Richtung der benachbarten Obstplantagen ein schier endlos wiederholtes monotones »pu-pu-pu«. Dies wiederum stammt von einem Wiedehopf, der sich hier seit Wochen bemüht, ein Weibchen anzulocken. Beide, Schwirl und Hopf, können wir, nachdem wir uns vorsichtig angepirscht haben, aus einiger Entfernung mit dem Fernglas betrachten, ohne sie zu stören.

Gegen Abend erreichen wir den Hochstand, den die Jägergemeinschaft der Region als Beobachtungsplatz am Weiher gestiftet hat. Hier können wir rasten, um unsere Tagesliste der Beobachtungen zusammenzustellen und um im Trockenen einen anrückenden Gewitterschauer durchziehen zu lassen. Dann kommt nochmals richtig Leben in die Region. Über der Wasserfläche jagen Dutzende von Mehl- und Rauchschwalben im Tiefflug nach Insekten, und über dem Schilf vollführen an die 200 Stare Flugmanöver als Vorbereitung zum späteren Einfall ins Röhricht fürs dortige Nächtigen.

Schließlich ertönt von allen Seiten ein fast ohrenbetäubendes »rab-rab-rab«, ohne Pause, lediglich bald da, bald dort, mal ab- und mal anschwellend. Wir haben keine Chance, in der beginnenden Dämmerung noch einen dieser Rufer ausfindig zu machen, auch nicht, wenn wir uns noch so vorsichtig einem Busch nähern, aus dem die »rab«-Rufe erklingen. Sie verstummen schlagartig, noch bevor wir des Rätsels Lösung erkennen können. Aber natürlich weiß hier jeder, wer noch bis tief in die Sommernächte hinein derart laut bis ins Dorf zu hören ist: Es sind an die 200 Laubfrösche! Sie haben in wenigen Jahren eine solide Population im Weihergebiet aufgebaut, deren Ableger sich nun an vielen kleinen Gewässern in der Umgebung bemerkbar machen.

Unsere Tagesliste kann sich sehen lassen: Von den rund 70 in der Region brütenden Vogelarten haben wir etwa 60 gehört oder gesehen, dazu kommen Rehe, Füchse, ein Bisam, unverkennbare Spuren vom Biber, am Abend etliche Fledermäuse, Mooreidechsen an der Beobachtungsplattform, Gras-, Wasser-, Laubfrösche und Erdkröten, mindestens 15 verschiedene Libellen- und etwa ebenso viele Schmetterlingsarten sowie allerlei Kleingetier, vor allem immer wieder prächtige Wespenspinnen zwischen vielen der über 300 Blütenpflanzen, die im Gebiet vorkommen. Getrost können wir unter diese Liste schreiben: »Fast wie zur Hochzeit der Artenvielfalt.« So reichhaltig kann die Natur sein, wenn wir ihr wieder etwas Raum geben.

Der Braune Storchschnabel: lebenslange Freundschaft mit einer Pflanze

Ganz außer Frage, meine Hauptleidenschaft gilt den Vögeln, und das seit meiner Kindheit mit Beginn der Schulzeit, als mich in meiner Heimatstadt Zittau Vogelarten wie Eisvogel, Gimpel und Schwanzmeise so zu faszinieren begannen, dass ich schließlich Ornithomane wurde. Ein Schlüsselerlebnis war der Fang einer mit einem Ring der Vogelwarte Radolfzell am Bodensee gekennzeichneten Kohlmeise im hintersten Ostsachsen. Dieses Erlebnis wurde zunächst zum Schrittmacher für meine Verbindung zur Vogelwarte, dann zur wissenschaftlichen Ornithologie und damit letztlich für meinen Beruf und die wissenschaftliche Karriere.

Während meiner Jahre in Zittau bis 1952 war mein Umgang mit Pflanzen zunächst sehr pragmatischer Natur. Neben Kartoffeln stoppeln, Ähren lesen und der Mithilfe im überaus reichhaltigen Schrebergarten zum Überleben nach dem Krieg in schrecklich kargen Verhältnissen unter dem Druck der sowjetischen Besatzung und inmitten von Heerscharen von Flüchtlingen trugen vor allem das Sammeln von Waldbeeren, Pilzen, vielerlei Kräutern für die Stadtapotheke

und – wie auch Seerosenblüten – fürs Hausieren zum Unterhalt und zu kleinen Nebenverdiensten bei.

Mein Blick auf Pflanzen änderte sich schlagartig, als meine Mutter und ich 1953 nach erfolgreicher Flucht aus der
Ostzone zu meinem Vater in den Westen ziehen konnten. Da
mein Vater mit Leidenschaft Bienen hielt, war die Tracht –
also die Verfügbarkeit von Nektar und Pollen spendenden
Blüten für die Immen – in unserer Familie ein immerwäh-
rendes Thema, und zwar vom ersten Frühlingserwachen an.
So wurde mein Blick über die »Höschen tragenden« (Pollen-
pakete in die Bienenstöcke einbringenden) Bienen auf die
wundervoll gestalteten Blüten der verschiedensten Pflanzen
gelenkt, von den ersten Weidenkätzchen über Huflattich, Le-
berblümchen, Salep-Knabenkraut und viele andere bis hin
zum Meer von Sommer- und Herbstblüten.

Um mehr von der bizzaren Welt der Staubgefäße, Stempel,
Nektarien und Pollinien in den faszinierenden Blütenkel-
chen zu erfahren, begann ich, mit meiner kleinen Spiegelre-
flexkamera »Exa«, die ich mir mit dem beim Kräutersam-
meln verdienten Geld vor unserer Flucht noch in Zittau
kaufen durfte, Makroaufnahmen zu machen. Vorzugsweise
fotografierte ich Blüten, die gerade von Insekten besucht
wurden, wie etwa Bienen, Schwebfliegen, Blutströpfchen
und Rosenkäfern.

Diese Floresphilie hat zweierlei bewirkt: zum einen den
Wunsch, möglichst viele, wenn nicht alle Blütenpflanzen
zumindest Süddeutschlands kennenzulernen; zum anderen
wurden für mich Pflanzen faszinierende und überaus liebens-
werte Persönlichkeiten. Je mehr sich meine Vogelliebhaberei
zur beruflichen Tätigkeit hin entwickelte, desto mehr wurde
mir alles Botanische zum wichtigsten Ersatzhobby. Es nahm
aber schon während der Schulzeit solche Ausmaße an, dass

ich kurzfristig sogar daran dachte, Biologie eventuell mit Hauptfach Botanik statt Zoologie zu studieren.

Im Gymnasium in Nagold kam es dann zu einem Schlüsselerlebnis: Meine Artenkenntnis einheimischer Pflanzen war 1956 schon so weit gediehen, dass ich für die wöchentliche Ausstellung von jeweils etwa 20 neu erblühten Wiesen- und Waldblütenpflanzen zuständig wurde, natürlich korrekt bestimmt und beschriftet. Zuvor hatte unser Biologielehrer diese Ausstellung arrangiert, dessen Hauptfach, das sei zu seiner Ehrenrettung gesagt, Chemie war. Er nutzte häufig eine Reihe dieser Pflanzen für eine kurze Abhörarbeit in Biologie. Eines Tages erhielt ich ein Blatt zurück mit zweimaligem Vermerk »falsch«. Ich habe meinem Lehrer dann nach dem Unterricht klargemacht, dass er – wieder einmal – Arten falsch beschriftet hatte. Und so wurde mir fortan die Ausstellerei übertragen.

Das wiederum bewirkte zweierlei: dass ich mich zum einen intensiv in die Pflanzenwelt Nagolds und seiner Umgebung einarbeitete und zum anderen natürlich mit Luchsaugen nach Besonderheiten Ausschau hielt. Mit diesem Suchblick konnte mir 1956 auf einer Exkursion in die Nagoldtalauen bei Hirsau eine wunderschöne Pflanze inmitten der Flussuferwiesen nicht entgehen, die ich nie zuvor gesehen hatte: der Braune Storchschnabel. Über diesen *Geranium phaeum*, der mit seiner eindrucksvollen Blüte den Einbanddeckel von Pareys Blumenbuch ziert, steht bereits in der Ausgabe von 1975 neben »Wiesen, Waldränder« für Deutschland »selten«. Heute ist die Pflanze in den meisten ehemaligen Verbreitungsgebieten verschollen.

Dann kam das wirklich beglückende Erlebnis: Im Frühsommer 1957 entdeckte ich am unteren straßennahen Rand des riesigen Gartens, der unser schlossähnliches Gymnasium in Nagold umgab, einen Braunen Storchschnabel! Zunächst höchst erfreut über die herrlich blühende Entdeckung, beschlich mich alsbald große Sorge, wie es der Pflanze wohl bei uns auf Dauer ergehen würde. Gärtner wie Hausmeister waren ziemliche Haudegen, denen auch bei anempfohlenem besonderen Schutz der Pflanze nicht wirklich über den Weg zu trauen gewesen wäre. So kam mir eine andere, rettende Idee: Ich fragte bei meiner mütterlichen Freundin Gertrud Raaf nach, einer begeisterten, überaus kenntnisreichen Naturfreundin, die mit ihrer Familie eine große Gärtnerei bewirtschaftete, ob sie in ihrem Naturgartenbereich eventuell ein Plätzchen für diese Seltenheit bereitstellen könnte. Dieses fand sich schnell am Rande einer Gebüschgruppe mit Birken unweit vom Küchenfenster, von wo aus Gertrud besonders interessante Bereiche der Gärtnerei und vielerlei Getier wie Vögel, Igel und Eichhörnchen regelmäßig beobachtete. Dort bekam der sorgsam im Schulgarten ausgegrabene Storchschnabel eine neue, sichere Heimat, wuchs gut an und blühte erfreulich in den nächsten Jahren. Mit dem Trubel des 1959 für mich beginnenden Studiums verlor ich ihn jedoch aus den Augen.

Dann kamen die 1990er Jahre. Ich hatte unglaublich viel Arbeit im Institut, also der Vogelwarte Radolfzell. Aber auch das allmähliche Älterwerden mit manchen Beschwerden und anderes mehr hatten meine früher regelmäßigen, weiträumigen botanischen Exkursionen stark eingeschränkt, was mich schmerzte. Da uns um das ehemalige Haus meiner Eltern herum, in das meine Frau und ich 1995 eingezogen waren, ein rund 500 Quadratmeter großer Garten mit einer Reihe verschiedener Biotope zur Verfügung stand, kam mir eine Idee: einen privaten botanischen Garten einzurichten mit so vielen ausschließlich einheimischen Blütenpflanzen wie möglich. Um die konnte ich mich in meiner noch so kargen Freizeit kümmern, und zwar praktisch in jeder Minute, die sich abzwacken ließ. So würden sich ohne zeitraubende Fahrerei die herrlichsten Pflanzen rund ums Haus betrachten und sogar näher studieren lassen. Gedacht, getan – in seiner besten Zeit beherbergte der Garten um 2004 schließlich 1200 einheimische Wildpflanzenarten!

Natürlich habe ich, als der botanische Privatgarten im Werden begriffen war, auch meiner inzwischen hochbetagten Nagolder Gärtnerin davon vorgeschwärmt und von ihr auch ein paar Kostbarkeiten dafür bekommen wie Eibisch, Kreuzenzian und Osterluzei. Und dann kam die absolute Überraschung, als sie mir eines Tages in ihrem herrlich breiten älblerischen Schwäbisch sagte:»Du hosch mer doch amol in dr Schulzeit so en Braune Storchschnabel ogschleppt, und dersell hot sich saumäßig vermehrt. Do keetescht ruhig amol wieder a baar mitnäa!« Ich war wie vom Donner gerührt. Zu meiner Schande muss ich gestehen, dass ich in den turbulenten Zeiten seit Studienbeginn so gut wie gar nicht mehr an ihn gedacht hatte – wohl nur einmal, als ich zufällig einem einzigen Exemplar an einem Wiesenrand im Bodenseeraum begegnet war. Und nun, nach 40 Jahren, dieses Wiedersehen: Vor dem Gebüsch unweit des Küchenfensters gediehen an die 30 prächtige Exemplare vom Braunen Storchschnabel! Unter Freudentränen grub ich zehn davon aus für eine neue Heimat an unserem Haus im Linzgau.

Inzwischen habe ich meinen botanischen Privatgarten wieder aufgegeben – genauer gesagt: aufgeben müssen. Die Arbeit im Biotopverbund Bodensee mit seiner prächtigen Entwicklung von Tier- und Pflanzenbeständen nahm mich mehr und mehr in Anspruch, so dass ich mich um die vielen Pflanzen ums Haus nicht mehr angemessen kümmern konnte. Die Aufgabe geschah ganz ohne Wehmut. Viele wertvolle Seltenheiten fanden inzwischen herrliche neue Lebensräume in frisch gestalteten Biotopen des Biotopverbunds, andere haben längst über natürliche Verbreitung ihren Weg in Nachbargärten und angrenzende Wildbiotope in der Gemeinde gefunden, und wenig empfindliche lebenstüchtige Arten dürfen sich nun nach Herzenslust in unserem Hausgarten ausbreiten. Dazu gehört zum Beispiel neben Nieswurz, Szilla, Kreuz- und Schwalbenwurzenzian auch der Braune Storchschnabel. An einigen Gebüschrandstreifen und zum Gemüsegarten hin hat er sich inzwischen flächendeckend ausgebreitet. Insgesamt zählen wir im Gartenbereich ein paar Hundert Exemplare.

Zur Auffrischung der Erbanlagen und Vermeidung möglicherweise fataler Inzucht habe ich inzwischen einige Artgenossen von einer Gärtnerei hinzugekauft, die einheimische Pflanzen nachzieht und vertreibt. Mit diesen gefitteten Nachkommen der einst in Nagold geretteten Solitärpflanze lässt sich nun viel Gutes tun. Die Pflanzen mit ihren knollenartig verdickten basalen Blatt- und Stängelbereichen lassen sich vom Herbst bis zum Frühjahr leicht ausgraben, in Pflanztöpfchen versetzen und am richtigen Standort mühelos wieder anpflanzen. Sie bilden in kurzer Zeit mehrjährige blühfreudige Stöcke. Wichtig ist, dass die Pflanzen nicht früh gemäht werden, so dass sie in Ruhe aussamen können. Deshalb sind Standorte an lockeren Gebüschrändern recht günstig.

Ich weiß nicht mehr, an wie vielen Stellen im Biotopverbund Bodensee ich bereits Braune Storchschnäbel angesiedelt habe. Inzwischen gehe ich systematischer vor. Die attraktiven Geranien eignen sich hervorragend als Geschenk für viele pflanzenliebende Leute mit entsprechend gestalte-

Brauner Storchschnabel

ten Gärten. Auf diese Weise sind meine Storchschnäbel-Abkömmlinge inzwischen unter anderem in einem neueingerichteten Naturschutzgebiet bei Nagold heimisch geworden, das auf meinen großen Förderer Egon Köcher zurückgeht,[1] wie auch in den prächtigen Gärten unserer Nobelpreisträgerin Christiane Nüsslein-Volhard bei Tübingen und der Unternehmerin und Stifterin Maja Dornier bei Lindau.

Für heuer steht mir zusammen mit meiner Frau noch ein interessanter Erkundungsgang ins Haus: der Besuch in einem bodenseenahen Friedwald und die Auswahl eines Baumes, an dem später oder früher – je nach des Herrn Beschluss – eine Urne mit meinen Ascheresten ruhen soll. Außer Zweifel steht, dass die Wahl auf ein sonniges Plätzchen fallen wird, an dem auch ein paar Braune Storchschnäbel gedeihen und vielleicht einige von den im Boden angehäuften Spurenelementen mit verwerten können.

Ausblick

Wie man sieht: Schon der fürsorgliche Umgang mit einer einzigen Wildpflanze kann uns unser Leben lang begleiten und beglücken. Außerdem kann er dabei helfen, dass nicht alles um uns dahinstirbt, sondern sich da und dort auch wieder neu beleben kann – eine Gelegenheit für viele, die sich gottlob immer wieder zu guten Taten bereitfinden. So wie etwa der alte Imker Ernst Maute von der Zollernalb, dem wir es verdanken, dass die wenigen Exemplare des Durchblätterten Läusekrautes *Pedicularis foliosa* – ein Relikt aus der Eiszeit – am Hundskopf auf der Schwäbischen Alb nicht beim Fotografieren vollends zertrampelt oder von Liebhabern ausgegraben wurden. Stattdessen gedeihen sie heute in wachsender Zahl am Zeller Horn und anderen Stellen, ebenso wie der Gelbe Enzian sich an zwischenzeitlich verwaisten Standorten wieder vermehrt.

Manche Schreibtischbotaniker reden in solchen Fällen von Verfälschung der Flora – lassen wir sie. Der Erhalt der Artenvielfalt muss heute bisweilen auch Paragraphenmauern überwinden.

Der Nobelpreisträger Paul Crutzen hat kürzlich vorgeschlagen, den jüngsten Zeitabschnitt der Erdgeschichte, das Holozän, als beendet anzusehen und die neue Epoche das Anthropozän zu nennen, im Hinblick auf die rasante Umgestaltung der Welt durch den Menschen. Packen wir es so an, dass die Welt dabei nicht aus den Fugen gerät und diese neue Epoche nicht zu unsrer letzten wird, dem Anthropofinale. Dazu gehört vor allem, nicht einfach weiter nur zu forschen, planen und reglementieren, sondern in erster Linie anpacken, umsetzen und verbessern. Wenn wir heute wissen, dass wir in Deutschland 95 Prozent aller Rebhühner zerwirtschaftet haben, macht es wenig Sinn, zu erforschen, wann und wie die letzten fünf Prozent vor die Hunde gehen. Aber es macht Sinn, die restlichen fünf zunächst wieder auf sechs, sieben oder vielleicht zehn Prozent anzuheben.

Solange derartige bescheidene Erfolge nicht sichtbar werden, sollten auch Wissenschaftler besser ihre »erkenntnisliefernde« Grundlagenforschung ruhen lassen, notfalls sogar streiken, und dafür zusammen mit Naturschützern Druck ausüben auf alle möglichen Verursacher des Artensterbens sowie die von Rechts wegen zum Erhalt der Artenvielfalt Verpflichteten. Vor allem gilt es, überall mit anzupacken, wo Besserung möglich ist. Und selbst wenn es auf diese Weise »nur« gelingt, einen Teil unserer herrlichen Tier- und Pflanzenwelt für eine bessere Evolutionsbasis ins Post-Anthropozän hinüberzuretten, bringt das schon sehr viel Freude und Erfüllung.

In einer neuen Untersuchung von Tim Newbold und anderen Wissenschaftlern vom World Conservation Monitoring Center des UN-Umweltprogramms vom Juli 2016, die auf 1,8 Millionen Bestandserhebungen bei 39 123 Tier- und Pflanzenarten weltweit an mehr als 18 600 Standorten beruht, lautet das Hauptergebnis, dass auf 58 Prozent der Landesoberfläche unseres Globus die Ökosystemzerstörung so weit fortgeschritten ist, dass dort die Schwelle der gesicherten Stabilität und Produktivität der Lebensgemeinschaften bereits unterschritten ist. Dort droht die Abwärtsspirale des Artensterbens unaufhaltsam fortzuschreiten.[2] Das gilt leider auch längst für Deutschland. Auch bei uns ist, wie die *FAZ* vom 13. Juli 2016 schreibt, »die Landwirtschaft zur Kollektivistischen Großindustrie geworden«. Werden die Agrarwissenschaften noch eine Versöhnung von Ökologie und Ökonomie herbeiführen können? Dahinter steht ein dickes Fragezeichen. Aber sei's drum – vielleicht können wir mit einem großartigen neuen bundesweiten Biotopverbund doch noch ein Wunder vollbringen!

Danksagung

Mein erster herzlicher Dank geht an die Journalistin und Tierärztin Tanja Warter, die durch ihren Bericht »Jedem Dorf seinen Weiher« in der *Zeit* 2016 den Ullstein-Verlag auf mich aufmerksam gemacht hat, wodurch das Projekt für das vorliegende Buch zustande kam.

Frau Inge Sielmann ist es ganz wesentlich zu verdanken, dass nach dem Tode von Heinz Sielmann 2006 der Biotop-verbund sich weiterhin so prächtig entwickeln konnte. Sie hat sich bis heute stets herzlich dafür eingesetzt – mit ihrer Stiftung und auch ganz persönlich.

Zu großem Dank verpflichtet bin ich der sogenannten Lenkungsgruppe, mit der zusammen ich den Biotopver-bund Bodensee aufbauen konnte. Es wäre geradezu hirnris-sig gewesen, wenn ich versucht hätte, einen Biotopverbund im Alleingang einzurichten – man hätte mich sicherlich als spinnerten Fantasten abzuwürgen versucht. Um dem vor-zubeugen, wurde eine kleine, überaus effektive Lenkungs-gruppe gebildet, deren Mitglieder nicht nur jeden Baum und Strauch, sondern auch alle Pappenheimer in der Region ken-nen und mich bis heute mit Rat und Tat unterstützen. Es sind dies Thomas Hepperle (Landratsamt Konstanz und Lei-ter des Landwirtschaftsamtes Stockach sowie Naturschutzbeauftragter), Andreas Pflug (Leiter der Naturschutzbehörde im Landratsamt Bodenseekreis), Johann Senner (Leiter eines Planungsbüros in Überlingen) sowie Thomas Vogler, ehemaliger Leiter des Grundflächenamtes Überlingen und ebenfalls Naturschutzbeauftragter. Die freundschaftliche Zusammenarbeit hat sich dabei dankenswerterweise vor allem mit Thomas Hepperle so vertieft, dass wir seit längerem jedes Projekt gemeinsam beraten, in Gang bringen und umsetzen.

Großer Dank gebührt auch den rund 15 Kuratoriumsmitgliedern aus allen Bereichen des öffentlichen Lebens, die den Biotopverbund in vielfältiger Weise repräsentieren und fördern. Vier Männern ist aufs Herzlichste dafür zu danken, dass sie sich in der schwierigen Anfangszeit entschieden mit dafür eingesetzt haben, das Pilotprojekt des Biotopverbundes zu realisieren: den Heinz-Sielmann-Weiher. Es sind dies die ehemaligen Ortsvorsteher von Billafingen Karl Barth und Ernst Beck, der seinerzeitige Bürgermeister von Owingen Günther Former sowie Franz-Josef Mülherr, der das erste erforderliche Grundstück zur Verfügung stellte.

Dankbar bin ich dafür, dass über die vielen Arbeiten im Biotopverbund freundschaftliche Zusammenarbeit mit über 20 Kommunen entstanden ist – mit den Bürgermeistern, Ortsvorstehern, Gemeinde- und Ortschaftsräten sowie mit vielen Bürgern wie etwa den »Krottewibern«, die alljährlich Amphibien über Straßen transportieren. Stellvertretend nennen möchte ich Thomas Hahn, Walpertsweiler, der vielerlei Pflanz- und Pflegemaßnahmen durchführt, sowie Bernhard Böttinger, der jede Woche zusammen mit mir in unseren Biotopen werkelt.

Ganz besonderer Dank gilt Frau Sindy Bublitz. Sie arbeitet seit 2012 als von der Heinz Sielmann Stiftung angestellte Projektmanagerin für den Biotopverbund Bodensee von einem eigens dafür eingerichteten Projektbüro in Stockach aus. Sie ist als »Mädchen für alles« in Theorie und Praxis tätig – von Führungen, Veranstaltungen über Planungen mit Behörden und Firmen bis zur Betreuung von Baumaßnahmen und zur Einweihung neuer Objekte geht vieles über ihren Tisch, was mir meine ehrenamtliche Arbeit im Biotopverbund zunehmend erleichtert. Für das vorliegende Buch hat sie vor allem eine Vielzahl von Daten eruiert, besonders aus dem Bereich Landwirtschaft, aber auch über Vogelbestände und anderes mehr.

Mein innigster Dank gilt meiner Frau. Hätte sie nicht nach meiner Emeritierung mehr und mehr ehemals von mir verrichtete Arbeiten in Haus, Hof, Garten und unserer kleinen Landwirtschaft übernommen, hätte ich mich nie und nimmer so intensiv um den Biotopverbund bemühen können, wie es dadurch möglich war.

Schließlich danke ich dem Ullstein-Verlag – insbesondere Frau Julika Jänicke und Herrn Dr. Christoph Steskal – für die stets erfreulich gute und förderliche Zusammenarbeit.

Anmerkungen

1. Vogelschwund und Artensterben

1 Naumann 1849

2 Stresemann 1948

3 von Pernau 1702

4 Siehe z. B. Kalchreuter 1977.

5 Berthold 2003

6 Rachel Carson 1962

7 Übersicht: Berthold 1976

8 Berthold 2003

9 Siehe hierzu Bezzel 2015a

10 Bauer u. Berthold 1997

11 *Rote Liste der Brutvögel Deutschlands 2002*, Berichte Vogelschutz

12 z. B. Bezzel 2015 b

13 Krumenacker 2014

14 Berthold 2016

15 Berthold et al. 1986

16 Max-Planck-Gesellschaft 1987

17 Berthold 2016, dort auch weitere Beispiele zurück bis 1972

18 Berthold 2005

19 Hölzinger 2014

20 Berthold 2012 a, b

21 Bauer u. Berthold 1997

22 Berthold 2016

23 Jacoby et al. 1970

24 Berthold 2003

25 Berthold 2016

26 Paleczny et al. 2015

27 Barthel u. Helbig 2005

28 Grüneberg et al. 2015

29 Wenn es die Datenlage erlaubt, wird dabei der Zeitraum zurück bis 1800 betrachtet, ansonsten die Entwicklung während der letzten 50 bis 150 Jahre. Hauptquellen dafür sind die »Roten Listen«, die Situationsberichte, der erste umfassende Artenschutz-Report des BfN von 2015, einige einschlägige Standardwerke (vor allem Bauer u. Berthold 1997, Bauer et al. 1985–1993, von Blotzheim et al. 1966–1998), die Übersicht von Schmitz (2011) sowie Daten aus Untersuchungen der Vogelwarte Radolfzell.

30 Grüneberg et al. 2015

31 Bauer u. Berthold 1997

32 Krumenacker 2016

33 Bauer u. Berthold 1997

34 Hölzinger 2001

35 Bauer u. Berthold 1997

36 Hölzinger 2001

37 Jacoby et al. 1970

38 Naumann 1849

39 Grüneberg et al. 2015

40 Berthold 2012

41 Berthold 2012

42 Pearce 2016

43 Bezzel 2015

44 Bezzel schreibt dazu: »In Talregionen und im Voralpenland des Landkreises Garmisch-Partenkirchen wurden 1980/83 und 2009/13 unter vergleichbaren Bedingungen in 114 1-km-Quadraten entlang von Linien in allen Monaten Vögel gezählt. Die Bilanz ergab einen Individuenschwund von 36 % über alle Arten und Monate. Die Individuenbilanz war bei 59 % der Arten negativ, bei 22 % positiv. Unter 80 häufigeren Arten (mind. 0,1 % der Gesamtsumme) war bei 5 die Individuensumme über alle Monate mindestens verdoppelt, bei 29 um mehr als 50 % verringert. Vergleiche mit Bestandsermittlungen und Kartierungen vor

1980 zeigen, dass auch große Populationen stark abgenommen haben, der Individuenschwund bei den meisten Arten aber erst nach 1980 eingetreten ist.« (Bezzel 2015)

45 Sellin 2014

46 Sellin 2014

47 *Gefiederte Welt* 2, 2012

48 *DUHwelt* 2015

49 Reichholf 2007

50 z. B. Beck 2016

51 Minias 2016

52 Bailly et al. 2016

53 z. B. Beck 2016

54 Luther et al. 2016

55 Berthold 1974

56 Kundera 1979

57 Berthold 2012

58 z. B. Richarz 2015

59 Sellin et al. 2015

60 Laesser et al. 2016

61 Clucas 2015

62 Jedicke 1997

63 Reichholf 2009

64 von Blotzheim 2015

65 z. B. Hansson et al. 2014

66 Hötker 2015

67 *BTO Magazine for Ringers and Nest Recorders LIFECYCLE*, BTO (6/2016)

68 *BfN Artenschutz-Report* 2015

69 *DUHwelt* 2015

70 *DBUaktuell* 9/2014

71 *BfN Artenschutz-Report* 2015

72 Vié et al. 2008

73 Pimm 2015

74 Falke 2015

75 McCallum 2015

76 McCallum 2015

77 Kolbert 2015

78 Zenthöfer 2015

79 Bauer u. Berthold 1997

80 Jedicke 1997

81 Berthold 1990

82 Berthold 1973

83 Gibbons et al. 2014

84 Tison 2016

85 Hallmann et al. 2014

86 Bröker u. Moritz 2009

87 Berthold u. Mohr 2017

88 Berthold u. Mohr 2017

89 Bröker u. Moritz 2009

90 Pott 2016

91 Naumann 1849

92 *Ornis* 2/2015

93 Krumenacker 2016

94 Madden et al. 2015

95 Erritzoe et al. 2003

96 Engels et al. 2014

97 Berthold 2012

98 Bellebaum et al. 2013

99 *Ornis* 2016

100 Møller et al. 2006

101 *BirdLife International* 2015

102 *Max-Planck-Forschung* 2016

103 Loss et al. 2015

104 Berthold 2016

105 *Frankfurter Allgemeine Zeitung,* 14. 9. 2016

106 Urbanzyk 2013

107 Urbanzyk 2013

108 Hackländer et al. 2014

109 Geiter et al. 2001

110 von Bronsart 2016

111 Lüps 2003

112 Krumenacker 2016

113 Dämmgen 2013

114 Lanszki 2016

115 David 2007

116 Fox 1976

117 Stresemann 1948

118 Föhr 2005

119 Liebe 1879

120 *BfN Artenschutz-Report* 2015

121 *BfN Artenschutz-Report* 2015

122 Berthold 2012

123 Hötker 2014

124 Krumenacker 2015

125 Folz u. Kunz 2013, Kramer 2013

126 Haarmann 1985

127 Bröker u. Moritz 2009

128 Sundström et al. 2014

129 Pietschmann 2015

130 Pietschmann 2015

131 Pietschmann 2015

132 Wittig et al. 2013

133 *BfN* Artenschutz-Report 2015

134 Gallai et al. 2008

135 Horn 2012

136 Mols et al. 2005

137 Falke 2015

138 Papst Franziskus 2015

139 Krumenacker 2015

140 Manakadan 2012

2. Jeder Gemeinde ihr Biotop – eine Chance für die Zukunft

1 Berthold et al. 1986

2 Berthold et al. 1988

3 Berthold 2016

4 Berthold 1990

5 Berthold u. Bublitz 2013

6 *Bericht zur Lage der Natur in Baden-Württemberg 2016*

7   Berthold 2016

8   Berthold 2003

9   Über alle bis 2013 eingerichteten Bausteine des Biotopverbunds Bodensee informiert detailliert eine spezielle Broschüre (Berthold u. Bublitz 2013).

10   Berthold u. Sombrutzki 2011

11   Kiepsch et al. 2016

12   Nr. 8 in Berthold u. Bublitz 2013

13   Stadt Tengen, Nr. 23 in Berthold u. Bublitz 2013

14   beide Stadt Überlingen, Nr. 14 und 16 in Berthold u. Bublitz 2013

15   Berthold u. Bublitz 2013

16   Nr. 1 in Berthold u. Bublitz 2013

17   ISW, Nr. 8 in Berthold u. Bublitz 2013

18   Dunn 2016

19   Nr. 12, 6 bzw. 7, Berthold u. Bublitz 2013

20   Nr. 19 bzw. 17, Berthold u. Bublitz 2013

21   Nr. 3, 12, 13, 14, 16 bzw. 15 in Berthold u. Bublitz 2013

22   Bunzel-Drüke 2015

3. Was jeder sofort tun kann

1   Finke 2015

2   Berthold u. Mohr 2017

3   Ratjen 2014

4   Berthold u. Mohr 2012

5   Lietzow 2006

6   Berthold 2016

7   Berthold u. Mohr 2012

8   z. B. von Storl 2013

9   Berthold u. Mohr 2012

10   Berthold u. Mohr 2017

11   Horn 2013

12   Urbanzyk 2013

13   Schmidt 2016

14   von Bronsart 2016

15 Hempel 2016
16 Vgl. z. B. Dämmgen 2013.
17 Hall et al. 2015
18 Dämmgen 2013
19 Berthold u. Mohr 2012
20 von Bronsart 2016
21 Gottschalk u. Beeke 2014
22 Klaus u. Gattlen 2016
23 Forschungsinstitut für biologischen Landbau 2016: Biodiversität auf dem Landwirtschaftsbetrieb Stämpfli, Bern
24 DiGiulio 2016
25 z. B. *Kosmos. Das Magazin* 1, 2016 oder Anger et al. 2012
26 Glauser 2015

4. Das Leben der Vögel und die Schönheit der Natur

1 Berthold 2016
2 Newbold 2016

Literatur

Anger, J. et al. (2012): *Jedem sein Grün*. Wien, Kneip

Bailly, J. et al. (2016): »From Eggs to Fledging: Negative Impact of Urban Habitat on Reproduction in Two Tit Species«, *Journal of Ornithology, 157* (2), S. 377–392

Barthel, P., Helbig, A. (2005): »Artenliste der Vögel Deutschlands« (Beiheft), *Vogelwarte*, S. 89–111

Bauer, H.-G., Berthold, P. (1997): *Die Brutvögel Mitteleuropas. Bestand und Gefährdung*. Wiesbaden, Aula

Bauer, K. M.: siehe *Handbuch der Vögel Mitteleuropas*

Bellebaum, J. (2013): »Wind Turbines Fatalities Approach a Level of Concern in a Raptor Population«, *Journal for Nature Conservation*, 21, S. 394–406

Bergen, F. (2001): *Windenergieanlagen und Vögel*. Bochum, Universität Bochum

Berthold, P. (1973): »Fortschreitende Rückgangserscheinungen bei Vögeln. Vorboten des ›Stummen Frühlings‹«, *Mitteilungen der Max-Planck-Gesellschaft*, S. 18–33

Berthold, P. (1974): *Endogene Jahresperiodik. Innere Jahreskalender als Grundlage der jahreszeitlichen Orientierung bei Tieren und Pflanzen*. Konstanzer Universitätsreden, Konstanz

Berthold, P. (1976): »Methoden der Bestandserfassung in der Ornithologie. Übersicht und kritische Betrachtung«, *Journal für Ornithologie*, 117 (1), S. 1–69

Berthold, P. (1990): »Die Vogelwelt Mitteleuropas. Entstehung der Diversität, gegenwärtige Veränderungen und Aspekte der zukünftigen Entwicklung«, *Verhandlungen der Deutschen Zoologischen Gesellschaft*, 83, S. 227–244

Berthold, P. (2003): »Die Veränderung der Brutvogelfauna in zwei süddeutschen Dorfgemeindebereichen in den letzten fünf bzw. drei Jahrzehnten – oder: verlorene Paradiese?«, *Journal für Ornithologie*, 144 (4), S. 385–410

Berthold, P. (2012a): »Die Vielfalt soll wieder aufblühen«, *Max-Planck-Forschung Spezial*, S. 4–9

Berthold, P. (2012b): *Vogelzug. Eine aktuelle Gesamtübersicht*. 7. Auflage, Darmstadt, Wissenschaftliche Buchgesellschaft

Berthold, P. (2016): *Mein Leben für die Vögel*. Stuttgart, Kosmos

Berthold, P., Bublitz, S. (2013): *Siemanns Biotopverbund Bodensee. Jeder Gemeinde ihr Biotop*. Duderstadt, Heinz Sielmann Stiftung

Berthold, P., Fiedler, W. (2005): »32-jährige Untersuchung der Bestandsentwicklung mitteleuropäischer Kleinvögel mit Hilfe von Fangzahlen: überwiegend Bestandsabnahmen«, *Vogelwarte*, 43, S. 97–102

Berthold, P., Mohr, G. (2012): *Vögel füttern, aber richtig*. Stuttgart, Kosmos (siehe auch 4., vollständig überarbeitete Auflage 2017)

Berthold, P., Sombrutzki, A. (2011): »Ein Vogelparadies auf dem ›Land des Friedens‹«, *Der Falke*, 7, S. 268–273

Berthold, P. et al. (1986): »Die Bestandsentwicklung von Kleinvögeln in Mitteleuropa.«, *Journal für Ornithologie*, 127, S. 397–437

Bezzel, E. (2015a): »Erfassungsgrad von Singvögeln auf Kleinflächen. Saisonale Muster häufiger Arten«, *Vogelwarte*, 53, S. 261–273

Bezzel, E. (2015b): »Bilanz. Vögel in einer Urlaubs- und Gesundheitsregion am Nordrand der Alpen«, *Ornithologischer Anzeiger*, 53, S. 121–180

Blotzheim, von, G. (2015): »Finden Gartenrotschwänze *Phoenicurus phoenicurus* noch überall genügend Insekten, um erfolgreich Junge aufzuziehen?«, *Ornithologischer Beobachter*, 112 (1), S. 51–56

Bröker, M., Moritz, H. (2009): »Unsere Böden: begehrt, bedroht, beschützt«, *Top Agrar*, 12, S. 40–45

Bronsart, von, J.-C. (2016): »In Sachen ›Vögel gegen Katzen‹«, *Gefiederte Welt*, 140, S. 20–23

Bundesamt für Naturschutz (2016): *Artenschutz-Report 2015; Tiere und Pflanzen in Deutschland*

Bunzel-Drüke, M. et al. (2015): *Naturnahe Beweidung*. Duderstadt, Heinz Sielmann Stiftung

Carson, R. (1962): *Der stumme Frühling*. München, Biederstein

Clucas, B. et al. (2015): »How Much is That Birdie in My Backyard? A Cross-Continental Economic Valuation of Native Urban Songbirds«, *Urban Ecosystems*, 18, S. 251–266

Dämmgen, J. (2013): »Verstummt der Frühling – Welche Rolle spielen Hauskatzen?«, *Der Falke*, 4, S. 144–147

Das Magazin der Deutschen Umwelthilfe und des Global Nature Fund (2015)

David, A. (2007): »Der Wilderer wohnt nebenan«, *Wild und Hund*, 8, S. 16–21

»Der stille Einzug des ›stummen Frühlings‹« (1987), *Pressemitteilung Max-Planck-Gesellschaft*

DiGiulio, M. (2016): *Biodiversität im Siedlungsgebiet Bristol*. Bern, Stiftung Bern

Engels, S. et al.: (2014): »Anthropogenic Electromagnetic Noise Disrupts Magnetic Compass Orientation in a Migratory Bird«, *Nature*, 509 (7500), S. 353–356

Erritzoe, J. et al. (2003): »Bird Casualties on European Roads – A Review«, *Acta Ornithologica*, 38 (2), S. 77–93

Finke, P. (2015): *Freie Bürger, freie Forschung*. München, oekom

Föhr, G. (2005): *Nistkästen und Vogelschutz: Praktischer Vogelschutz*. Hohenwarsleben, Westarp Wissenschaften

Folz, H.-G., Kunz, A. (2013): »Aktueller Stand der Vogelwelt in den Vogelschutzgebieten ›Selztal zwischen Hahnheim und Ingelheim‹ und ›Ober-Hilbersheimer Plateau‹«, *Fauna und Flora in Rheinland-Pfalz*, 12 (3), S. 895–919

Forschungsinstitut für biologischen Landbau (2016): *Biodiversität auf dem Landwirtschaftsbetrieb*. Bern, Stämpfli

Fox, M. (1976): *Versteh deine Katze. Verhaltensweisen*. Zürich, Rüschlikon

Gallai, N. et al. (2009): »Economic Valuation of the Vulnerability of World Agriculture Confronted with Pollinator Decline«, *Ecological Economics*, 68 (3), S. 810–821

»Gefährdete Vogelarten: Es droht ein stummer Frühling« (2016a): www.sueddeutsche.de/wissen/gefaehrdete-vogelarten-es-droht-ein-stummer-fruehling-1.3221444?reduced=true

Geiter, O. (2003): »Wenn es auch manchmal scheint, dass alles nichts nützt ...«, *Ornithologischer Beobachter*, 100 (3), S. 181–192

Gibbons, D. et al. (2015): »A Review of the Direct and Indirect Effects of Neonicotinoids and Fipronil on Vertebrate Wildlife«, *Environmental Science and Pollution Research*, 22, S. 180–185

Glauser, C. (2015): »450 Ideen für die Natur«, *Ornis*, 2, S. 16 f.

Gottschalk, E., Beeke, W. (2014): »Wie ist der drastische Rückgang des Rebhuhns (*Perdix perdix*) aufzuhalten? Erfahrungen aus zehn Jahren mit dem Rebhuhnschutzprojekt im Landkreis Göttingen«, *Berichte zum Vogelschutz*, 51, S. 95–116

Grüneberg, C. et al. (2015): »Rote Liste der Brutvögel Deutschlands«, *Berichte zum Vogelschutz*, 52, S. 19–68

Haarmann, K. (1985): »Zustand und Effizienz der Natzurschutzgebiete in der Bundesrepublik Deutschland am Beispiel von fünfzehn ›Vogelfreistätten‹, *Vogelwelt*, 106, S. 216–224

Hall, C. et al. (2015): »Assessing the Effectiveness of the Birdsbesafe Anti-predation Collar Cover in Reducing Predation on Wildlife by Pet Cats in Western Australia«, *Applied Animal Behavior Science*, S. 40–51

Hallmann, C. A. et al.: (2014): »Declines in Insectivorous Birds Are Associated With High Neonicotinoid Concentrations«, *Nature*, 511 (7509), S. 341 ff.

Handbuch der Vögel Mitteleuropas (1966 ff.): Bauer, K. M. et al., Wiesbaden, Aula

Hansson, L.-A. et al. (2014): »Experimental Evidence for a Mismatch Between Insect Emergence and Waterfowl Hatching Under Increased Spring Temperatures«, *Ecosphere,* 5, S. 1–9

Hempel, J. (2016): »In Sachen ›Vögel gegen Katzen‹«, *Gefiederte Welt*, 3, S. 27

Hölzinger, J. (2001): *Die Vögel Baden-Württembergs*. Stuttgart, Ulmer

Hölzinger, J. (2014): »Ornithologische Literatur mit Bezug auf Baden-Württemberg ab 1990«, *Ornithol. Jh. Bad.-Württ.*, 30, S. 161–169

Hötker, H. (2014): »Im Sinkflug: Biodiversität in der Agrarlandschaft«, *Der Falke*, 10, S. 14–19

Hötker, H. (2015): »Überlebensrate und Reproduktion von Wiesenvögeln in Mitteleuropa«, *Vogelwarte*, 53, S. 93–98

Jacoby, H. et al. (1970): »Die Vögel des Bodenseegebietes«, *Ornithologischer Beobachter, Beiheft, 67*

Jedicke, E. (1997): *Die Roten Listen. Gefährdete Pflanzen, Tiere, Pflanzengesellschaften und Biotope in Bund und Ländern.* Stuttgart, Ulmer

Kalchreuter, H. (1977): *Die Sache mit der Jagd – pro und kontra.* München/Bern/Wien, BLV-Verlagsgesellschaft

Kiepsch, S. et al. (2016): »Das ›IKEA-Biotop‹ in Saarlouis. Biodiversität im Ballungsraum«, *Der Falke*, 2, S. 12–17

Klaus, G., Gattlen, N. (2016): *Natur schaffen*. Bern, Haupt-Verlag

Kolbert, E. (2015): *Der Affe mit dem Wahnsinnsgen*. Berlin, Suhrkamp

Krumenacker, T. (2014): »Alarm für Allerweltsarten«, *Der Falke*, 61, S. 32 ff.

Krumenacker, T. (2015): »Illegale Jagd auf Weidenammern in China«, *Der Falke*, 62, S. 24 f.

Krumenacker, T. (2016a): »Mittelmeerstaten als Todesfalle für Vögel«, *Der Falke*, 63, S. 31 f.

Krumenacker, T. (2016b): »Neue Rote Liste der Brutvögel Deutschlands: Sinkflug vieler Arten hält an«, *Der Falke*, 63, S. 20–24

Kundera, M. (1979): *Das Buch vom Lachen und Vergessen*. Toronto, 68 Publishers

Laesser, J. et al. (2016): »Le Rougequeue à front blanc *Phoenicurus phoenicurus* à La Chaux-de-Fonds«, *Nos Oiseaux*, 63, S. 137–152

Lanszki, J. et al. (2016): »Feeding Habits of House and Feral Cats (*Felis catus*) on Small Adriatic Islands (Croatia)«, *North-Western Journal of Zoology*, 12 (2), S. 336–348

»Leute« (2015), *Der Falke*, 62, S. 7–34

Lietzow, E. (2006): »Vögel im winterlichen Garten«, *Voliere*, 29, S. 2

Loss, S. et al. (2015): »Direct Mortality of Birds from Anthropogenic Causes«, *Annual Review of Ecology, Evolution, and Systematics*, 46, S. 99–120

Luther, D. et al. (2016): »The Relative Response of Songbirds to Shifts in Song Amplitude and Song Minimum Frequency«, *Behavioral Ecology*, 27 (2), S. 332–340

Madden, C. et al. (2015): »A Review of the Impacts of Corvids on Bird Productivity and Abundance«, *Ibis*, 157 (1), S. 1–16

Manakadan, R. (2012): *Birds of the Indian Subcontinent: A Field Guide.* Asia: Sanctuaria.

McCallum, M. (2015): »Vertebrate Biodiversity Losses Point to Sixth Mass Extinction«, *Biodiversity and Conservations*, 24, S. 940–946

Minias, P. (2016): »Reproduction and Survival in the City: Which Fitness Components Drive Urban Colonization in a Reed-nesting Waterbird?«, *Current Zoology*, 62 (2), S. 79–87

Ministerium für Ländlichen Raum und Verbraucherschutz Baden-Württemberg (2016): *Bericht zur Lage der Natur in Baden-Württemberg*

Møller, A. et al. (2006): *Birds and Climate Change.* New York, Acad Press

Mols, C. et al. (2005): »Assessing the Reduction of Caterpillar Numbers by Great Tits *Parus major* Breeding in Apple Orchards«, *ARDEA*, 93 (2), S. 259–269

NABU (2012): »Viele Vogelarten im Wattenmeer seltener«, *Gefiederte Welt*, 2, S. 6

NABU (2002): *Rote Liste der Brutvögel Deutschlands*

»Naturschutz meilenweit vom Ziel entfernt« (2015), *DUH-Welt*, 1, S. 28

Naumann, J. F. (1849): »Beleuchtung der Klage: Über Verminderung der Vögel in der Mitte von Deutschland«, *Rhea*, 2, S. 131–144

Newbold, T. et al. (2016): »Has Land Use Pushed Terrestrial Biodiversity Beyond the Planetary Boundary? A Global Assessment«, *Science*, 353, S. 288–291

Paleczny, M. et al. (2015): »Population Trend of the World's Monitored Seabirds, 1950-2010«, *PLoS ONE*, 10 (6)

Papst Franziskus (2015): *Laudato si.* Freiburg, Herder

Pearce, F. (2016): *Die Neuen Wilden.* München, oekom

Pernau, F. (1702): *Unterricht was mit dem lieblichen Geschöpff denen Vögeln auch ausser den Gang, nur durch die Ergründung deren Eigenschaften und Zahmmachung oder anderer Abrichtung man sich vor Lust und Zeit-Vertreib machen könne.* Coburg, Natur-Museum

Pietschmann, C. (2015): »Bilanz im Biotop«, *MaxPlanckForschung*, 2, S. 60–67

Pimm, S. L., Joppa, L. N. (2015): »How Many Plant Species Are There, Where Are They, and at What Rate Are They Going Extinct?«, *Annals of the Missouri Botanical Garden*, 100 (3), S. 170–176

Ratjen, T. (2014): »Naturbewusstsein 2013. Hintergrundinfo Bundesamt für Naturschutz (BfN)«, *AZ Vogelinfo*, 9, S. 398–401

Reichholf, J. (2007): *Stadtnatur. Eine neue Heimat für Tiere und Pflanzen.* München, oekom

Reichholf, J. (2009): *Die Zukunft der Arten.* München, dtv

Richarz, K. (2015): *Vögel in der Stadt.* Darmstadt, pala verlag

Schmidt, D. (2016): »Hauskatzen – ein Problem für viele Vogelfreunde«, *Gefiederte Welt*, 1, S. 4

Schmitz, M. (2011): »Langfristige Bestandstrends wandernder Vogelarten in Deutschland«, *Vogelwelt*, 132, S. 167–196

Sellin, D. (2014): »Der Niedergang des Brutbestandes der Limikolen im NSG Struck-Freesendorfer Wiesen – Ergebnis von 42 Jahren Bestandskontrolle«, *Natur und Naturschutz in Mecklenburg-Vorpommern*, 42, S. 10–26

Sellin, D. et al. (2015): »Gebäudebrut des Eichelhähers *Garrulus glandarius* 2014 in Berlin«, *Ornithologische Mitteilungen*, 67, S. 215 ff.

Storl, W. (2013): *Der Selbstversoger.* München, Gräfe und Unzer

Stresemann, E. (1948): »Geschichte des Starenkastens«, *Ornithologischer Beobachter*, 45, S. 169–179

Sundström, J. et al. (2014): »Future Threats to Agricultural Food Production Posed by Environmental Degradation, Climate Change and Animals and Plant Diseases – a Risk Analysis in Three Economic and Climate Settings«, *Food Security*, 6, 2, S. 201–215

Tison, L. et al. (2016): »Honey Bees' Behavior Is Impaired by Chronic Exposure to the Neonicotinoid Thiacloprid in the Field«, *Environmental Science and Technology*, 50 (13), S. 7218–7227

Urbanzyk, H. (2013): »Katzenjammer und kein Ende – Katzenplage und Streunerflut noch nicht im Griff«, *Umwelt & Aktiv*, 2, S. 201 ff.

Vié, J.-C. et al. (2008): *The 2008 Review of the IUCN Red List of Threatened Species,* Species Survival Commission

»Vogelschutz« (2015), *Der Falke*, 62, S. 12–31

Wittig, R. et al. (2013): »World-wide Every Fifth Vascular Plant Species Is or Was Used as Medicinal or Aromatic Plant«, *Flora et Vegetatio Sudano-Sambesica*, 16, S. 3–9

Register

Abundanzen 72

Aitinger, Johann Conrad 24

Albatros 11

Alk 12

Alpenstrandläufer 49, 63

Ammer 102, 105, 244, 252

Amsel 11, 32, 35, 37, 48, 55, 63, 69, 73–76, 102, 113, 124, 133 f., 239, 245, 248, 255, 290

Amselsterben 148

Artenrückgang 16, 19, 87, 91 ff., 99, 107, 117, 125, 136, 138, 155, 163, 310, 312 f., 319

Artenschutz-Report 37, 85 f., 142

Auerhahn 12

Auerhuhn 49 f., 110, 116

Austernfischer 64

Avifaunisten 48

Bachstelze 49, 69, 157, 246, 260, 286

Baumpieper 49, 182

Beier, Michael 186

Bekassine 49, 63, 93, 116 f., 286, 288

Bergente 66

Bergpieper 284

Beringer 34

Beringung 33, 36, 44

Berlin 12, 69 ff., 77 f., 169, 187, 321

Bestandserhebung 34, 182, 184, 223, 305

Bestandsrückgang 13, 15, 19, 28, 46, 61, 81, 84, 90, 98

Beutelmeise 288

Bezzel, Einhard 62, 126, 309 ff., 318

Bienenfresser 32

Biodiversität 16, 57, 67 f., 71, 86–89, 96, 104, 107, 118, 125, 127, 137, 141 ff., 152, 155 f., 160, 188, 232, 234, 236 f., 275, 318 f., 321

Biotopmosaik 70, 171

Biozide 14, 50, 96 ff., 107, 147, 251, 278

Biozönose 164, 197

BirdLife International 35, 90, 114, 132, 313

Birkhahn 12

Birkhuhn 116 f.

Blässhuhn 74, 210, 222, 287 f.,
    290, 293
Blaukehlchen 93, 152
Blaumeise 37, 48, 55 f., 289
Blauracke 47
Bluthänfling (s. auch Hänfling)
    49, 62, 182
Bodenbrüter 104, 106
Braunkehlchen 50, 62, 64, 93
Bruchwasserläufer 47, 288
Brutvogel 27 f., 35, 38 f., 46 ff.,
    52 f., 56 ff., 82, 84 f., 93, 114,
    122, 132, 171 f., 182, 205, 222,
    251 f., 262, 286, 289, 309,
    317 f., 320, 323 f.
Buchfink 48, 55, 114, 294
BUND 33, 83, 165 f., 207, 220,
    260, 271 ff.
Bund Naturschutz Bayern 129
Bundesamt für Naturschutz
    (BfN) 37, 48, 85, 86, 142, 144,
    186, 189, 236, 310, 312 ff.,
    319
Bundesministerium für Umwelt,
    Naturschutz, Bau und
    Reaktorsicherheit (BMUB)
    143, 186
Buntspecht 70
Bussard 284, 292

Carson, Rachel 29, 309, 319
Chlorierte Kohlenwasserstoffe
    13
Citizen Science 233
Club of Rome 128
Crutzen, Paul 304

DDT 13, 97
Deutsche Bundesstiftung Um-
    welt 86
Deutsche Umwelthilfe 85
Deutschland 35, 40, 65, 126,
    129, 137, 207, 252, 271 f., 320,
    323
Dieldrin 14, 97
Doppelschnepfe 47
Dorngrasmücke 183, 294
Dornier, Maja 303
Dreizehenspecht 32
Drossel 21, 26, 226, 256 f., 286

Eichelhäher 77, 134
Eiderente 66
Eisente 66
Eisvogel 10, 115, 221, 297
Elster 62, 69, 114 f., 132
Ente 50, 205, 210, 212 f., 216,
    222 f., 226, 293
Erz, Wolfgang 144, 168
EU-Fauna-Flora-Habitat (FFH)
    137, 197
Eule 258
Euronatur 129
Eutrophierung 50, 95

Fachplan Biotopverbund 165
Falke 11, 318 f., 321 f., 324
Feldlerche 22, 37, 41, 49, 62, 64,
    117, 182, 278
Feldschwirl 289, 295
Feldsperling 37, 41, 157, 183,
    239, 252, 288
Felsenschwalbe 58
Fink 32, 286

Fischadler 221, 286
Fischreiher 112
Fitis 12, 294
Flamingo 12, 58
Flussregenpfeifer 64
Fressfeind 74, 106, 117

Gans 50, 205, 210, 212, 217,
    222 f., 226, 293
Garmisch-Partenkirchen 62
Gartengrasmücke 21, 70, 183,
    287, 294
Gartenrotschwanz 28, 77, 83,
    182, 273, 318
Gauck, Joachim 235
Gebirgsstelze 70
Gebüschbrüter 263
Geier 11 f., 14
Gelbspötter 93
Gimpel 10, 243, 297
Girlitz 49, 240, 244 f.
Goldammer 13, 102, 183
Goldhähnchen 256
Goldregenpfeifer 49
Grasmücke 32, 34, 183, 256
Graugans 172, 210, 293
Graureiher 112, 284, 286, 292
Grauschnäpper 28, 34, 248
Grauspecht 33 f., 182
Greifvögel 13, 37, 50, 74, 112 ff.,
    122, 210, 258
Großer Brachvogel 63
Grünfink 69
Grünling 21, 48, 248, 288
Grünschenkel 288
Grünspecht 70
Gutmann, Dieter 174

Haarmann, Knut 144
Habicht 74, 113
Hähnle, Lina 137
Halbhöhlenbrüter 263
Halsbandsittich 69
Hamburg 38, 69, 70, 77, 187 f.
Hänfling 21, 102, 240, 244, 288
Haselhuhn 50
Haubenlerche 49
Haubenmeise 77
Haubentaucher 115
Hausrotschwanz 69, 226, 246,
    248, 290
Hausschwalbe (s. Mehl-
    schwalbe)
Haussperling 37, 48 f., 69, 72,
    102
Haustaube 50, 157, 258
Heckenbraunelle 62, 69, 72, 77,
    246
Heinz Sielmann Stiftung 174 f.,
    177 ff., 186, 187
Heinz-Sielmann-Weiher 171 f.,
    174, 177 f., 189 f., 192, 195,
    200, 204 f., 210, 212 f., 218 f.,
    221, 224, 226, 283, 285, 287,
    289, 291, 293, 295, 308
Hepperle, Thomas 194, 307
Herbizid 79, 96, 106, 238,
    241
Herrmann, Christian 177
Heuschreckenschwirl (s. Feld-
    schwirl)
Heydemann, Berndt 168
Hiddensee 34
Höckerschwan 24
Höhlenbrüter 109, 261

Holozän 304
Hope Farm 185

IKEA-Biotope 185, 321
Imker(n) 73, 84, 258, 278, 304
Inger, Richard 37 ff.
Inge-Sielmann-Weiher 192, 197,
    205, 210 f., 220, 222
Insektizid 96 f.
Ganzjahresfütterung 182, 235,
    246, 251–254
Irrgäste 58

Juncker, Jean-Claude 93

Kampfläufer 49, 63
Kass, Douglas u. Roger 43
Kiebitz 37, 49, 63, 106
Klappergrasmücke 33, 62, 135,
    183, 240
Kleiber 239
Klimaerwärmung 14, 51, 58, 60,
    62, 76, 83, 91, 107, 110, 123,
    155, 253
Köcher, Egon 303
Kohl, Helmut 163, 168
Kohlmeise 37, 48, 56, 63, 69, 152,
    239, 297
Kolbenente 293
Kolibri 10 f., 141
Kolkrabe 64
Kormoran 50, 115, 221, 288
Krähe 73, 284, 292
Kranich 12, 51, 87, 126
Kreuzschnäbel 24
Krickente 288
Krottewieber 219 f.

Krumenacker, Thomas 50, 309,
    310–314, 321 f.
Kurzstreckenzieher 41, 62

Lachmöwe 22, 285
Länderarbeitsgemeinschaft
    der Vogelschutzwarten 48
Landesvogelliste 58
Langstreckenzieher 41
Laubsänger 32, 294
Leipziger Lerche 25
Lerche 22, 25, 102, 105, 244, 278
Lerchenfenster 106, 143
Lerchenfresserei 25
Lichtverschmutzung 75, 120,
    251
Limikolen 63, 311
Lorenz, Konrad 125, 139

Mälzer, Tim 278
Mao Zedong 41, 147, 157
Markus, Mario 83
Mauersegler 69, 75, 260, 263
Mäusebussard 70, 113, 122
Maute, Ernst 304
Max-Planck-Gesellschaft 38,
    163, 309, 317, 319
Max-Planck-Institut 148, 150,
    180
Mehlschwalbe 32, 44 f., 49, 75,
    261 ff.
Meise 21 f., 27, 32, 46, 50 f., 55 f.,
    74, 97, 152 f., 246, 252, 257
Meisenknödel 255 f.
Merkel, Angelika 234
Milan 113, 235, 292
Minamata-Krankheit 13

Mindelsee 33
Misteldrossel 290
Mittelmeermöwe 285
Mittelstreckenzieher 41
Mönchsgrasmücke 48, 70, 72,
    183, 239, 294
Möwe 11, 51, 210
MRI-Programm 38
München 70, 77, 177, 187

NABU (Naturschutzbund) 35,
    40, 65, 126, 129, 137, 207, 252,
    271 f.
Nachtigall 21, 24, 27, 287
Nandu 58
Nationale Biodiversitätstrategie
    142
Nationalpark 71 f.
Natura-2000-Gebiete 66, 137,
    143
Naturschutzgebiet 65, 72, 112,
    116 f., 137, 144, 166, 176, 195,
    202, 234, 303
Naturschutz-Offensive 2020
    143, 234
Naturschutzverbände 51, 65,
    107, 126, 137, 139, 165, 209,
    273, 307
Naumann, Johann Friedrich 19,
    23, 25–28, 39 f., 55, 96, 120,
    136, 155, 309 f., 312, 323
Nebelkrähe 64
Neonikotinoide 97
Neophyten 59 f.
Neozoen 51, 58 ff.
Neuntöter 33, 289
Nilgans 210

Nowak, Eugeniusz 168
NSG Struck-Freesendorfer
    Wiesen 65
Nüsslein-Volhard, Christiane
    303

Offenlandbewohner 49, 96, 109,
    143, 165
Ökokonto 207
Ökopunkte 206 f.
Öko-Währung 206 f.
Orpheusspötter 32

Paläarktis 90, 93
Papagei 10
Papageitaucher 47
Papst Franziskus 153, 235, 314,
    323
Pelikan 12
Pernau, Ferdinand Johann
    Adam, von 24, 27, 309, 323
Peta 129, 265
Pflanzenschädlinge 124, 148
Pfuhlschnepfe 11
Pieper 225 f.
Pirol 10, 21
Polarmöwe 12
Prädatoren (s. auch Fressfeinde)
    63 f., 74
Präriebussard 14
Purpurreiher 12

Querner, Ulrich 163

Raaf, Gertrud 300
Rabe 104
Rabenkrähe 62, 69, 114, 132, 292

Rabenvögel 37, 51, 112–115
Radolfzell 27, 34, 38 f., 41, 54,
    119
Ralle 44, 205, 210, 212 f., 216 f.,
    222 f.
Raubwürger 32, 116, 135, 288
Rauchschwalbe 28, 32, 45, 49,
    69, 286, 296
Rebhuhn 10, 22, 27, 37, 49 f., 57,
    59, 102, 105, 182, 273, 278,
    305, 320
Regenpfeifer 49, 64
Reiher 205, 210, 221, 226
Reiherente 288
Ringeltaube 51, 62, 69, 77, 239
Rio-Konferenz 137
Rohrammer 286 f., 294
Rohrdommel 205
Rohrsänger 32, 34, 44, 205, 212,
    216, 223, 290
Rossitten 27, 137, 180
Rostgans 286
Rote Liste(n) 35, 45, 48–51, 56,
    81 f., 85 f., 89, 93 f., 138, 182,
    309 f., 320 f., 323 f.
Rotkehlchen 21, 24, 37, 48, 69,
    72 ff., 77, 239, 248, 256 f., 260,
    286
Rotkopfwürger 49
Rotmilan 104, 122, 143, 235
Rotschwanz 102 f., 152, 226,
    260, 269

Säbelschnäbler 63
Sandregenpfeifer 64
Schaftstelze 182
Schilfrohrsänger 288

Schlagschwirl 32
Schlangenadler 47
Schleiereule 102
Schneider, Agnellus 291
Schreiadler 113, 322
Schulze, Ernst-Detlef 150
Schwalbe 11, 32, 41, 44, 102,
    104
Schwan 10, 50, 115, 210, 223
Schwanzmeise 256, 297
Schwarzkehlchen 172, 223,
    286 f.
Schwarzmilan 286
Schwarzschwan 58
Schwarzspecht 70
Schwarzstirnwürger 47
Schwarzstorch 31, 77, 87, 138,
    286 f.
Schwirl 295
Seeadler 30, 50, 87, 113, 126,
    138
Seeregenpfeifer 49
Seeschwalbe 11, 323
Seggenrohrsänger 49 f.
Seidenreiher 58
Seidenschwanz 245
Senner, Johann 174, 308
Sielmann, Heinz 171, 178 ff.,
    272
Sielmann, Inge 178 f.
Silbermöwe 64, 115
Silberreiher 58, 284, 286
Singdrossel 14, 70, 77, 114
Singvögel 23, 26, 34, 38, 64, 74,
    84, 112, 115, 118 f., 132, 158 f.,
    163, 213, 216, 237, 250, 287,
    318

Sittich 58, 257
Sombrutzki, Arnold 182, 318
Sommergoldhähnchen 239
Sonnabend, Hans 54
Spatz 41, 103 f., 113, 134, 157,
    245
Spatzenkampagne 148, 157
Specht 262
Sperber 26
Sperling 32, 41, 73, 102, 112,
    246, 257, 260
Stadtamsel 76
Standvögel 62, 76
Star 24, 37, 41–45, 48 f., 112,
    225 ff., 239, 244, 252, 257, 260,
    262, 296
Starenkasten 269
Starenmäste 24
Starentöpfe 24
Steinhuhn 47 f.
Steinkauz 273
Steinschmätzer 49, 135
Steinsperling 47
Stelze 225 f.
Stieglitz 101, 240, 243, 245, 252,
    254, 257
Stockente 76, 222, 248, 285–
    288, 293
Stöcker, Ulrich 66
Storch 24, 52, 104, 212, 224, 226,
    289, 290
Storchenobleute 31
Streifengans 12
Strichvögel 20
Stummer Frühling 28, 38, 46,
    107, 153, 163, 317, 319 f.,
    322

Sturmmöwe 69, 285
Sumpfmeise 239
Sumpfrohrsänger 11, 287, 291
Sumpfvögel 23

Tafelente 288
Taube 73, 102 f.
Taucher 205, 210, 216
Teichhuhn 69, 77, 288
Teichrohrsänger 177, 290 f.
Tennekes, Hans 83
Terra Nova 181, 183 f.
Tölpel 12
Töpfer, Klaus 168
Trauerschnäpper 83
Triel 47
Turmfalke 13, 70
Turteltaube 12, 49, 59, 182

Uferschnepfe 49, 63
Uferschwalbe 32
Uhu 50, 74
Umweltverbände 66, 85
Unteres Odertal 71
Usutu-Virus 124, 148

Vester, Frederic 152
Vogel-Biomasse 28
Vogelgrippe 147
Vogelwarte 33 f., 38, 54, 317

Wacholderdrossel 62, 70, 112,
    245
Wachtel 105
Waldamsel 76
Waldkauz 102
Waldlaubsänger 49

Waldrapp 75
Waldwasserläufer 286
Wanderfalke 50, 74, 87, 126, 138
Wasserpieper 284
Wasserralle 172, 288
Wasservögel 23, 50, 83, 209,
    222 f., 226 f., 258, 287 f.
Watvögel 12, 26, 63, 223, 226
Weidenammer 158 f.
Weißkopfseeadler 13
Weißstorch 24, 31, 51, 52, 77,
    289
Weißstorchzensus 31
Weißwangengans 293
Weltrat für biologische Vielfalt
    150
Wendehals 10, 49, 182, 273
Wiedehopf 32 f., 51–55, 93, 273,
    295
Wiener, Sarah 278
Wiesenpieper 49, 62, 149, 284 f.

Wiesenvögel 63, 84, 321
Wildgans 177
Wildvögel 257 f.
Winkler, Hans 163
Wintergoldhähnchen 255
Winterquartier 11 f., 14, 44, 111,
    245, 291
World Conservation Monito-
    ring Center 305
WWF 92

Zaunkönig 70, 239, 246, 255 ff.
Ziegenmelker 10
Zilpzalp 48, 239, 255 f., 286,
    294 f.
Zugvögel 12, 14, 20, 34, 49, 111,
    114, 120, 137, 253
Zuwanderer 51
Zwergschnepfe 47
Zwergtaucher 221, 286
Zwergtrappe 47

Hubert Dreyfus,
Sean Dorrance Kelly

Alles, was leuchtet

Wie große Literatur den
Sinn des Lebens erklärt

Taschenbuch.
Auch als eBook erhältlich.
www.ullstein-buchverlage.de

»*Ein inspirierendes Buch, zugleich hoch intelligent und*
voller Leidenschaft.« Wall Street Journal

In unserer Kultur haben die traditionellen Werte-
systeme ihre Orientierungskraft eingebüßt. Im Mittelalter war Gott der Sinnstifter. In der Antike lei-
teten die Götter ihre Lieblinge. Die so Geführten
empfanden Dankbarkeit – die Welt leuchtete für
sie. Können wir dieses homerische Staunen wieder-
finden? Ja, meinen die Philosophen Hubert Dreyfus und
Sean Dorrance Kelly. Sie betrachten die Geschichte der
westlichen Literatur – darunter Homer, Dante, Melville
und David Foster Wallace – und plädieren für einen
säkularen Polytheismus, in dem sich der Mensch nicht
als bedingungsloser Urheber seiner Handlungen ver-
steht, sondern sich der Welt öffnet.

ullstein